"广东技工"工程教材 新技能系列

GUANGDONG
JIGONG

A

智能制造
单元安装与调试

广东省职业技术教研室　组织编写

SPM 南方传媒

全国优秀出版社
全国百佳图书出版单位

广东教育出版社
·广 州·

图书在版编目（CIP）数据

智能制造单元安装与调试 / 广东省职业技术教研室
组织编写. — 广州：广东教育出版社，2021.7（2022.6重印）
"广东技工"工程教材. 新技能系列
ISBN 978-7-5548-4513-4

Ⅰ.①智…　Ⅱ.①广…　Ⅲ.①智能制造系统—组装—
职业教育—教材　Ⅳ.①TH166

中国版本图书馆CIP数据核字（2021）第208585号

出　版　人：宋文清
策　　　划：李　智
责任编辑：叶楠楠　遇简松　谭颖晖
责任技编：佟长缨
装帧设计：友间文化

智能制造单元安装与调试
ZHINENG ZHIZAO DANYUAN ANZHUANG YU TIAOSHI

广东教育出版社出版发行
（广州市环市东路472号12—15楼）
邮政编码：510075
网址：http：// www.gjs.cn
佛山市浩文彩色印刷有限公司印刷
（佛山市南海区狮山科技工业园A区　邮政编码：528225）
787毫米×1092毫米　16开本　20.75印张　415 000字
2021年7月第1版　2022年6月第2次印刷
ISBN 978-7-5548-4513-4
定价：49.00元
质量监督电话：020-87613102　邮箱：gjs-quality@nfcb.com.cn
购书咨询电话：020-87615809

序　言

　　技能人才是人才队伍的重要组成部分，是推动经济社会发展的重要力量。党中央、国务院高度重视技能人才工作。党的十八大以来，习近平总书记多次对技能人才工作作出重要指示，强调劳动者素质对一个国家、一个民族发展至关重要。技术工人队伍是支撑中国制造、中国创造的重要基础，对推动经济高质量发展具有重要作用。要健全技能人才培养、使用、评价、激励制度，大力发展技工教育，大规模开展职业技能培训，加快培养大批高素质劳动者和技术技能人才。要在全社会弘扬精益求精的工匠精神，激励广大青年走技能成才、技能报国之路。要加快构建现代职业教育体系，培养更多高素质技术技能人才、能工巧匠、大国工匠。总书记的重要指示，为技工教育高质量发展和技能人才队伍建设提供了根本依据，指明了前进方向。

　　广东省委、省政府深入贯彻落实习近平总书记重要指示和党中央决策部署，把技工教育和技能人才队伍建设放在全省经济社会发展大局中谋划推进，高规格出台了新时期产业工人队伍建设、加强高技能人才队伍建设、提高技术工人待遇、推行终身职业技能培训

制度等政策，高站位谋划技能人才发展布局。2019年，李希书记亲自点题、亲自谋划、亲自部署、亲自推进了"广东技工"工程。全省各地各部门将实施"广东技工"工程作为贯彻落实习近平新时代中国特色社会主义思想和习近平总书记对广东系列重要讲话、重要指示精神的具体行动，以服务制造业高质量发展、促进更加充分更高质量就业为导向，努力健全技能人才培养、使用、评价、激励制度，加快培养造就一支规模宏大、结构合理、布局均衡、技能精湛、素养优秀的技能人才队伍，推动广东技工与广东制造共同成长，为打造新发展格局战略支点提供坚实的技能人才支撑。

在中央和省委、省政府的关心支持下，广东省人力资源和社会保障厅深入实施"广东技工"工程，聚焦现代化产业体系建设，以高质量技能人才供给为核心，以技工教育高质量发展和实施职业技能提升培训为重要抓手，塑造具有影响力的重大民生工程广东战略品牌，大力推进技能就业、技能兴业、技能脱贫、技能兴农、技能成才，让老百姓的增收致富道路越走越宽，在社会掀起了"劳动光荣、知识崇高、人才宝贵、创造伟大"的时代风尚。强化人才培养是优化人才供给的重要基础、必备保障，在"广东技工"发展壮大征程中，广东省人力资源和社会保障厅坚持完善人才培养标准、健全人才培养体系、夯实人才培养基础、提升人才培养质量，注重强化科研支撑，统筹推进"广东技工"系列教材开发，围绕广东培育壮大10个战略性支柱产业集群和10个战略性新兴产业集群，围绕培育文化技工、乡村工匠等领域，分类分批开发教材，构建了一套完整、科学、权威的"广东技工"教材体系，将为锻造高素质广东技工队伍奠定良好基础。

新时代意气风发，新征程鼓角催征。广东省人力资源和社会保障厅将坚持高质量发展这条主线，推动"广东技工"工程朝着规范化、标准化、专业化、品牌化方向不断前进，向世界展现领跑于技能赛道的广东雄姿，为广东在全面建设社会主义现代化国家新征程中走在全国前列、创造新的辉煌贡献技能力量。

广东省人力资源和社会保障厅

2021年7月

前言

　　"十四五"时期，我国改革开放和社会主义现代化建设进入高质量发展的新阶段，加快发展现代产业体系，推动经济体系优化升级已成为高质量发展的核心、基础与前提。制造业是国家经济命脉所系，习近平总书记多次强调要把制造业高质量发展作为经济高质量发展的主攻方向，促进我国产业迈向全球价值链中高端，特别对广东制造业发展高度重视、寄予厚望，明确要求广东加快推动制造业转型升级，建设世界级先进制造业集群。

　　广东作为全国乃至全球制造业重要基地，认真贯彻落实党中央、国务院决策部署，始终坚持制造业立省不动摇，持续加大政策供给、改革创新和要素保障力度，推动制造业集群化、高端化、现代化发展，现已成为全国制造业门类最多、产业链最完整、配套设施最完善的省份之一。但依然还存在产业整体水平不够高、新旧动能转换不畅、关键核心技术受制于人、产业链供应链不够稳固等问题。因此，为适应制造业高质量发展的新形势新要求，广东省委、省政府立足现有产业基础和未来发展需求，谋划选定十大战略性支柱产业集群和十大战略性新兴产业集群进行重点培育，努力打造具有国际竞争力的世界先进产业集群。

　　"广东技工"工程是广东省委、省政府提出的三项民生工程之一，以服务制造业高质量发展、促进更加充分更高质量就业为导向，旨在健全技能人才培养、使用、评价、激励制度，加快培养大批高素质劳动者和技能人才，为广东经济社会发展提供有力的技能人才支撑。"广东技工"工程教材新技能系列作为"广东技工"工程教材体系的重要板块，重在为广东制造业高质量发展实现关键要素资源供给保障提供技术支撑，聚焦10个战略性支柱产业集群和10个战略性新兴产业集群，不断推进技能人才培养"产学研"高度融合。

该系列教材围绕推动广东制造业加速向数字化、网络化、智能化发展而编写，教材内容涉及智能工厂、智能生产、智能物流等智能制造（工业化4.0）全过程，注重将新一代信息技术、新能源技术与制造业深度融合，首批选题包括《智能制造单元安装与调试》《智能制造生产线编程与调试》《智能制造生产线的运行与维护》《智能制造生产线的网络安装与调试》《工业机器人应用与调试》《工业激光设备安装与客户服务》《3D打印技术应用》《无人机装调与操控》《全媒体运营师H5产品制作实操技能》《新能源汽车维护与诊断》10个。该系列教材计划未来将20个产业集群高质量发展实践中的新技能培养、培训逐步纳入其中，更好地服务"广东技工"工程，推进广东省建设制造业强省，推进广东技工与广东制造共同成长。

该系列教材主要针对院校高技能人才培养，适度兼顾职业技能提升，以及企业职工的在岗、转岗培训。在编写过程中始终坚持"项目导向，任务驱动"的指导思想，"项目"以职业技术核心技能为导向，"任务"对应具体化实施的职业技术能力，涵盖相关理论知识及完整的技能操作流程与方法，并通过"学习目标""任务描述""学习储备""任务实施""任务考核"等环节设计，由浅入深，循序渐进，精简理论，突出核心技能实操能力的培养，系统地为制造业从业人员提供标准的技能操作规范，大幅提升新技能人才的专业化水平，推进广东制造新技术产业化、规模化发展。

在该系列教材组织开发过程中，广东省职业技术教研室深度联系院校、新兴产业龙头企业，与各行业专家、学者共同组建编审专家委员会，确定教材体系，推进教材编审。广东教育出版社以及全体参编单位给予了大力支持，在此一并表示衷心感谢。

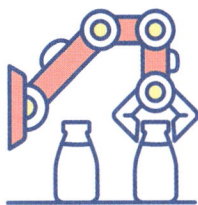

目录

c o n t e n t s

项目四　手机装配打磨制造生产线的安装与调试

项目五　遥控器涂胶装配制造生产线的安装与调试

项目六　线路板装配焊接制造生产线的安装与调试

项目一
智能制造系统基本操作与运行

项目导入

　　智能制造是基于新一代信息技术，贯穿设计、生产、管理、服务等制造活动各个环节，具有信息深度自感知、智慧优化自决策、精准控制自执行等功能的先进制造过程、系统与模式的总称。可有效缩短产品研制周期、降低运营成本、提高生产效率、提升产品质量、降低资源能源消耗。

　　本智能制造系统教学设备包含五条生产线：玩具车装配打磨制造生产线、筹码分拣包装制造生产线、手机装配打磨制造生产线、遥控器涂胶装配制造生产线和线路板装配焊接制造生产线。

　　综合考虑项目任务难度及工作应用场景，将项目分解为三个具有代表性的任务：

　　任务一　填写生产线主要组件表及部件清单
　　任务二　连接以太网
　　任务三　智能制造系统的基本运行操作

　　通过以上三个任务的学习，读者能够熟悉本系统的操作与运行，为后面更深入地学习每条生产线的安装和调试打好基础。

任务一 填写生产线主要组件表及部件清单

学习目标

① 能识别生产线主要部件的型号、规格。

② 能正确填写生产线的部件清单和主要组件表。

任务描述

通过观看视频、参观厂家或实训室，了解智能制造生产线的产品生产流程，找出生产线主要组件组成，认清它们的名称和主要功能。

学习储备

一、器材准备

智能制造系统生产线的相应组件。

二、知识技能准备

（一）智能制造系统设备组成

本智能制造系统工作站效果图如图1-1-1所示。

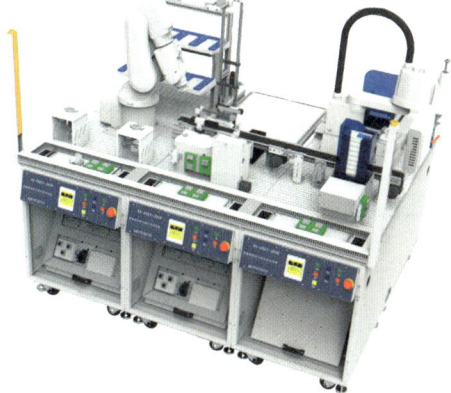

图1-1-1　智能制造系统工作站效果图

智能制造系统设备由18个功能组件、8个工装夹具、5种加工物料组成，见表1-1-1。智能制造系统设备分别放在5个包装箱中。

表1-1-1　智能制造系统设备组成

序号	组成种类	名称	图片
1	功能组件	六轴工业机器人组件	
2		输送带组件	
3		四轴工业机器人组件	
4		模型上料组件	

（续表）

序号	组成种类	名称	图片
5	功能组件	立体仓库组件	
6		光栅组件	
7		安全送料组件	
8		上盖出料组件	
9		视觉组件	
10		触摸屏组件	
11		打磨抛光组件	
12		转盘上料组件	

（续表）

序号	组成种类	名称	图片
13		转盘落料组件	
14		筹码分拣包装输送带组件	
15		喷码组件	
16	功能组件	线路板翻转焊锡组件	
17		通电测试台组件	
18		送锡机构组件	

（续表）

序号	组成种类	名称	图片
19		大双爪夹具A	
20		涂胶夹具	
21		笔形夹具	
22	工装夹具	焊接夹具	
23		大双爪夹具B	
24		单吸盘夹具	

（续表）

序号	组成种类	名称	图片
25	工装夹具	小爪手夹具	
26		丝批夹具	
27	加工物料	玩具汽车模型	
28		遥控器物料模型	
29		筹码包装物料组件	
30		线路板物料套件	
31		手机物料套件	

（二）智能制造系统的主要部件

1. 触摸屏

智能制造系统的各条生产线的运行主令信号（复位、启动、停止等），可通过触摸屏设计的人机界面发出。同时，触摸屏上也可显示生产线运行的各种状态信息。触摸屏是操作人员和机器设备之间双向沟通的桥梁。触摸屏能够明确指示并告知操作人员机器设备目前的状况，使操作变得简单，并且可以减少操作上的失误，使新手也可以很轻松地操作整个机器设备。

本智能制造系统的触摸屏采用IT6000系列人机界面（HMI）。该产品支持使用USB或者以太网连接PC电脑，实现在不拔出HMI和汇川可编程逻辑控制器（PLC）通信线的情况下，PC电脑连接HMI，对PLC进行程序上传、下载、监控等操作，以简化调试工作；支持Modbus协议，自动以高效率与PLC实现通信；支持插入U盘对HMI固件、画面程序、配方数据等进行更新。配合汇川PLC使用时，可更新PLC中的程序，方便大量生产设备的程序现场下载操作，同时也支持RS232和RS422连接。

2. PLC

H3U系列PLC是汇川技术开发的第三代高性能小型PLC，型号有H3U-3232MT、H3U-3624MT、H3U-2416MT等。以H3U-3232MT为例，标识了该类产品外观及型号说明，如图1-1-2。

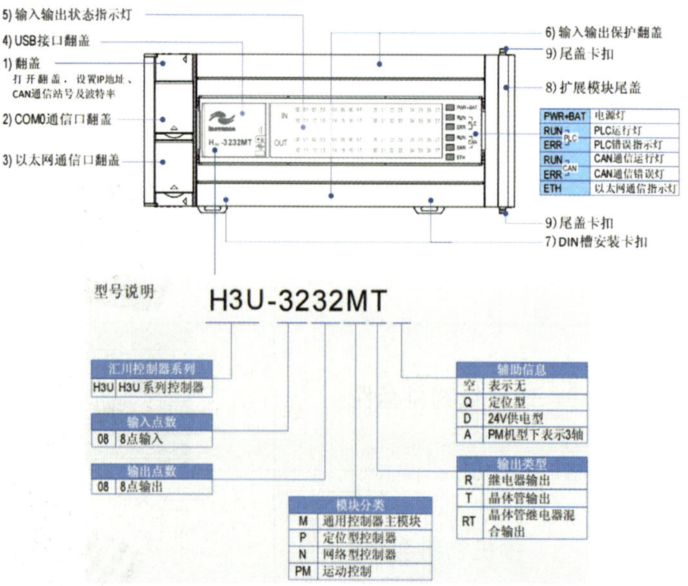

图1-1-2　H3U-3232MT产品外观及型号说明

3. 工业机器人

工业机器人系统主要由三个部分组成：机器人本体、示教器和控制器。

机器人本体是工业机器人的机械主体，是用来完成规定任务的执行机构。示教器是工业机器人的人机交互接口，机器人的绝大部分操作均可通过示教器来完成。控制器用来控制工业机器人按规定要求动作，是工业机器人的关键和核心部分。

本智能制造系统采用埃夫特ER3B-C30六轴工业机器人系统（图1-1-3）和汇川IRS100-3-40Z15TS3四轴工业机器人系统（图1-1-4）两种工业机器人系统。

图1-1-3　埃夫特六轴工业机器人系统　　图1-1-4　汇川四轴工业机器人系统

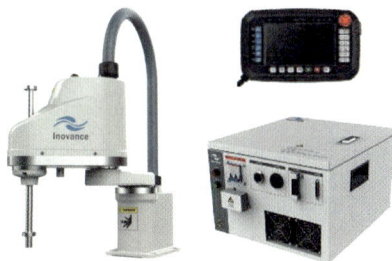

4. 视觉系统

视觉系统就是用机器代替人眼来做测量和判断的系统。通过机器视觉产品（即图像摄取装置，分CMOS和CCD两种）将被摄取目标转换成图像信号，传送给专用的图像处理系统。图像处理系统对这些信号进行各种运算，抽取目标的特征，进而根据判别的结果来控制现场的设备动作。

机器视觉系统在一些不适合人工作业的危险工作环境或人工视觉难以满足要求的场合，以及用人工视觉检查产品质量效率低的场合中，得到了广泛应用。视觉系统一般由光源、镜头、工业相机组成。

（1）光源。

光源是影响机器视觉系统输入的重要因素，它直接影响输入数据的质量和应用效果。光源可分为可见光和不可见光。

本智能制造系统采用24V白色直射型条形光源，如图1-1-5所示。

图1-1-5　24V白色直射型条形光源

（2）镜头。

镜头的基本功能就是实现光束变换（调制），在机器视觉系统中，镜头的主要作用是将目标呈现在图像传感器的光敏面上。镜头的质量直接影响到机器视觉系统的整体性能，合理地选择和安装镜头，是机器视觉系统设计的重要环节。镜头外观如图1-1-6所示。

（3）工业相机。

图1-1-6　镜头

图1-1-7　工业相机

工业相机俗称摄像机，是机器视觉系统中的一个关键组件，其最本质的功能就是将光信号转变成有序的电信号。选择合适的工业相机也是机器视觉系统设计中的重要环节，工业相机的选择不仅直接决定所采集到的图像分辨率、图像质量等，而且与整个系统的运行模式直接相关。本智能制造系统采用PVS100-C01MCGAB型号的工业相机，如图1-1-7所示。

5. 控制器

本智能制造系统采用的控制器：操作系统为Windows 10（64 bits），有4个GigE相机接口，支持PoE+供电，I/O有8路DI（输入）和8路DO（输出），如图1-1-8所示。

图1-1-8　控制器

6. 伺服系统

伺服系统的主要元件有控制器（PLC、单片机等）、检测器（各类传感器、测速发电机等）、驱动器和执行器（伺服电机、步进电机、气缸、油缸等）。伺服系统组成主要包括伺服电机、旋转编码器以及伺服驱动器三大部分，如图1-1-9所示。

图1-1-9　伺服系统组成

（1）伺服电机。

伺服电机是伺服系统中的一种执行元件。伺服电机能准确地按照控制器输入的指令信号进行启动、停止、正转、反转等动作，带动机械负荷精确地完成控制任务。当有控制信号输入时，伺服电机转动；当没有控制信号输入时，它就停止转动。改变控制电压的大小和相位（或极性）可以改变伺服电机的转速和转向。

伺服电机可分为直流伺服电机和交流伺服电机两种。目前，在伺服系统中使用的伺服电机，多数是交流伺服电机。

本智能制造系统采用MS1系列MSIH1-10B30CB-A330Z型号的伺服电机（图1-1-10）控制定位，精准地控制每次工作的转角，配合机器人完成装配任务。

图1-1-10　伺服电机

（2）旋转编码器。

在位置与速度控制的伺服系统中，伺服电机通常都带有旋转编码器，旋转编码器安装在电机后端，其转盘（光栅）与伺服电机同轴，如图1-1-11所示。

旋转编码器

图1-1-11　旋转编码器

旋转编码器通过检测脉冲信号来检测速度，伺服电机控制精度取决于旋转编码器精度。旋转编码器是一种传感器，有光电式与磁气式两种，通过安装在轴上的圆盘挡光、透光，或者通过检测出磁性变化，把轴的转动量（转动角度）变换成脉冲序列的电信号。

本智能制造系统采用E6B2-CWZ1X型号的编码器，实现轴负重、径向30N、轴向20N，附有逆接、负荷短路保护回路，改善了可靠性，有丰富的输出方式可供选择，备有互补输出、线性驱动输出方式，可实现远距离传输。

（3）伺服驱动器。

伺服驱动器是具有电源输入与输出、运行控制与保护等多种功能的伺服系统重要器件，与伺服电机配套使用。它可以通过不同的接线与内部参数设定，实现位置控制、速度控制与转矩控制。

伺服驱动器的主电源与控制电源有三相和单相两种。不同型号的功能各有不同，但基本功能有内设功能、保护功能、监视器功能和设定功能。伺服驱动器主要功能：根据给定信号输出与此成正比的控制电压；接收旋转编码器的速度和位置信号；提供I/O信号接口。伺服驱动器控制方式有位置控制、速度控制、转矩控制。

本智能制造系统采用IS620P系列伺服驱动器，如图1-1-12所示，它是汇川技术研制的高性能中小功率的交流伺服驱动器。

图1-1-12　IS620P系列伺服驱动器

7. 步进电机

步进电机是将电脉冲信号转变为角位移或线位移的开环控制电机，是控制系统中的主要执行元件，受步进电机驱动器控制，应用极为广泛。

本智能制造系统采用2S42Q-03848型号的步进电机，如图1-1-13所示，其底部的上料升降台、送锡机构组用到步进电机。

图1-1-13　2S42Q-03848型号步进电机

8. 直流电机

图1-1-14　直流电机

直流电机是指能将直流电能转换成机械能的、用直流电来驱动的电动机。

直流电机如图1-1-14所示。本智能制造系统采用Z2D25-24GN 50K直流电机，生产线的多个单元采用了直流电机驱动，它配合同步轮的传动，能在较小的电流下驱动，达到稳定的速度。例如："筹码分拣包装制造生产线"中，驱动筹码输送带工作的电机（带有编码器），能很好地配合工业相机完成对筹码的跟踪与分拣功能。

（三）智能制造系统设备的特点

智能制造系统设备中的各组件可根据需要组成玩具车装配打磨制造生产线、手机装配打磨制造生产线、筹码分拣包装制造生产线、线路板装配焊接制造生产线、遥控器涂胶装配制造生产线五大生产线。智能制造系统设备的主要特点如下：

1. 加工对象及加工工艺真实性

（1）加工对象真实。本智能制造系统加工对象均为工业现场常见的真实加工产品，包括按键类产品：遥控器、手机装配；娱乐类产品：筹码包装；电子类产品：线路板装配；玩具类产品：小型玩具车装配等。

（2）加工工艺真实。如图1-1-15所示，本智能制造系统采用螺丝夹具进行真实的螺丝装配工艺；采用喷码机对物体表面进行真实的喷码工艺；采用快换焊接夹具对一些线路板插件进行真实的焊接工艺；采用快换涂胶夹具进行真实的涂胶工艺；采用真实的打磨抛光机对一些物体表面进行打磨抛光工艺。

（a）螺丝装配工艺 　（b）喷码工艺 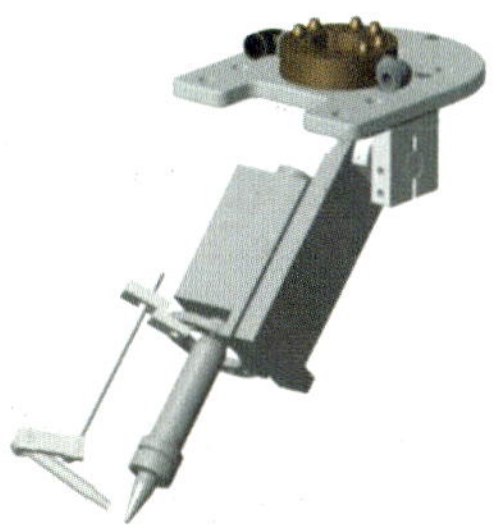　（c）焊接工艺

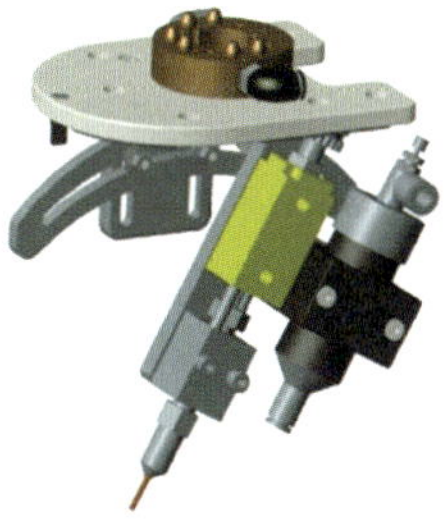

（d）涂胶工艺 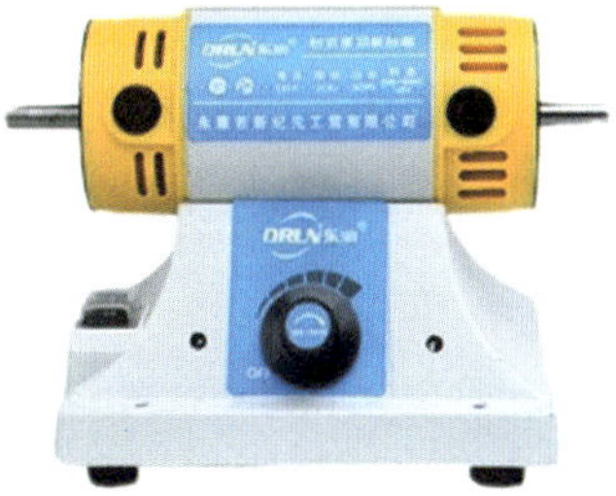　（e）打磨抛光工艺

图1-1-15　真实加工工艺

2. 机构高度模块化

（1）采用统一的集成式电气速插接口，如图1-1-16所示。

（a）集成37针端子板　　　　　（b）集成15针端子板

（c）集成传感器接头

图1-1-16　集成式电气速插接口

（2）工作模块均采用接插式连接，如图1-1-17所示。

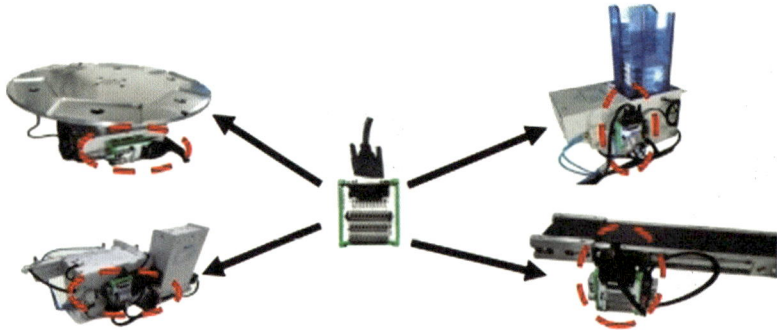

图1-1-17　接插式连接

3. 组件复用性高

不同的智能制造生产线中，部分组件是相同的，即同个组件可以组成不同的智能制造生产线。

三、资料准备

准备智能制造系统生产线介绍视频。

任务实施

一、智能智造生产线的组件清单

通过观看介绍视频和实地参观，请填写各智能制造生产线的组件表（表1-1-2），在生产线中有的组件请画"√"。

表1-1-2　各智能制造生产线的组件表

组件	遥控器涂胶装配制造生产线	筹码分拣包装制造生产线	线路板装配焊接制造生产线	玩具车装配打磨制造生产线	手机装配打磨制造生产线
六轴工业机器人组件					
四轴工业机器人组件					
快换大双爪夹具					
平推送料组件					
输送带组件					
储料台组件					
层叠上料组件					
转盘上料组件					
升降上盖组件					
视觉组件					
立体仓库组件					
上料托盘组件					
翻转焊接组件					
喷码组件					
焊接测试台组件					
筹码包装盒					
打磨组件					

二、智能智造生产线的主要部件清单

认真观察各生产线，填写主要部件清单（表1-1-3）。

表1-1-3　主要部件清单

序号	名称	品牌及规格型号	单位	数量
1	六轴工业机器人			
2	四轴工业机器人			
3	PLC1			
4	PLC2			
5	视觉系统			
6	伺服电机			
7	伺服驱动器			
8	步进电机			
9	直流电机			
10	触摸屏			

任务考核

任务学习结束，请完成表1-1-4中的任务考核项目。

表1-1-4　任务考核表

项目	要求	配分	评分标准	扣分	得分
组件表	1. 能说出各组件的名称； 2. 使各生产线的组件与实际相符	55分	错一个扣1分		
设备特点	1. 说出有哪几个真实工艺； 2. 说出有哪几种集成接插口和集成端子板	5分	错一个扣1分		
部件清单	使各部件的品牌、型号与实际相符	30分	错一个扣1分		
安全生产	1. 自觉遵守安全文明生产规程； 2. 保持现场干净整洁，工具摆放有序	10分	1. 现场喧闹，扣2分； 2. 每违反一项规定，扣3分； 3. 发生安全事故，0分处理； 4. 现场凌乱、乱放工具、乱丢杂物、完成任务后不清理现场，扣5分		

任务二 连接以太网

学习目标

① 掌握以太网相关知识。

② 能够将PLC、工业机器人、触摸屏、PC电脑等智能设备连接以太网。

任务描述

　　智能制造系统的各生产线能够自动完成产品的生产。其主要部件（PLC、触摸屏、工业机器人等）主要采用以太网（Ethernet）连接，组成一个局域网，完成设备的通信和控制。现在生产线的网线已被取下，主要智能部件相对独立，请你用网线将它们连接组网，并注意观察设备上相关指示灯的状态。

学习储备

一、器材准备

（1）智能制造系统生产线（网线已被取下）。

（2）PC电脑一台。

（3）网线（除了从生产线上取下的，另加一条备用）。

二、知识技能准备

（一）以太网

　　以太网是一种计算机局域网技术，是几百到几千米范围内的计算机、智能设备互相连接构成的网络。以太网是目前应用最广泛的局域网通信方式，在工业控制领域应用越来越广泛。通过工业以太网，能实时测控处理现场信息，并实现数据通信和资源共享，完成各种智能控制和应用。

以太网可将不同的计算机设备连接在一起，其基本元素有交换机、路由器、网线等硬件设备以及以太网协议和通信规则。智能制造系统主要采用以太网连接，如图1-2-1所示。

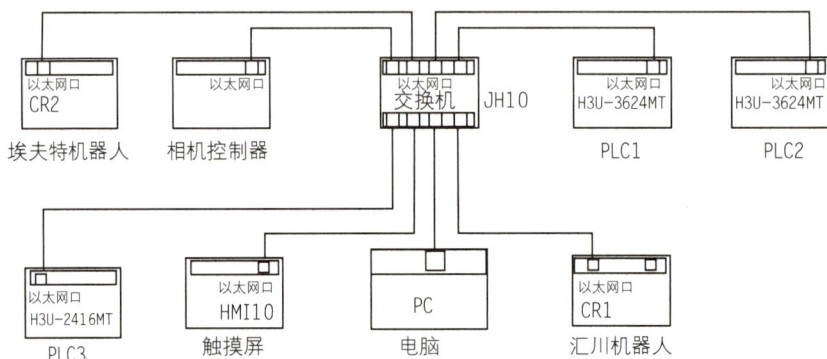

图1-2-1　智能制造系统以太网连接图

（二）网络地址

为实现资源共享和数据通信，网络上的计算机或智能设备要有自己的标识，即地址，地址一般有三种：域名地址、IP地址和MAC地址。

1. 域名地址

域名地址是互联网上一个服务器或者一个网络系统的名字，如淘宝网的域名地址为www.taobao.com，其中taobao是公司机构名，com是类别顶级域名（表示性质是工、商、金融等企业）。域名地址是为了便于记忆而采取的一种命名方式。

2. IP地址

互联网中，计算机或智能设备只有通过IP地址才能被识别，IP地址是网络中计算机的身份标识。它是网络上设备间通信协议（IP协议）提供的一种地址格式，类似网络设备在网上的身份证号码。IP地址基于逻辑，比较灵活，不受硬件限制，也容易记忆。

IP地址由4个以"."隔开的十进制数组成，通常用"点分十进制"方式表示。实际上IP地址是一个32位的二进制数。如IP地址202.93.120.44，它的二进制数是11001010.01011101.01111000.00101100。

每个IP地址都分成网络号和主机号两部分，网络号代表计算机在哪个网络（IP网段），主机号代表计算机（智能设备）是这个网络里的哪一台。识别IP地址所对应的网段，还要通过子网掩码来实现。

子网掩码是由若干个连续的1和若干个连续的0组成的32位二进制数。将IP地址与子网掩码进行二进制"与"运算可以得出网络号。如IP地址为"192.168.1.1"，子网掩码为"255.255.255.0"，子网掩码二进制是11111111.11111111.11111111.00000000。其中，"1"有24个，代表与此相对应的IP地址左边24位是网络号；"0"有8个，代表与此相对应的IP地址右边8位是主机号。这样，子网掩码就确定了一个IP地址的32位二进制数字中哪些是网络号、哪些是主机号。

3．MAC地址

MAC地址也叫物理地址或硬件地址，由网络设备制造商生产时写在硬件内部。世界上每个以太网设备都具有唯一的MAC地址。MAC地址一般为6字节，48比特位，通常表示为12个16进制数，每2个16进制数之间用冒号隔开，如08:00:20:0A:8C:6D就是一个MAC地址，其中前6个16进制数08:00:20代表网络硬件制造商的编号，它由IEEE分配，而后6个16进制数0A:8C:6D代表该制造商所制造的某个网络产品（如网卡）的系列号。

（三）网络协议

网络协议是计算机之间交流的语言，规定了语言规则，为网络设备之间的通信指定了标准。没有网络协议，设备不能解释由其他设备发送来的信号，数据不能传输到任何地方。常见的协议有TCP/IP、IPX/SPX、NetBEUI（NetBIOS）等。

（四）以太网的常见硬件

1．交换机

交换机（Switch）可以把网络从逻辑上划分为几个小网段，它是一种用于电信号转发的网络设备，能够解析出MAC地址，可以为接入交换机的任意两个网络节点的设备提供独享的电信号通路。最常见的交换机是以太网交换机，如图1-2-2所示。

图1-2-2　以太网交换机

2．网线

（1）双绞线。

目前，局域网中常用到的双绞线一般都是非屏蔽的五类四对（即8根导线）电缆线，颜色分别为橙白、橙、绿白、绿、蓝白、蓝、棕白和棕（图1-2-3），外层保护胶皮上标注"CAT5"字样，它的传输速率能达到100Mbps。

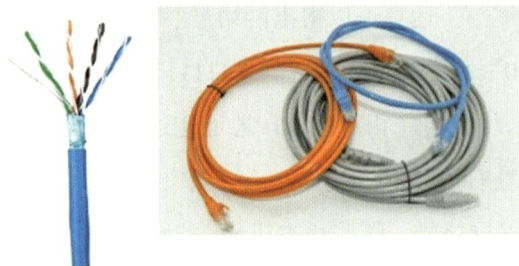

图1-2-3 五类非屏蔽双绞线

此外，也可用超五类非屏蔽双绞线。它由4个绕对和1条抗拉线组成，与普通五类双绞线相比，其传输带宽仍为100MHz，但它在传送信号时衰减更小，抗干扰能力更强。

（2）网线接法。

RJ45型插头（又称水晶头）和网线有两种连接方法（线序），分别称作T568A线序和T568B线序。RJ45型网线插头各脚与网线颜色标志的对应关系见表1-2-1。

表1-2-1 RJ45型网线插头各脚与网线颜色标志的对应关系

T568A		T568B	
RJ45型插头脚号	网线颜色	RJ45型插头脚号	网线颜色
1	绿白	1	橙白
2	绿	2	橙
3	橙白	3	绿白
4	蓝	4	蓝
5	蓝白	5	蓝白
6	橙	6	绿
7	棕白	7	棕白
8	棕	8	棕

（3）适用类型。

①直线互连，网线的两端均按T568B接。用于电脑与ADSL猫、ADSL猫与ADSL路由器的WAN口、电脑与ADSL路由器的LAN口、电脑与集线器或交换机连接。本系统用的就是这类线。

②交叉互连，网线的一端按T568B接，另一端按T568A接。用于电脑与电脑（即对等网连接）、集线器与集线器、交换机与交换机连接。

任务实施

将生产线智能设备连接以太网，具体实施步骤见表1-2-2。

表1-2-2　以太网连接步骤

步骤	操作描述	图示	备注
1	识别交换机前面板	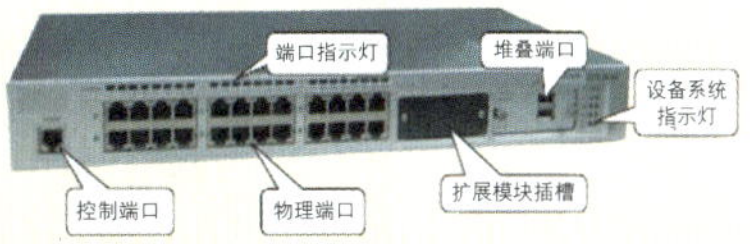 端口指示灯　堆叠端口　设备系统指示灯　控制端口　物理端口　扩展模块插槽	可看交换机参考手册
2	将交换机加电，观察各指示灯现象		—
3	用双绞线将电脑的网口（网卡）连接到交换机上，观察端口指示灯现象	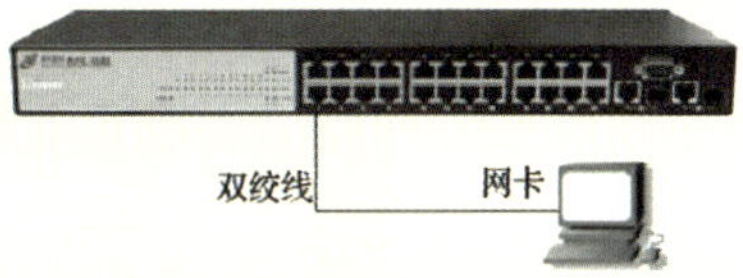 双绞线　网卡	电脑开机
4	用双绞线连接其他设备（PLC、触摸屏、工业机器人等）到交换机上，观察对应指示灯现象	—	其他设备上电
5	打开IP地址配置窗口：右击桌面"网络"，点击"属性"，点击"更改适配器"，右击"以太网"，点击"属性"	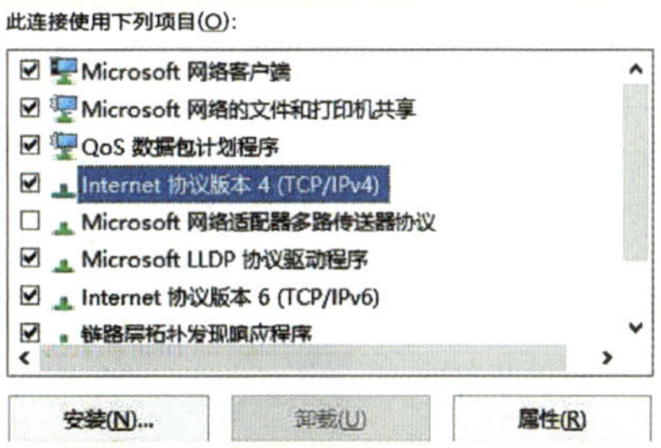 此连接使用下列项目(O)：☑ Microsoft 网络客户端 ☑ Microsoft 网络的文件和打印机共享 ☑ QoS 数据包计划程序 ☑ Internet 协议版本 4 (TCP/IPv4) ☐ Microsoft 网络适配器多路传送器协议 ☑ Microsoft LLDP 协议驱动程序 ☑ Internet 协议版本 6 (TCP/IPv6) ☑ 链路层拓扑发现映射器程序　安装(N)...　卸载(U)　属性(R)	—
6	点击上一步中的"属性"，设置IP地址：192.168.0.10，子网掩码：255.255.255.0	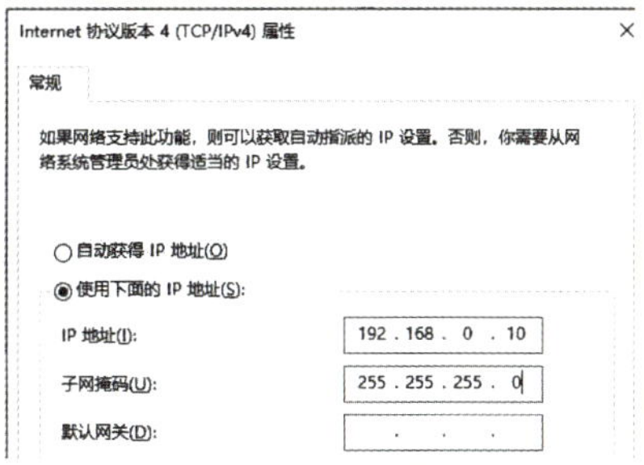 Internet 协议版本 4 (TCP/IPv4) 属性　常规　如果网络支持此功能，则可以获取自动指派的 IP 设置。否则，你需要从网络系统管理员处获得适当的 IP 设置。○自动获得 IP 地址(O)　●使用下面的 IP 地址(S)：　IP 地址(I)：192.168.0.10　子网掩码(U)：255.255.255.0　默认网关(D)：	—

（续表）

步骤	操作描述	图示	备注
7	在电脑系统中，点击"开始"按钮，找到"Windows系统"		—
8	点击后面的下拉按键，找到"命令提示符"，点击进入命令行	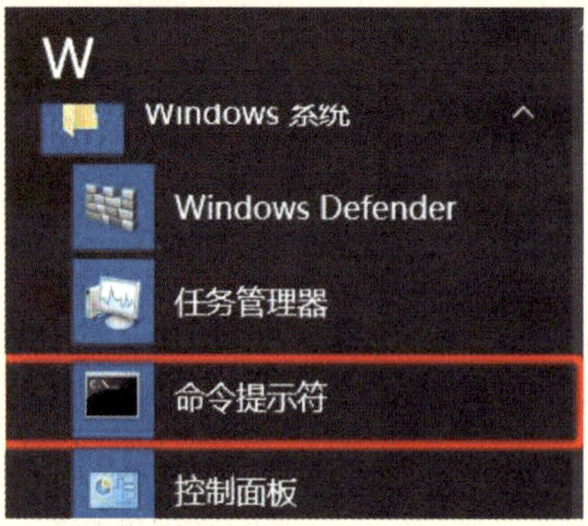	—
9	试用Ping指令检查网络的连通性。如电脑与PLC的连通：Ping 192.168.0.104	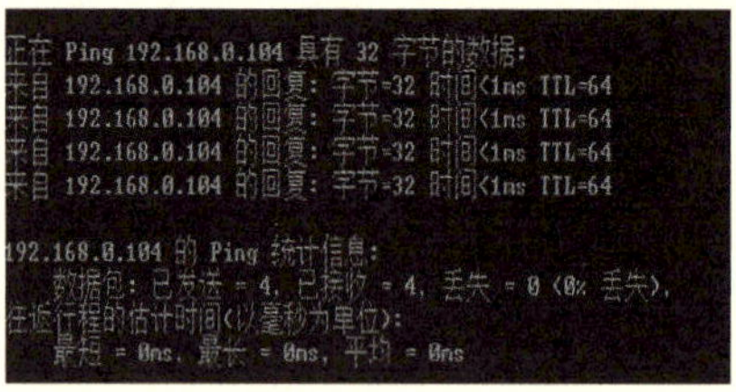	有一台PLC的IP地址已设为：192.168.0.104

任务考核

任务学习结束，请完成表1-2-3中的任务考核项目。

表1-2-3　任务考核表

项目	要求	配分	评分标准	扣分	得分
网线连接	用双绞线连接生产线上的网络设备，上电后相应的指示灯绿灯亮	35分	1. 少连一条扣5分，连错一条扣3分； 2. 上电，端口指示灯不亮、重插、红灯亮，出现一个扣3分		
PC电脑网络设置	能较快找到网络设置界面，正确设置IP地址和子网掩码	35分	1. 找不到网络设置界面，扣20分； 2. IP地址错误，与已知的PLC不在同一网段，扣10分； 3. 子网掩码设置错误，扣5分		
检查网络连通性	1. 能通过观察指示灯状态初步判断网络连通情况； 2. 能用网络指令检查网络连通性	20分	1. 在电脑系统上找不到"命令提示符"，扣5分； 2. 使用Ping指令错误，扣5分； 3. 不能判断网络是否畅通，扣10分		
安全生产	1. 自觉遵守安全文明生产规程； 2. 保持现场干净整洁，工具摆放有序	10分	1. 现场喧闹，扣2分； 2. 每违反一项规定，扣3分； 3. 发生安全事故，0分处理； 4. 现场凌乱、乱放工具、乱丢杂物、完成任务后不清理现场，扣5分		

任务三　智能制造系统的基本运行操作

① 能够做好系统开机前的准备工作。

② 能够正确运行设备，出现突发情况能及时应对。

任务描述

给系统上电，开机让系统正常运行，运行后能正常停机。

学习储备

装配调试好的智能制造系统。

任务实施

一、智能制造系统开机前准备操作

智能制造系统开机前准备操作步骤见表1-3-1。

表1-3-1　智能制造系统开机前准备操作步骤

步骤	操作描述
1	检查电路、气路有无故障，是否正确接入对应触点

（续表）

步骤	操作描述
2	检查四轴工业机器人、六轴工业机器人夹具、加工工具是否放置好，工具支架是否放置到位
3	检查各工位是否复位到准备状态
4	检查各工位是否有废料堆积，或者有未加工工件在工位中
5	检查待加工元器件（物料）是否准备充足
6	检查各PLC与机器人之间、视觉系统与机器人之间是否通信正常
7	检查急停复位按钮有无异常，是否处于准备状态
8	确认各工位准备就绪、通信正常、物料充足、工位无废料和待加工件堆积，允许开机
9	打开空压机，将气源二联件气压调整为0.4~0.5MPa，按下磁阀手动按钮，确认各气缸及传感器的原始状态

二、智能制造系统设备的上电

智能制造系统设备的上电步骤见表1-3-2。

表1-3-2　智能制造系统设备的上电步骤

步骤	操作描述	图示
1	打开挂板电源箱上的总电源开关	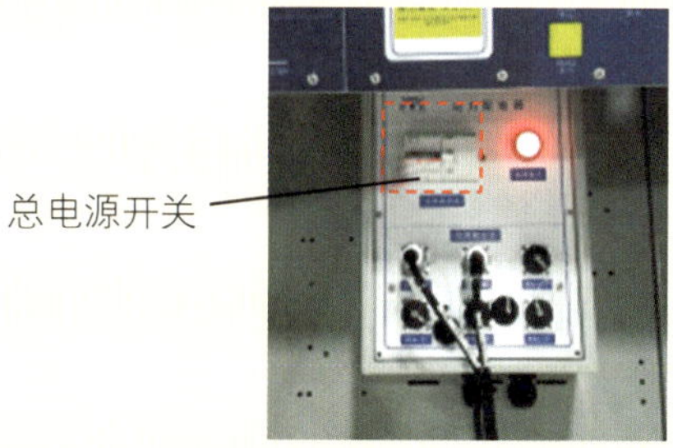 总电源开关
2	打开各个带有挂板电路的漏电开关	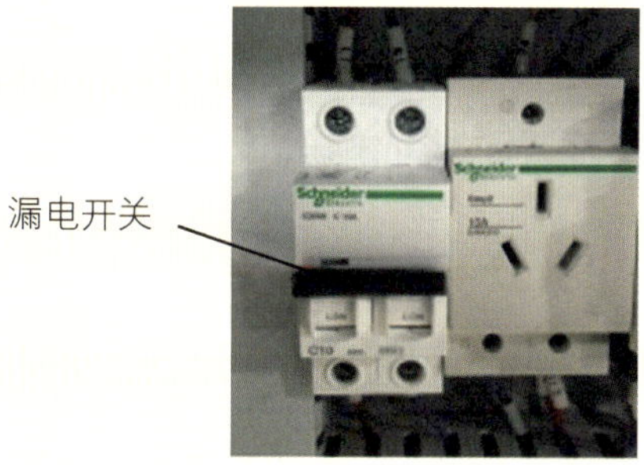 漏电开关

（续表）

步骤	操作描述	图示
3	打开控制器放置台上的工业排插开关	 排插开关
4	打开四轴工业机器人控制器的断路器开关	 断路器开关
5	按下六轴工业机器人控制器的伺服上电按钮，使绿灯常亮	 伺服上电按钮
6	按下各个带有挂板电路的控制按钮板上的"开"按钮上电	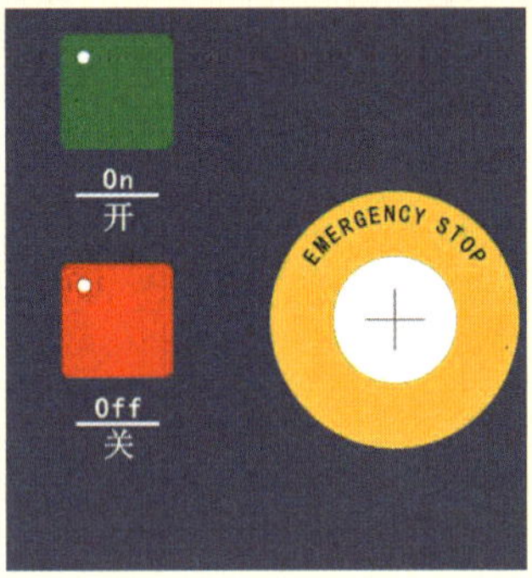

三、智能制造系统设备的运行

智能制造系统设备的运行步骤见表1-3-3。

表1-3-3　智能制造系统设备的运行步骤

步骤	操作描述	图示
1	设备上电后，各个单元处于停止状态，控制按钮板上的"停止"指示灯亮（红灯亮）	—

（续表）

步骤	操作描述	图示
2	按下各个单元的“联机”按钮	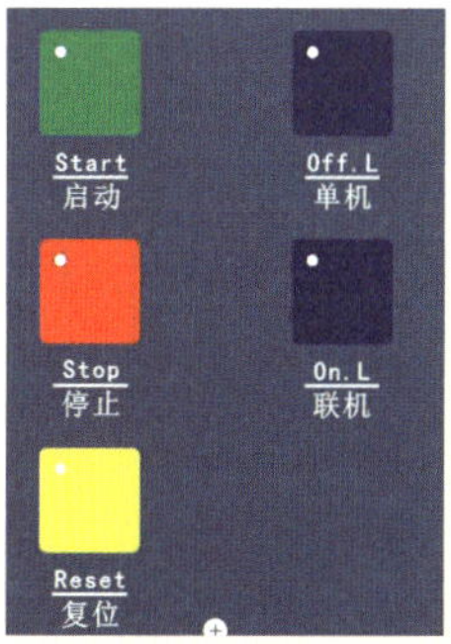
3	按下主站的“复位”按钮，各组件机构、工业机器人开始复位，复位指示灯闪亮，复位完成后，复位指示灯常亮	
4	按下主站的“启动”按钮，系统启动	
5	运行过程中，点击主站的“停止”按钮，设备立即停止运行	
6	若遇突发状况，及时按下设备上的“急停”按钮（单元急停、机器人急停）	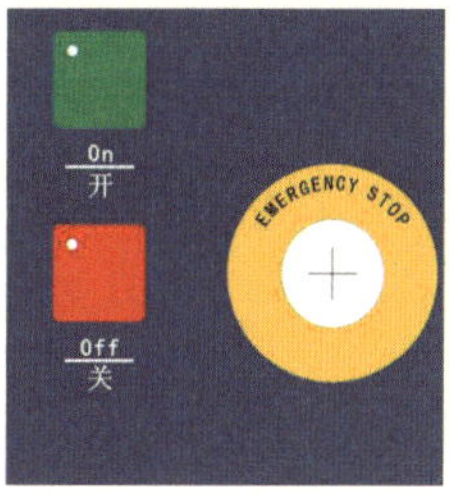

四、智能制造系统设备的断电

智能制造系统设备的断电步骤见表1-3-4。

表1-3-4　智能制造系统设备的断电步骤

步骤	操作描述	图示
1	按下各个带有挂板电路的控制按钮板上的“关”按钮进行断电	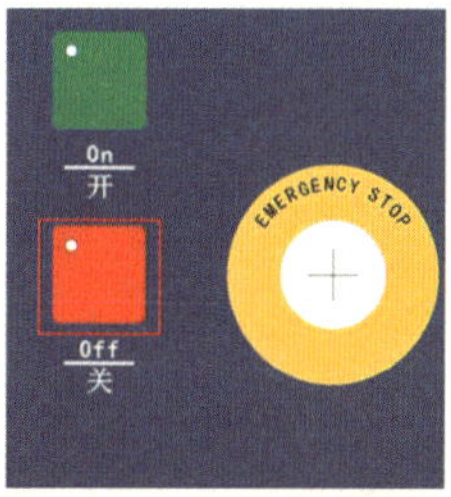
2	拉下四轴工业机器人控制器的断路器开关进行断电	断路器开关 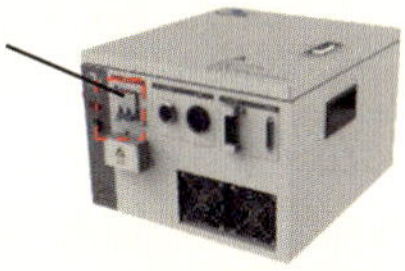
3	拉下控制器放置台上的工业排插开关进行断电	排插开关 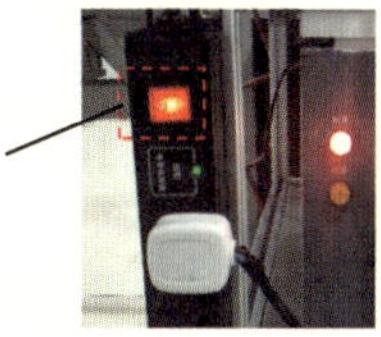

（续表）

步骤	操作描述	图示
4	拉下各个带有挂板电路的漏电开关进行断电	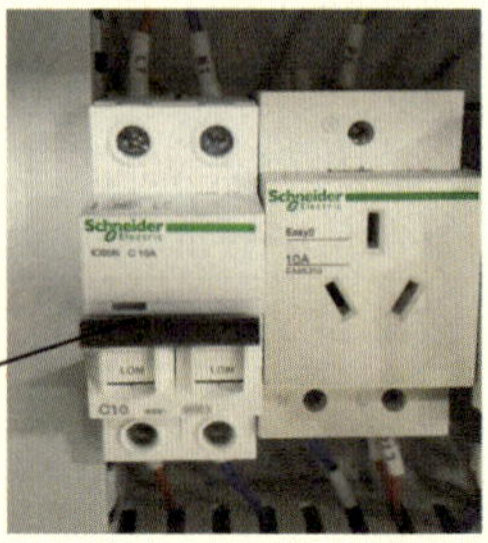 漏电开关
5	拉下挂板电源箱上的总电源开关进行断电	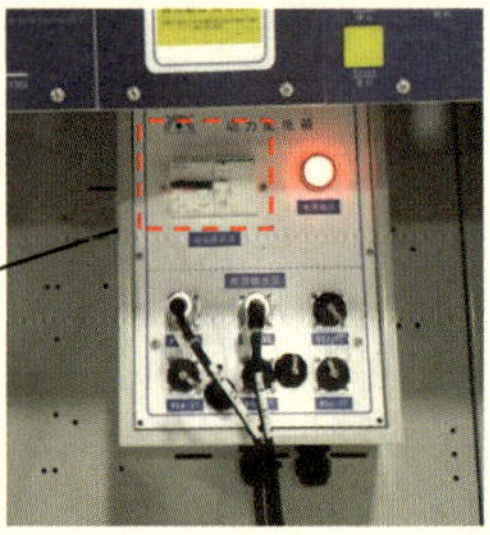 总电源开关

任务考核

任务学习结束，请完成表1-3-5中的任务考核项目。

表1-3-5　任务考核表

项目	要求	配分	评分标准	扣分	得分
上电前检查	1. 电路、气路连接正确； 2. 机器人夹具放置正确； 3. 工位无废料，加工件在工位且不堆积； 4. 气缸和传感器处于原始状态，气压正常	30分	1. 电路、气路接连接错误而没有检查出来，一处扣1分； 2. 检查后，发现夹具放置不对或不够，一处扣1分； 3. 工位有废料或有工件堆积，一处扣2分； 4. 加工件不在工位，一个扣1分； 5. 没有检查工位是否复位，一处扣3分； 6. 气压不在0.4~0.5MPa间，扣3分； 7. 气缸和传感器不在原始状态，一个扣2分		

（续表）

项目	要求	配分	评分标准	扣分	得分
系统上电	按顺序上电	20分	不按按钮上电，错一个扣5分，扣完为止		
系统设备运行	1. 上电后检查各单元是否处于停止状态； 2. 系统处于停止状态下，按下"联机"按钮； 3. 按下主站的"复位"按钮，等工业机器人、各单元组件复位完成后按下"启动"按钮； 4. 停止系统运行，按下"停止"按钮，遇到突发情况，及时按下"急停"按钮	20分	1. 没有检查各单元是否处于停止状态（停止指示灯不亮时），直接按"启动"按钮，扣5分； 2. 没有联机，直接按"启动"按钮，扣3分； 3. 复位还没有完成，单元的复位指示灯闪烁时，按"启动"按钮，扣5分； 4. 频繁切换"启动""停止"按钮，扣3分； 5. 遇到突发情况，没有及时按急停按钮，扣5分		
系统断电关机	按顺序断电	20分	不按按钮断电，错一个扣5分，扣完为止		
安全生产	1. 自觉遵守安全文明生产规程； 2. 保持现场干净整洁，工具摆放有序	10分	1. 现场喧闹，扣2分； 2. 每违反一项规定，扣3分； 3. 发生安全事故，0分处理 4. 现场凌乱、乱放工具、乱丢杂物、完成任务后不清理现场，扣5分		

项目二
玩具车装配打磨制造生产线的安装与调试

项目导入

　　随着2021年一对夫妻可以生育三个子女政策及配套支持措施的实施，未来中国儿童数量将显著增加，中国智能玩具车模制造市场的规模也将迎来爆发式增长。如何提高玩具车的质量和产量就成了玩具车制造企业的最紧急任务。玩具车装配打磨制造生产线刚好满足了这一需求，此生产线采用模块化设计，可根据实际生产需求选择合适的模块单元，从而尽可能地做到柔性化、智能化生产，为企业减少长期投入的成本。

　　综合考虑项目任务难度及工作应用场景，将项目分解为四个具有代表性的任务：

　　任务一　上料打磨单元的安装与调试
　　任务二　装配检测入库单元的安装与调试
　　任务三　玩具车装配打磨制造生产线的联机调试
　　任务四　玩具车装配打磨制造生产线的维护与保养

　　以上四个任务，包含了基础模块单元的安装与调试、联机调试、维护与保养等技能要求。希望读者学习本项目后，能够独立完成玩具车装配打磨制造生产线的安装、调试及维护与保养等工作。

玩具车装配打磨制造生产线系统图如图2-0-1所示，其工作过程为：设备"启动"后，安全送料机构将需要装配的装配螺丝送入装配区，玩具车底座被推送到装配平台，先由六轴工业机器人将玩具车上盖进行打磨抛光处理，加装到底座上，再由四轴工业机器人对其上螺丝固紧装配。六轴工业机器人对小车进行绘图标记后，由视觉系统检测螺丝是否全部安装，图案是否正确。最后六轴工业机器人抓取合格品到良品仓，抓取不合格品到废品仓。

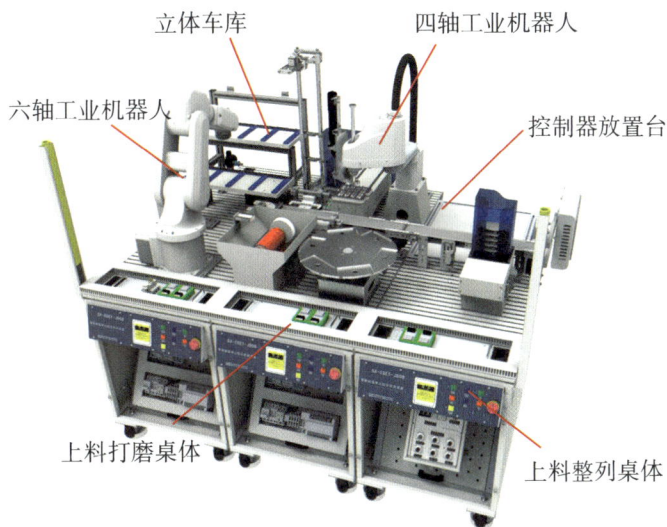

图2-0-1 玩具车装配打磨制造生产线系统图

任务一 上料打磨单元的安装与调试

学习目标

1. 能够陈述上料打磨单元的硬件结构组成。
2. 能够概述传感器、气缸的工作原理。
3. 能够解释PLC程序和工业机器人程序主要指令的作用。
4. 能够正确安装和调试光纤传感器。
5. 能够根据模块装配图，按要求完成上料和打磨等组件安装。
6. 能够根据电气原理图，按工艺要求正确连接和调试电路。
7. 能够根据气路连接图，完成气路的连接和调试。
8. 能够正确配置工业机器人和PLC的通信。
9. 能够根据工件和运行轨迹变化正确示教和调整程序。

任务描述

本套设备已完成了桌体与挂板的连接，本任务只需根据图纸来完成该单元工作模块的安装与接线工作，并对单元进行调试，最终实现如图2-1-1所示的工作流程。

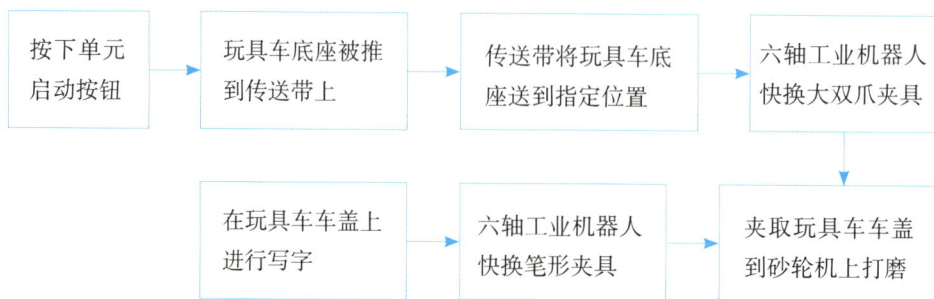

```
┌──────────┐   ┌──────────┐   ┌──────────┐   ┌──────────┐
│按下单元  │──▶│玩具车底座│──▶│传送带将玩具车底│──▶│六轴工业机器人│
│启动按钮  │   │被推到传送│   │座送到指定位置│   │快换大双爪夹具│
│          │   │带上      │   │          │   │          │
└──────────┘   └──────────┘   └──────────┘   └──────────┘
                                                    │
                                                    ▼
┌──────────┐   ┌──────────┐   ┌──────────┐
│在玩具车车盖上│◀─│六轴工业机器人│◀─│夹取玩具车车盖│
│进行写字  │   │快换笔形夹具│   │到砂轮机上打磨│
└──────────┘   └──────────┘   └──────────┘
```

图2-1-1 上料打磨单元流程图

学习储备

一、器材准备

上料打磨单元的主要器材清单见表2-1-1。

表2-1-1　上料打磨单元的主要器材清单

序号	名称	规格型号	单位	数量
1	六轴工业机器人	埃夫特，ER3B-C30	台	1
2	六轴工业机器人底板	SX-815Q-28-002	台	1
3	输送带组件	SX-CSET-JD08-30A-02-04	台	2
4	车盖模型	SX-CSET-JD08-30D-06	台	5
5	模型上料组件	SX-CSET-JD08-30A-02-03	台	1
6	触摸屏组件	SX-CSET-JD08-30A-02	台	1
7	显示屏安装支架	SX-CSET-JD08-30A-02-01	台	1
8	光栅组件-右	SX-CSET-JD08-30A-02-02	台	1
9	光栅组件-左	SX-CSET-JD08-30A-04-03	台	1
10	转盘上料组件	SX-CSET-JD08-30D-01-01	台	1
11	车盖定位气缸	SX-CSET-JD08-05-16	台	1
12	打磨抛光组件	SX-CSET-JD08-30D-01-02	台	1
13	平行夹具	SX-CSET-JD08-30A-04-02	台	1
14	工件翻转台	SX-CSET-JD08-30D-03-02	台	1
15	夹具座组件（NPN）	SX-CSET-JD08-05-15	台	1

二、知识技能准备

（一）光纤传感器调试

1. 结构原理

光纤传感器由光纤单元和放大器单元两部分组成，如图2-1-2所示。

光纤传感器是把发射器发出的光线用光导纤维引导到检测点，再把检测到的光信号用光纤引导到接收器来实现检测的。

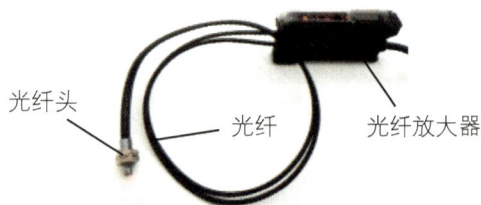
图2-1-2　光纤传感器组成

光纤传感器结构紧凑，不受电磁场干扰，传输信号安全，可实现非接触测量，具有高灵敏度、高精度、高速度、高密度、适应各种恶劣环境以及非破坏性和使用简便等优点。

2. 调试方法

光纤传感器安装时可以用固定螺母固定在传感器安装座上，也可以直接安装在零件上并用螺母锁紧，如图2-1-3所示。光纤在使用时严禁大幅度弯折到底部，严禁向光纤施加拉伸、压缩等蛮力。

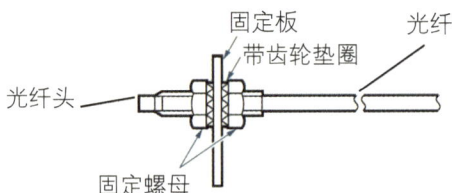
图2-1-3　光纤传感器安装

光纤传感器的调试方法见表2-1-2。

表2-1-2　光纤传感器的调试方法

调节内容	操作方法
校准移动工件	在未放置工件的情况下按住"设置按钮（SET）"，如图2-1-4所示。当显示屏上"SET"闪烁时，令工件穿过感应区域，工件完全穿过感应区域后再松开"设置按钮（SET）"
微调设定值	按"灵敏度调节按钮"的加减进行调节
切换模式输出	按"［MODE］（模式按钮）"，再按加减按钮选择L-ON（入光动作）或D-ON（遮光动作），然后按一次"［MODE］（模式按钮），即设置完成

更多详细参数设置可参考技术手册《FM-31智能型数字光纤传感器》。光纤传感器按钮开关介绍见图2-1-4。

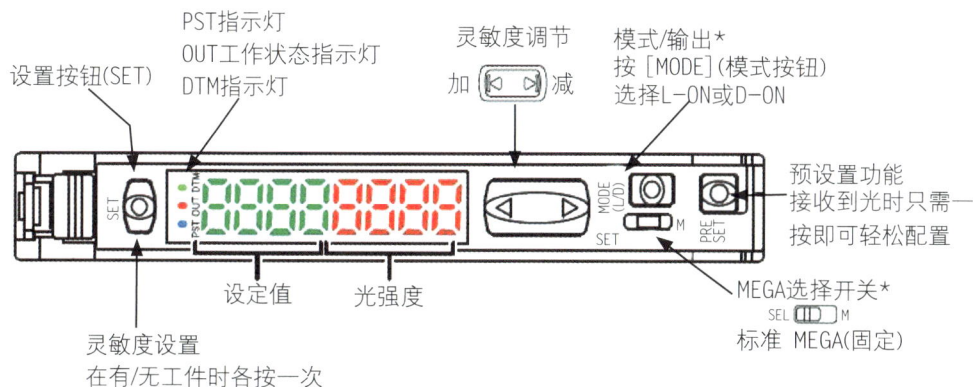

PST指示灯
OUT工作状态指示灯
DTM指示灯

设置按钮(SET)

灵敏度调节
加　减

模式/输出＊
按［MODE］(模式按钮)
选择L-ON或D-ON

预设置功能
接收到光时只需一
按即可轻松配置

设定值　　光强度

灵敏度设置
在有/无工件时各按一次

MEGA选择开关＊
SEL　M
标准　MEGA(固定)

图2-1-4　光纤传感器按钮开关介绍

（二）光电传感器调试

1. 结构原理

光电传感器是将光信号转换为电信号的一种器件。一般情况下，光电传感器由发送器、接收器和检测电路三部分组成。其按照使用结构大致划分为槽型光电传感器、对射型光电传感器、反光板型光电开关、扩散反射型光电开关等几种类型。光电传感器如图2-1-5所示。

图2-1-5　光电传感器

2. 调试方法

（1）避光，自身灵敏度调节；

（2）避开遮挡物，清理灰尘；

（3）高度调节；

（4）方向调节。

（三）气缸调试

气缸是气动系统中的执行元件，它的功能是将气体的压力能转换为机械能，输入的是气体的压力，输出的是执行元件的运动速度和力。

本项目用到的气缸是定位气缸，如图2-1-6所示。定位气缸为单作用气缸，即仅一端有活塞杆，从活塞一侧供气聚能产生气压，气压推动活塞产生推力伸出，靠弹簧或自重返回。

调节气缸上面的节流阀，可以调节气缸杆伸出和缩回的速度。

图2-1-6　定位气缸

（四）磁性开关调试

磁性开关（图2-1-7）主要安装在执行气缸上，用于检测气缸活动限位。通过调节磁性开关的安装位置，可以判断气缸伸缩是否到位。

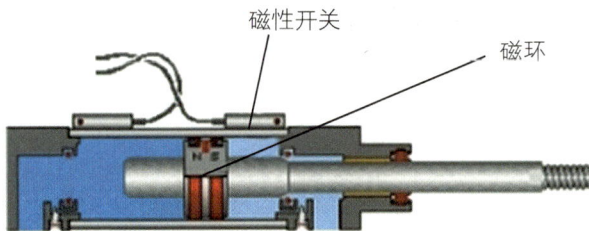

图2-1-7　磁性开关

（五）工业机器人的安装与调试

1. 工业机器人的组成与连接

中国埃夫特公司的六轴工业机器人——ER3B-C30型工业机器人，结构紧凑、轻巧、柔化性高、重复定位精度高、运动速度快，可以广泛应用于装配、分拣、搬运、打磨等领域。它主要由机器人本体、示教器、控制器组成。

（1）机器人本体。

有关机器人本体的介绍，如图2-1-8所示。

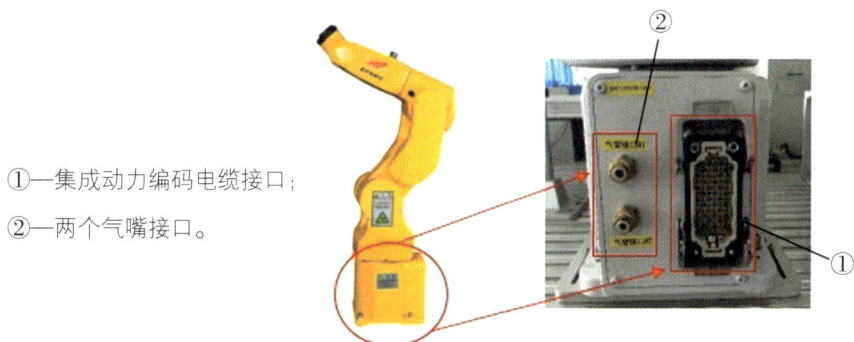

①—集成动力编码电缆接口；

②—两个气嘴接口。

图2-1-8　机器人本体图示

（2）示教器。

示教器由控制按钮、显示界面、主按键区、背面使能开关组成，如图2-1-9所示。手持操作示教器功能键区放大图如图2-1-10所示。

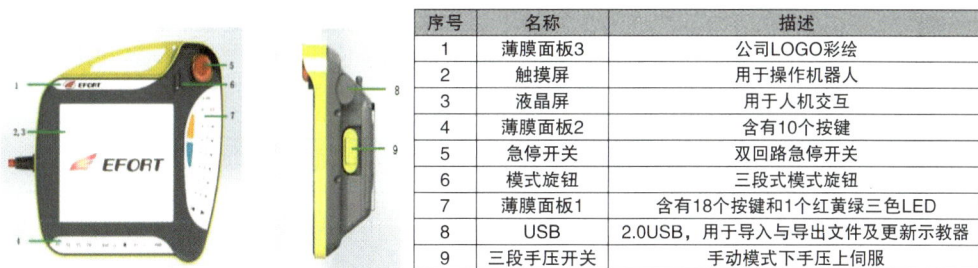

序号	名称	描述
1	薄膜面板3	公司LOGO彩绘
2	触摸屏	用于操作机器人
3	液晶屏	用于人机交互
4	薄膜面板2	含有10个按键
5	急停开关	双回路急停开关
6	模式旋钮	三段式模式旋钮
7	薄膜面板1	含有18个按键和1个红黄绿三色LED
8	USB	2.0USB，用于导入与导出文件及更新示教器
9	三段手压开关	手动模式下手压上伺服

图2-1-9　示教器外观按钮介绍

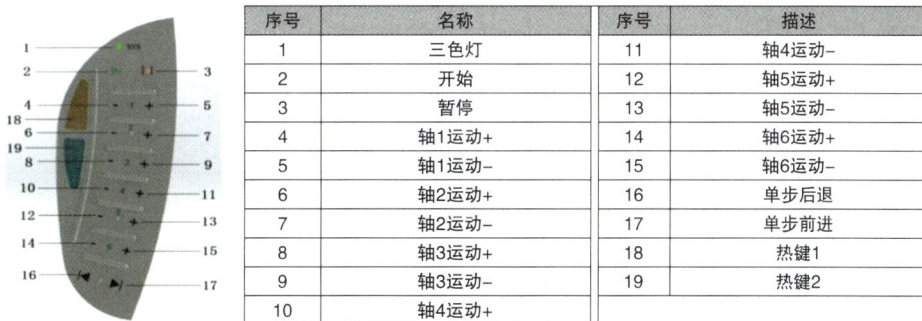

序号	名称	序号	描述
1	三色灯	11	轴4运动-
2	开始	12	轴5运动+
3	暂停	13	轴5运动-
4	轴1运动+	14	轴6运动+
5	轴1运动-	15	轴6运动-
6	轴2运动+	16	单步后退
7	轴2运动-	17	单步前进
8	轴3运动+	18	热键1
9	轴3运动-	19	热键2
10	轴4运动+		

（a）手持操作示教器右侧功能键区

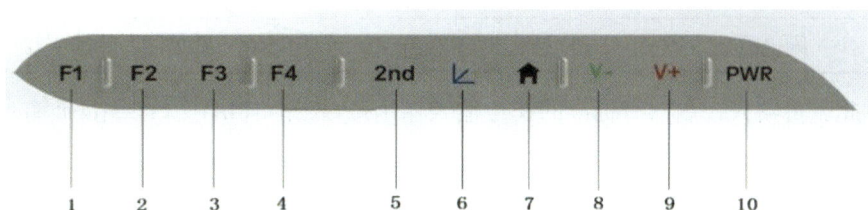

序号	名称	序号	描述
1	多功能键F1 暂定：调出当前报警内容	6	坐标系切换
2	多功能键F2	7	回主页
3	多功能键F3 暂定：程序运行方式（连续、单步进入、单步跳过等）	8	速度-
4	多功能键F4	9	速度+
5	翻页	10	伺服上电

（b）手持操作示教器下部功能键区

图2-1-10　手持操作示教器功能键区介绍

（3）控制器。

①控制器接口说明见表2-1-3。

表2-1-3　控制器接口说明

序号	部件名称
1	电源接口（X10）
2	用电安全注意标签
3	示教器接口（X20）
4	输入输出接口及外部急停接口（左侧为输入输出，右侧为安全）（X30 10，X40 safety）
5	调试用网口及USB接口（X50 ETH，X60 USB）
6	SERVO ON按钮
7	工作电压指示标签
8	备用电缆接入锁头
9	急停按钮
10	通风注意标签
11	控制柜到本体等电位接地处
12	动力线及编码器线接口（X70）
13	闪电标识，接入重载连接器时注意安全，操作时请务必关闭控制箱电源

②此款机器人控制器有标准的16位输入输出接口，本体I/O接口占用4个输入输出接口，用户输入输出接口占用12个输入输出接口。24VP为24V的接线端子口，24VG为0V的接线端子口。因为控制系统（ROBOX系统）输入输出只能是高电平有效，所以除信号线以外，公共端只需接一个0V，如图2-1-11所示。

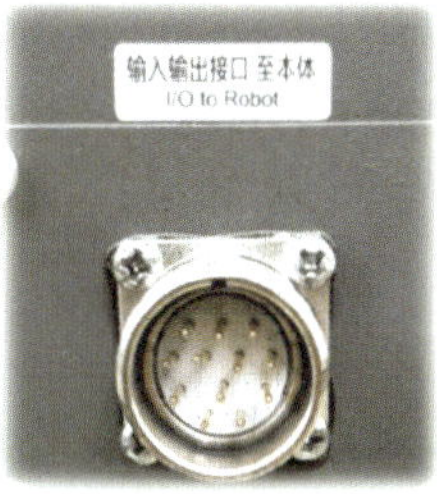

控制柜标签	X60 PIN位	信号定义
RI4	4	DO8
RI5	5	DO9
RI6	6	D10
RO7	7	D11
RO8	8	D12
24VP-3	9	24VP
	10	24VP
24VG-3	11	24VG
	12	24VG

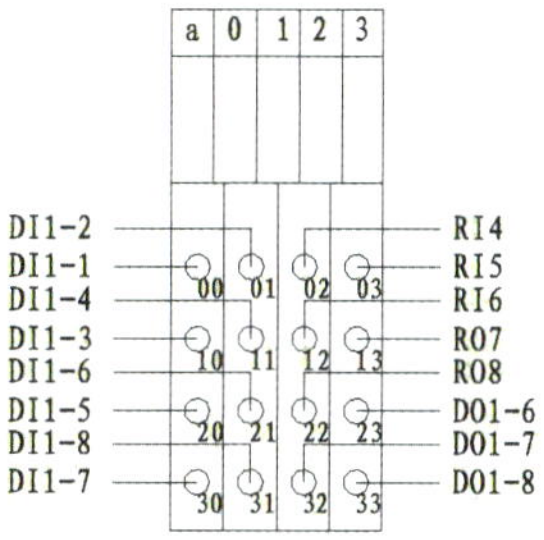

本体I/O

机器人I/O接口

用户I/O

图2-1-11　机器人内部I/O接线示意图

（4）机器人连接。

机器人本体、示教器、控制器三者连接如图2-1-12所示。

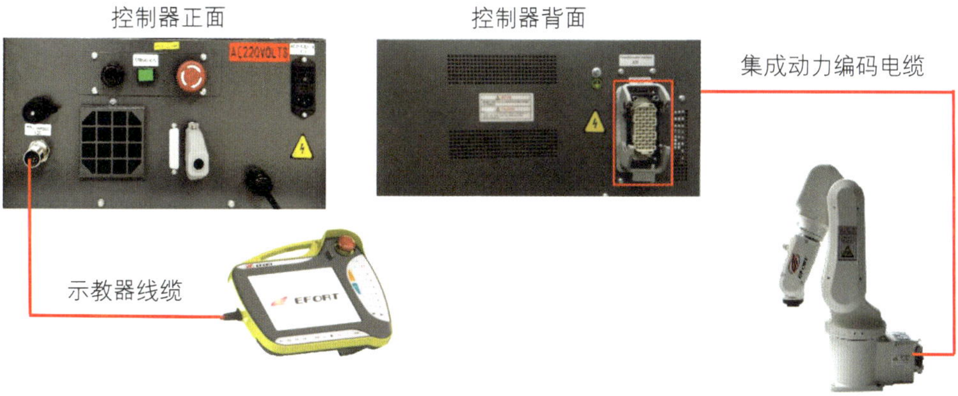

图2-1-12　机器人本体、示教器、控制器连接示意图

2. 机器人操作

（1）手动运行。

工业机器人手动运行步骤见表2-1-4。

表2-1-4 工业机器人手动运行步骤

序号	操作描述	图示
1	选择示教模式，将挡位调到T1	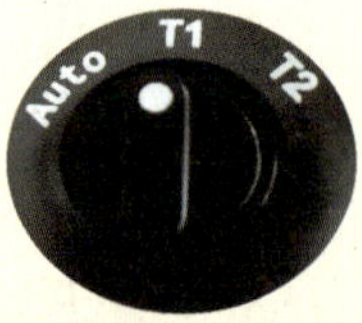
2	按下示教器面板上“坐标系”按键，选择合适的坐标系	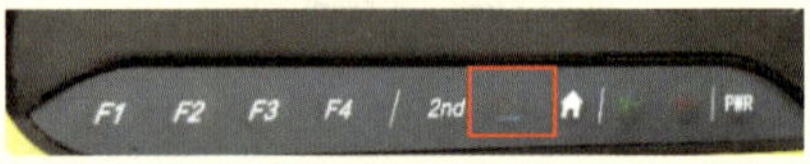
3	按下示教器上的“V+”或“V-”按键，选择合适的速度	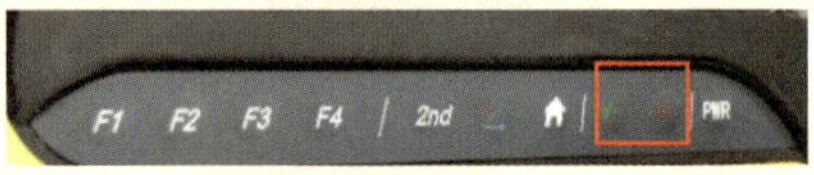
4	按下示教器上的伺服上电键，轻握示教器背面的三段手压开关，这时示教器上的伺服上电指示灯亮起，伺服电源接通	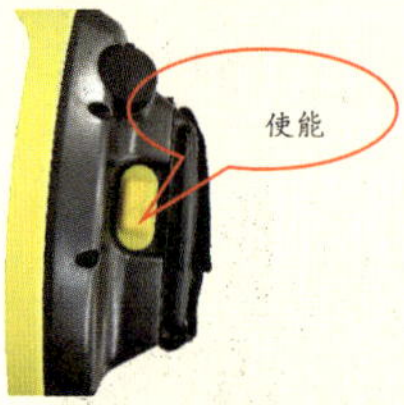
5	手动操作工业机器人，进行第一轴到第六轴的控制	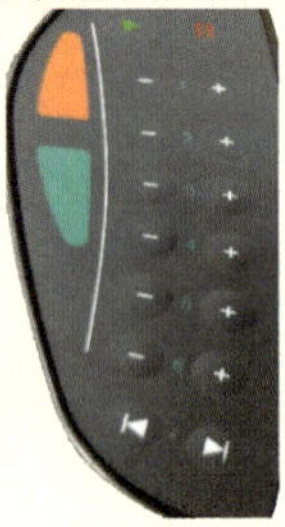

（2）程序自动运行。

工业机器人自动运行步骤见表2-1-5。

表2-1-5 工业机器人自动运行步骤

序号	操作描述	图示
1	选择我们要运行的程序，单击“重新开始→Set PC”	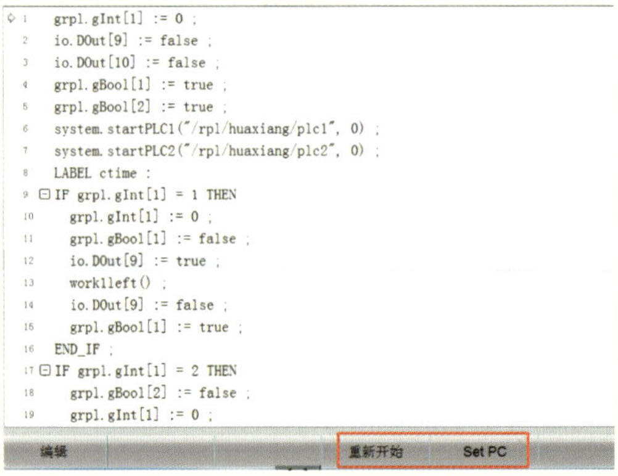

```
grpl.gInt[1] := 0 ;
io.DOut[9] := false ;
io.DOut[10] := false ;
grpl.gBool[1] := true ;
grpl.gBool[2] := true ;
system.startPLC1("/rpl/huaxiang/plc1", 0) ;
system.startPLC2("/rpl/huaxiang/plc2", 0) ;
LABEL ctime :
IF grpl.gInt[1] = 1 THEN
  grpl.gInt[1] := 0 ;
  grpl.gBool[1] := false ;
  io.DOut[9] := true ;
  work1left() ;
  io.DOut[9] := false ;
  grpl.gBool[1] := true ;
END_IF ;
IF grpl.gInt[1] = 2 THEN
  grpl.gBool[2] := false ;
  grpl.gInt[1] := 0 ;
```

（续表）

序号	操作描述	图示
2	将机器人调至自动挡位	
3	在示教器页面单击"是"	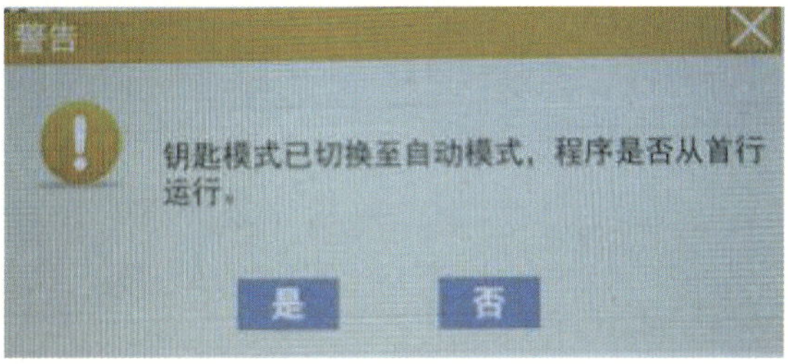
4	在控制柜上按下伺服上电按钮	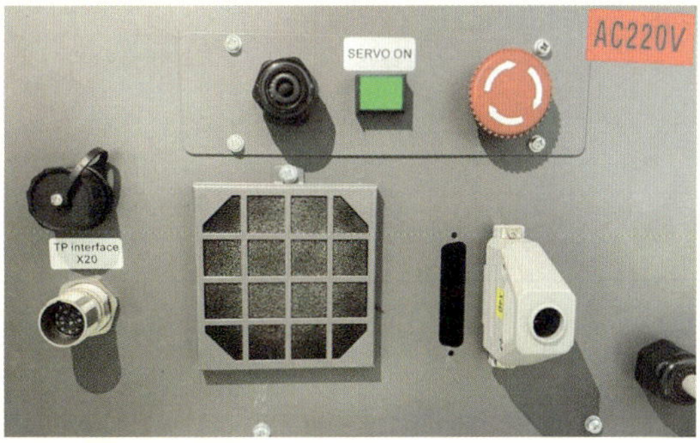
5	在示教器面板上按下"PWR"	
6	按下示教器面板上启动按钮"▶"，机器人启动，按下停止按钮"‖"，机器人停止运行	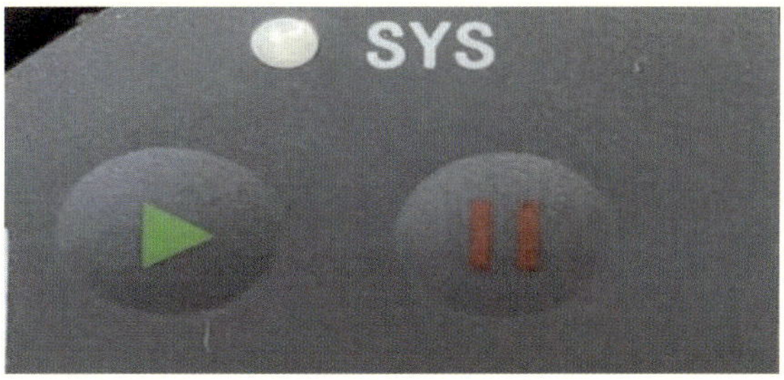

（3）程序外部启动运行。

工业机器人程序外部启动运行步骤见表2-1-6。

表2-1-6　工业机器人程序外部启动运行步骤

序号	操作描述	图示
1	点击菜单的"IO设置"	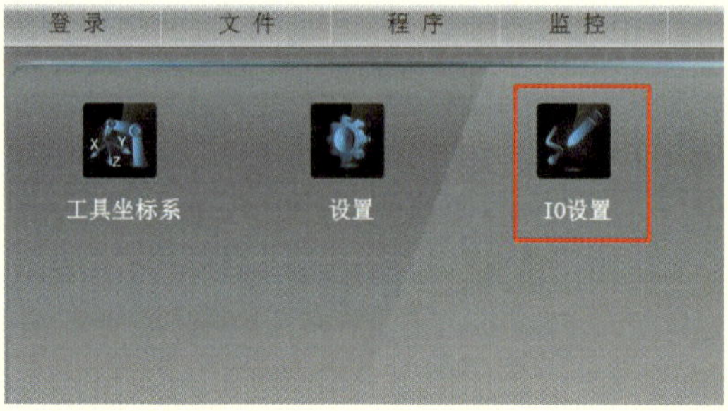
2	点击"功能IO配置"	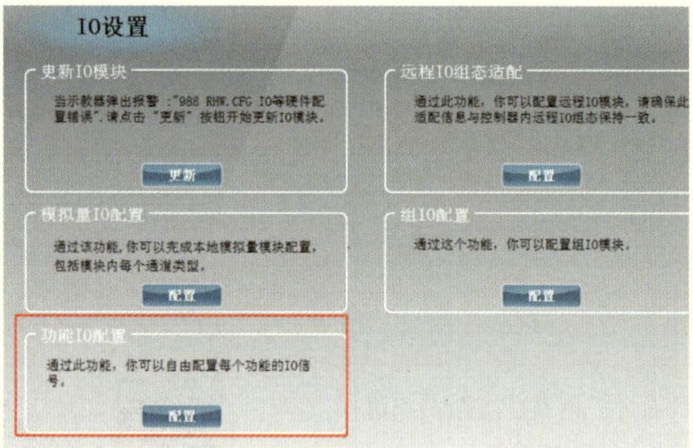
3	选择"通用功能"	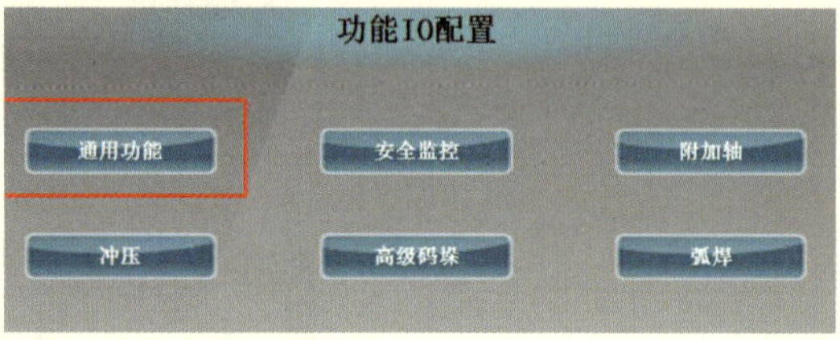
4	点击"编辑"	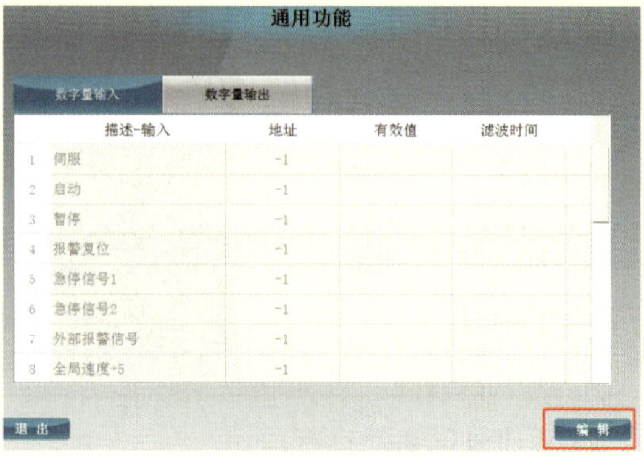

（续表）

序号	操作描述	图示
5	选择对应IO地址控制机器人的伺服、启动、停止等	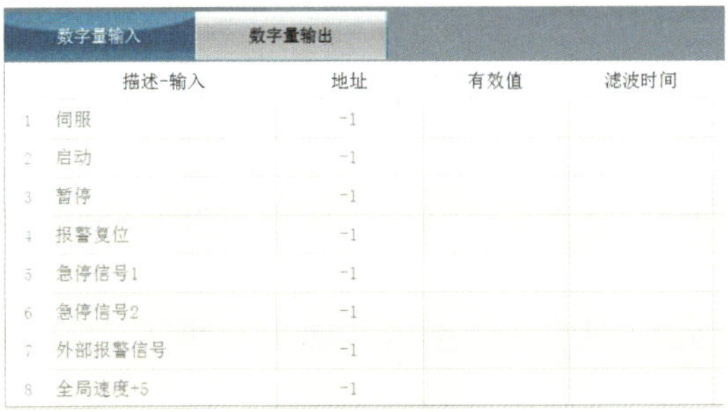
6	将机器人调至自动挡位	
7	在示教器页面单击"是"	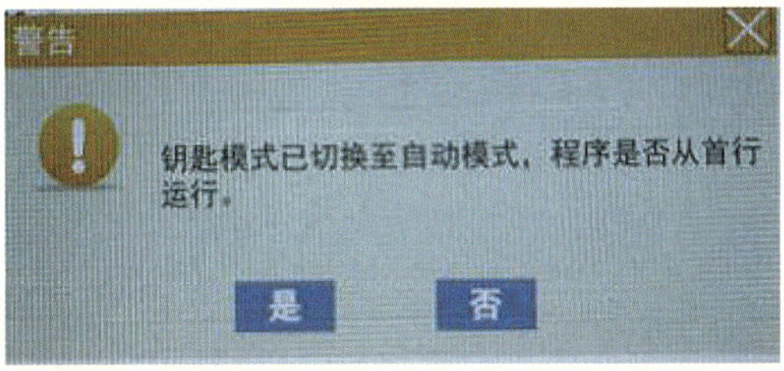
8	按下控制柜上的伺服上电按钮	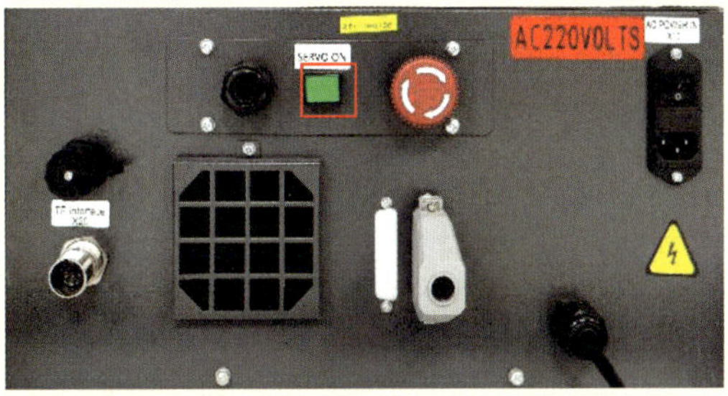
9	等待外部PLC给出信号，单击"监控"，IO 观察信号	

3. 工业机器人指令

工业机器人指令介绍见表2-1-7。

表2-1-7　工业机器人指令介绍

指令	功能说明	使用举例
MJOINT	关节插补方式移动至目标位置	MOVJ P=1 V=25 BL=100 VBL=0 关节插补方式移动至目标位置P，P点是位置型变量，为提前示教好的位置点，1代表该点的序号
MLIN	直线插补方式移动至目标位置	MOVL V= 25 BL=0 VBL=0 直线插补方式移动至目标位置
MCIRC	圆弧插补方式移动至目标位置（采用三点圆弧法，分别为前一点、中间点和目标点）	MOVL V= 25 BL=0 VBL=0 MOVC V=25 BL=0 VBL=0 MOVC P=1 V= 25 BL=0 VBL=0 圆弧插补方式移动至目标位置P
DOUT	IO输出点复位或者置位	DOUT DO= 1.1 VALUE=1 表示把一组远程IO输出模块第二个输出点的位值设置为1
WAIT	等待IO输入点信号	WAIT DI= 1.1 VALUE=0 表示等待第一组远程IO输入模块的第二个输入点值为0
DIN	把IO输入信号读取到布尔型变量中	DIN B= 1 DI=0 表示把第一个IO输入点的值读取到B001的布尔型变量中
GOTO	跳转指令	GOTO L= 0001 表示跳转到第一行
CALL	调用子程序指令	CALL PROG= 1 表示要调用程序文件名字为1的子程序
TIMER	延时子程序	TIMER T= 1000 表示延时1000ms
IF...ELSE	判断语句（EQ：等于，LT：小于，LE：小于等于，GT：大于，GE：大于等于，NE：不等于）	IF I=001 EQ I=002 THEN 程序1 ELSE 程序2 END_IF 表示如果判断要素1（整型变量I001）与判断要素2（整型变量I002）相等则执行程序1，否则执行程序2
WHILE	条件满足时进入循环，条件不满足时退出循环	WHILE I=001 EQ I=002 DO 程序 END_WHILE 当判断要素1（整型变量I001）等于判断要素2（整型变量I002）时，执行程序，否则退出循环
SPEED	调整本条语句后面的运动指令的速度百分比	SPEED SP= 70 表示整体速率调整至70%

（续表）

指令	功能说明	使用举例
DYN	调整本条语句后面的运动指令的加速度、减速度、加减速时间	DYN ACC= 60 DCC= 60 J= 50 表示本条语句后面的运动指令的加速度百分比设置为60%，减速度百分比设置为60%，加减速时间设置为50ms
"="	把数据2赋值给数据1	SET B=001 B=002 把布尔型变量B002的值，存放在布尔型变量B001中
INC	把指定变量值加1	INC I=001 把整型变量I001加1，结果存放在I001中
PAUSE	暂停	PAUSE在单步示教模式下，会跳过此句不执行；回放模式下，可按下示教器上"启动"键继续执行
PALINI	初始化设置码垛机。 参数：ID=码垛机ID，TYPE=码垛类型，TYPE=0码垛，TYPE=1取垛	PALINI ID=1 TYPE=1 定义码垛，码垛号为1，类型为取垛
PALPREU	定义接近点。 参数：P=位置型变量P×××（×××为变量1000~1019），I=存放工件ID的整型变量	PALPREU P=1004 I=1 读取离开工件加速点位置到位置型变量1004中，I=1中保存的是当前正在码垛的工件是第几个工件
PALPRED	定义接近点。 参数：P=位置型变量P×××（×××为变量1000~1019），I=存放工件ID的整型变量	PALPRED P=1001 I=1 读取工件的近工件减速点位置到位置型变量1001中，I=1中保存的是当前正在码垛的工件是第几个工件
PALENT	参数：P=位置型变量P×××（××× 为变量1000~1019）I=存放工件ID的整型变量	PALENT P=1002 I=1 读取工件的进入码垛过渡位置到位置型变量1002中，I=1中保存的是当前正在码垛的工件是第几个工件
PALTO	定义摆放点	PALTO P=1003 I=1 读取工件放物品点位置到位置型变量1003中，I=1中保存的是当前正在码垛的工件是第几个工件
PALFROM	参数：P=位置型变量P×××（×××为变量1000~1019），I=存放工件ID的整型变量	PALFROM P=1005 I=1 读取工件位置到位置型变量1005中，I=1中保存的是当前正在码垛的工件是第几个工件
PALFULL	判断码垛模块是否执行完成	PALFULL B=1 I=1 B=是否完成标志，存放着BOOL型变量，执行此条指令后，完成码垛B1赋值1，未完成B1赋值0，I存放工件ID的整型变量

4. 工业机器人的MODBUS TCP通信

工业机器人在示教器中进行MODBUS TCP通信参数设置步骤见表2-1-8。

表2-1-8　MODBUS TCP通信参数设置步骤

步骤	操作描述	图示
1	点击"主页面"中"设置"	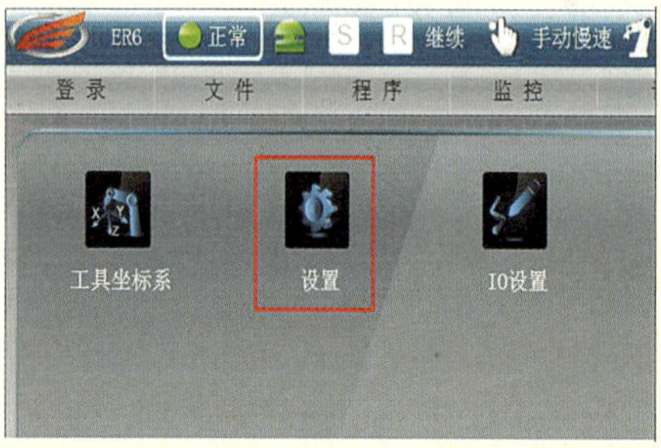
2	点击"设置"中"系统"	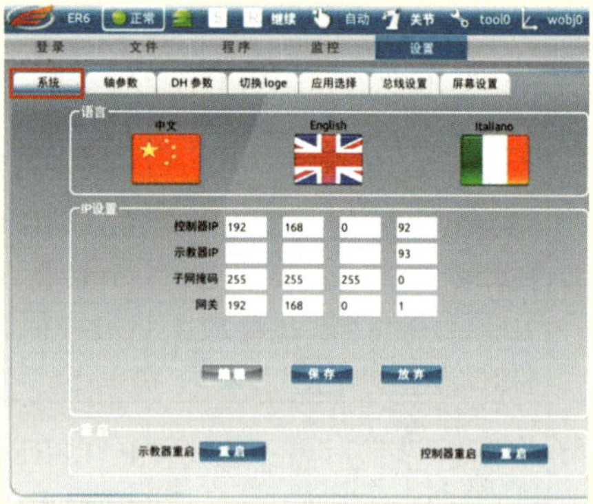
3	点击"系统"中"IP设置"（图中IP为参考图）	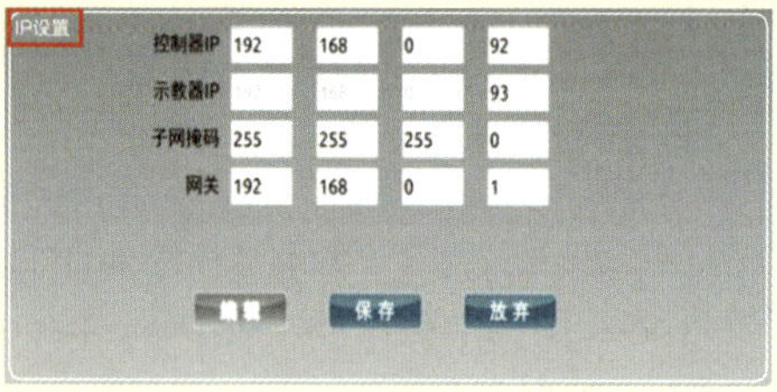
4	IP设置完成之后，点击"保存"	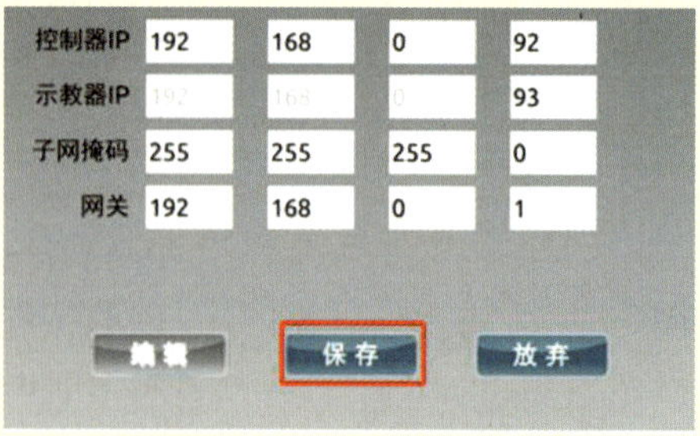
5	重启示教器	

（六）PLC的应用基础

H3U系列PLC采用AutoShop V2.50及以上版本软件，AutoShop编程软件可以从官网下载，网址为http://www.inovance.cn/support/download.html。

（1）PC与PLC的通信测试步骤见表2-1-9。

表2-1-9　PC与PLC的通信测试步骤

步骤	操作描述	图示
1	用标准网线通过以太网口将PLC与PC连接到同一路由器/交换机（也可直接连接）	
2	PLC上电，打开软件，点击"工具"中的"通信配置"	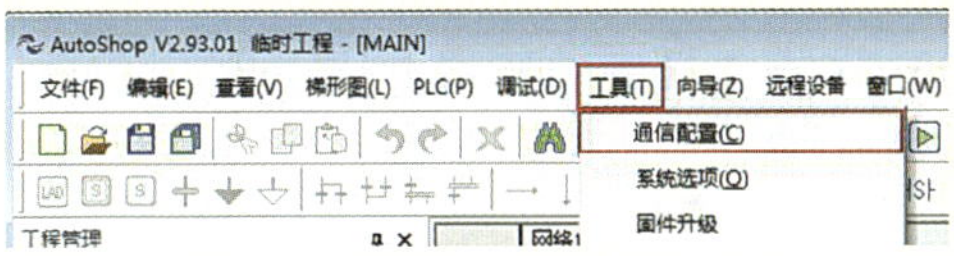
3	弹出"通信设置"窗口，将PC与PLC相连接设置为"Ethernet"，并设置连接的IP地址（注：IP地址为PLC的IP）。同时需要将电脑的IP设置为与PLC IP同网段	
4	PLC的IP的地址查询：使用USB或者串口通信，通过SD370~SD373来查询PLC的IP地址	192.168.0.11

（2）程序下载步骤见表2-1-10。

表2-1-10　程序下载步骤

步骤	操作描述	图示
1	找到PLC文件，直接双击打开或在软件主菜单窗口打开，点击"打开工程"图标	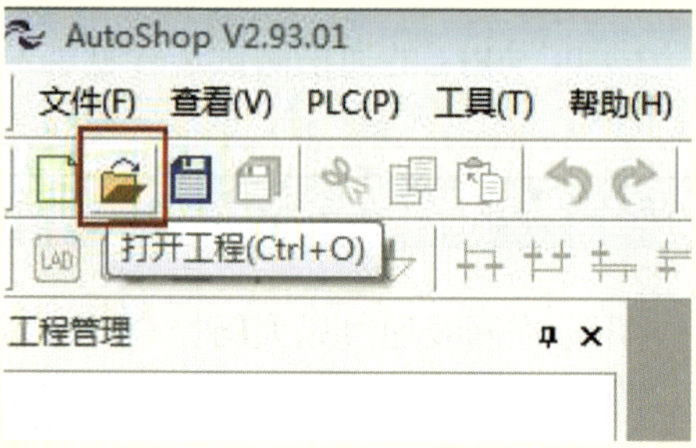
2	找到PLC文件路径，双击打开或选择后点击"打开"	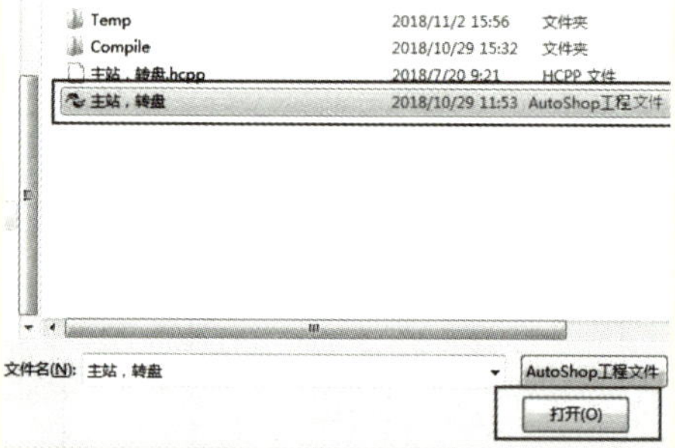
3	打开后，点击"下载"图标（注意：此操作前必须令PLC与PC已经建立连接）	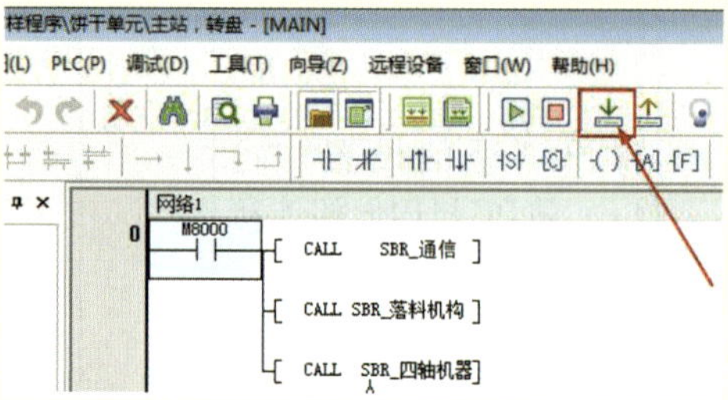
4	弹出窗口，点击"是"，弹出下载选项界面，可根据自身需要进行勾选，再单击"下载"，最后等待程序下载到PLC中	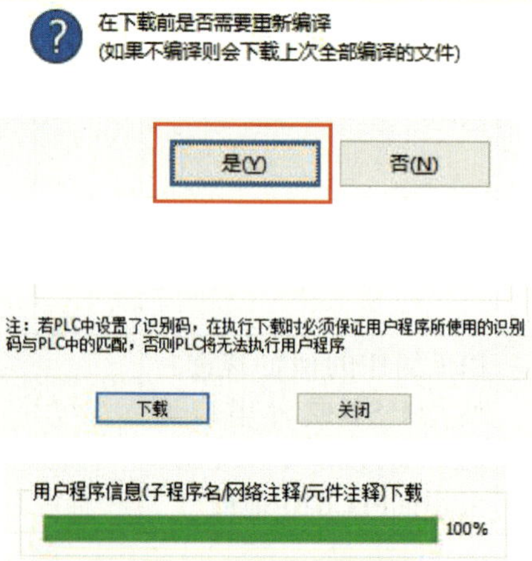

（3）程序上传步骤见表2-1-11。

表2-1-11　程序上传步骤

步骤	操作描述	图示
1	在软件的主窗口的菜单栏中，点击"上传"。在弹出的窗口中选择是否覆盖当前的程序文件	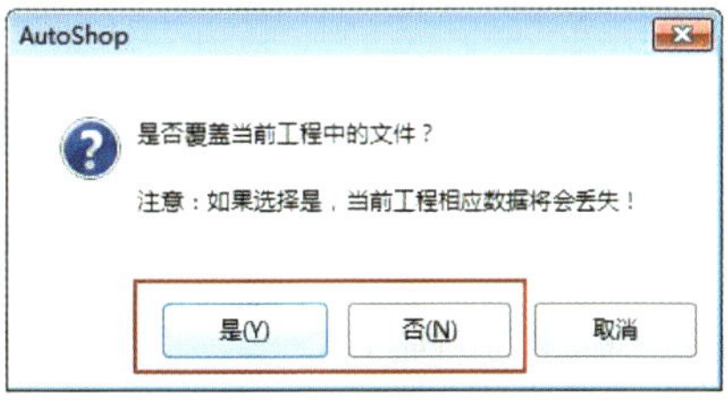
2	弹出窗口，点击"上载"，然后等待程序上载	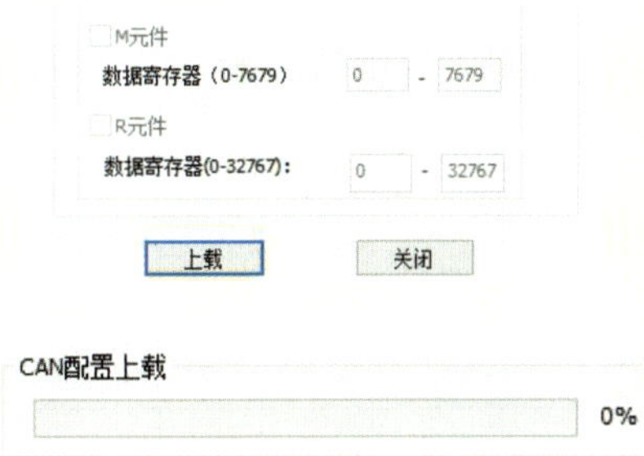
3	上载完成后，PLC的程序将读到软件中。更多有关PLC的应用详见汇川PLC H3U编程手册	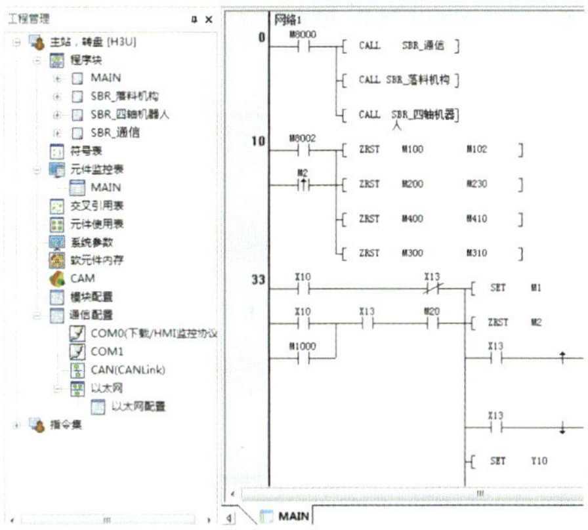

（4）本项目用到的PLC部分指令介绍见表2-1-12，更多相关程序编写指令参考资料准备中的汇川PLC H3U编程手册。

表2-1-12　PLC部分指令介绍

指令	功能说明	使用举例
SET	置位动作保存线圈指令	SET Y1 线圈Y1有置位输出
RST	接点或缓存器清除	RST Y2 线圈Y2复位
ZRST	全部数据复位	ZRST　D1　D2 全部数据复位

（续表）

指令	功能说明	使用举例
CALL	子程序调用	CALL S 调用S子程序
SMOV	移位传送	SMOV S m1 m2 D n 将S中以m1数位为起始的共m2数位的数据移动到终址D 中以n数位为起始的m2数位中
MOV	赋值传送	MOV S D 将源址S中的数据复制到终址D
PLSY	脉冲输出指令	PLSY S1. S2. D 指令执行的过程将以S1中脉冲频率、S2中脉冲个数向 对应的地址D输出
PLSR	带加减速脉冲输出指令	PLSR S1. S2. S3. D 将目的操作数D输出频率从0加速到源操作数S1中指定 的最高频率，达到最高频率后，再减速为0，输出脉冲 的总数量由S2指定，加减速时间由S3指定
DZRN	回原点指令	DZRN S1. S2. S3. D S1表示刚开始回原点的脉冲频率，当检测到S3的上升 沿后，脉冲输出频率降为S2。当再检测到S3的下降沿 后，脉冲输出停止。脉冲输出端为D

（七）伺服驱动器参数设置

参数设置方法：先按"SET"键，再按"MODE"键，按"上下"键找到"H05"，按"SET"键进入，然后按"上下"键找到"H05-00"，将设定值设为0，按"SET"键确定返回。按照该方法即可完成表2-1-13中参数的设定。

表2-1-13　需要设定的参数

参数	设定值	定义
H05-00	0	位置指令来源——脉冲指令
H05-01	0	低速脉冲输入端子
H05-15	0	脉冲指令状态——脉冲加方向
H05-02	3600	电机每旋转一圈的脉冲数
H02-00	1	位置模式

（八）转盘回零处理方式

转盘使用了伺服电机驱动，转盘回零用到了DZRN和PLSY两条指令。

回原点指令DZRN，可以使得转盘使用前对准零位。转盘复位回原点信号可以是机器人系统发指令给PLC，也可以是手动调试时用按钮启动回零测试。

脉冲输出指令PLSY，可以以一定频率发出无限个脉冲，以匀速测试转盘。若需测试转盘正反转，则要控制方向信号。

具体执行过程参考后面的回零程序。

（九）PLC与PLC的以太网通信

PLC与PLC的以太网通信步骤见表2-1-14。

表2-1-14　PLC与PLC的以太网通信步骤

步骤	操作描述	图示
1	用标准网线通过以太网口将两个PLC与PC连接到同一路由器/交换机（也可直接连接）	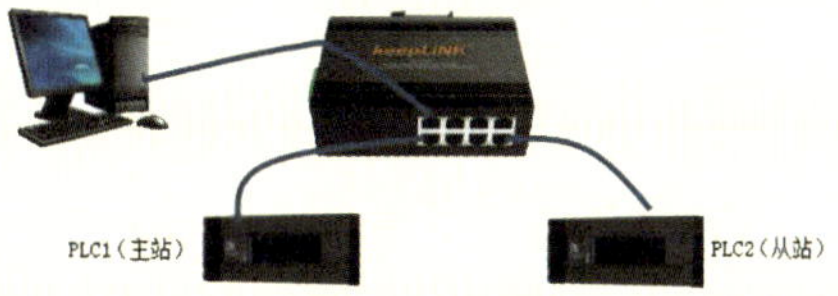
2	打开AutoShop软件，连接到PLC1，设置主站IP地址（即PLC的通信地址，用于连接PC、监控、上传下载等功能）	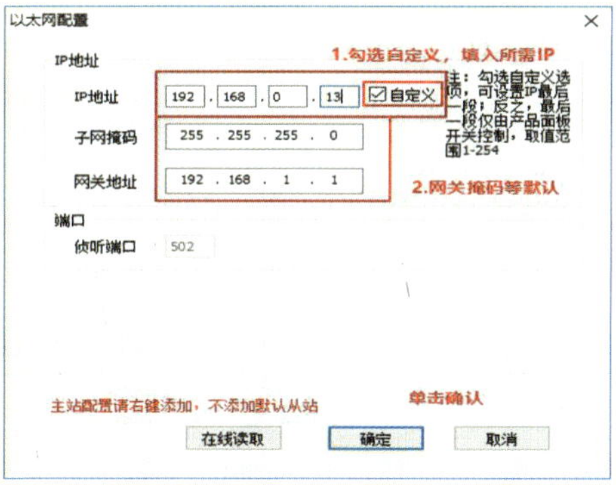
3	添加以太网配置	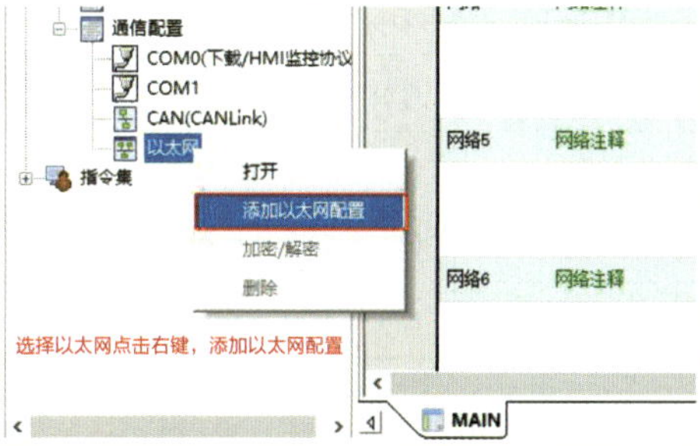
4	点击"新增"，添加通信伙伴，目前支持的TCP方式有三种（Modbus TCP、Free TCP、QTCP）	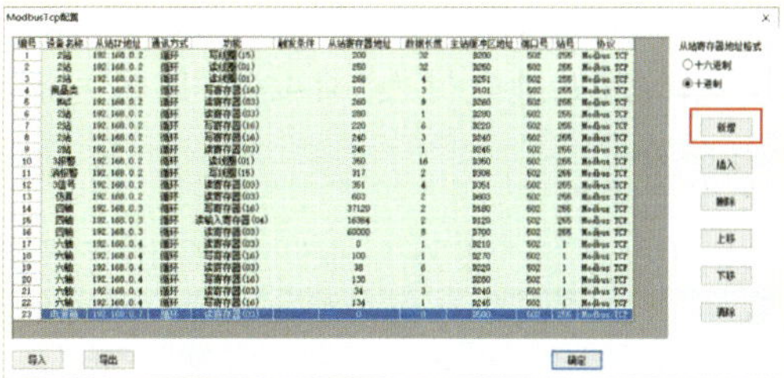

（续表）

步骤	操作描述	图示
5	在PLC1中编写参考程序，点击"监控"，右键强制M0得点；另外打开AutoShop，新建一个工程，连接到PLC2，点击"监控"，然后在信息输出窗口输入"D0"，观察主站D1的数据是否传到了D0	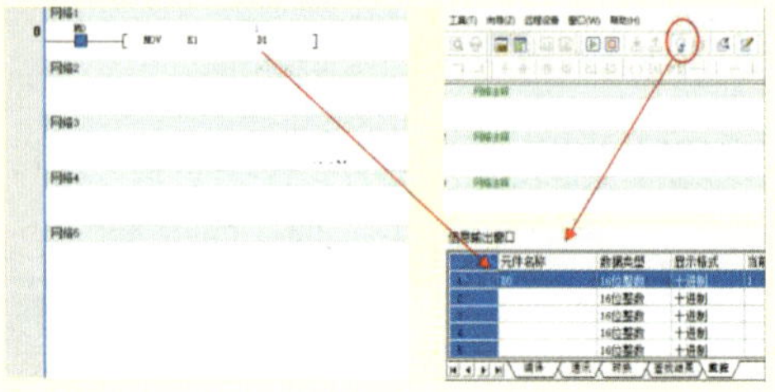

（十）Modbus通信地址

PLC作为Modbus通信从站使用时，软元件对应的Modbus地址如下：

1. PLC字型变量寄存器的地址

PLC字型变量寄存器的地址是指16位（字）或32位（双字）变量，在本PLC中，16位变量包含D、T、C0~C199，32位变量为C200~C255。这些变量类型的起始地址见表2-1-15，各寄存器的具体地址可以根据"起始地址+变量序号"计算得出。

表2-1-15　PLC字型变量寄存器的地址

变量名称	起始地址	寄存器数量	说明
D0~D8511	0×0000（0）	8512	16位寄存器
SD0~SD1023	0×2400（9216）	1024	16位寄存器
R0~R32767	0×3000（12288）	32768	16位寄存器
T0~T255	0×F000（61440）	256	16位寄存器
C0~C199	0×F400（62464）	200	16位寄存器
C200~C255	0×F700（63232）	56	32位寄存器

2. PLC位变量的线圈地址

PLC中的位变量，也称"线圈"，如M/S/T/C/X/Y等变量，只有0和1两种状态。这些变量类型的起始地址见表2-1-16，其寄存器的具体地址可以根据"起始地址+变量序号"计算得出。

表2-1-16　PLC 位变量的线圈地址及数量

变量名称	起始地址	线圈数量
M0~M7679	0（0）	7680

（续表）

变量名称	起始地址	线圈数量
M8000~M8511	0×1F40（8512）	512
SM0~SM1023	0×2400（9216）	1024
S0~S4095	0×E000（57344）	4096
T0~T511	0×F000（61400）	512
C0~C255	0×F400（62464）	256
X0~X377	0×F800（63488）	256
Y0~Y377	0×FC00（64512）	256

三、资料准备

（1）工业光纤传感器技术手册（FM-31智能型数字光纤传感器）。

（2）机械及电气图。

（3）六轴工业机器人操作编程手册（ER3B-C30工业机器人编程手册、ER3B-C30工业机器人电气手册、ER3B-C30工业机器人机械维护手册）。

（4）3U PLC编程手册（汇川PLC H3U编程手册、H3U系列可编程逻辑控制器简易手册）。

（5）触摸屏手册（IT6000系列人机界面用户手册）。

（6）伺服驱动器。

任务实施

一、机械安装

请你根据提供的单元布局图将每个组件在实训平台上进行定位安装。

安装前请认真检查组件及安装工具套件是否齐全，准备完成后，根据安装步骤进行各组件安装。

上料整列单元、转盘落料及打磨单元、六轴工业机器人单元部分装配图如图2-1-13所示。

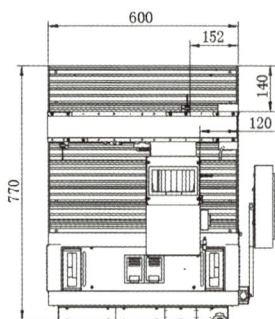

（a）上料整列单元装配图的俯视图　　（b）转盘落料及打磨单元装配图的俯视图

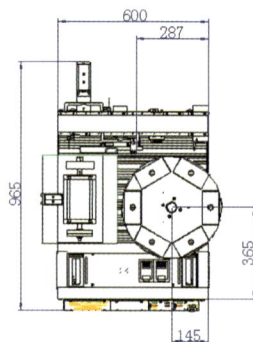

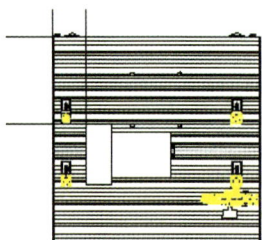

（c）上料打磨单元装配图的局部放大图　　（d）六轴工业机器人单元部分装配图的俯视图

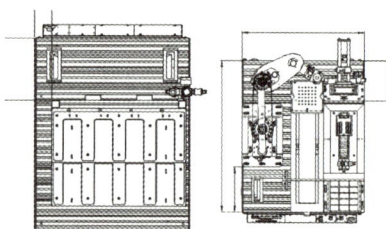

图2-1-13　上料整列单元、转盘落料及打磨单元、六轴工业机器人单元部分装配图（单位：mm）

玩具车装配打磨制造生产线布局图如图2-1-14所示，准备工具见表2-1-17。

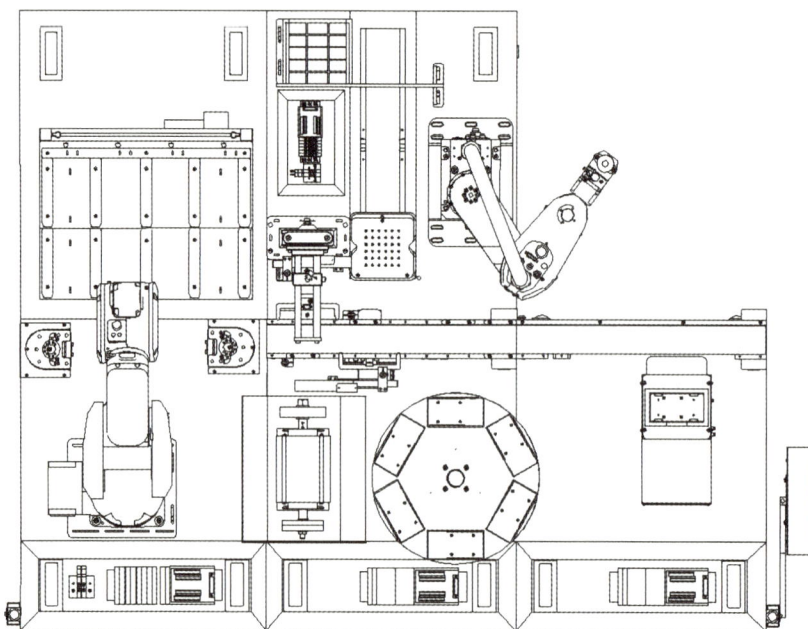

（a）结构图

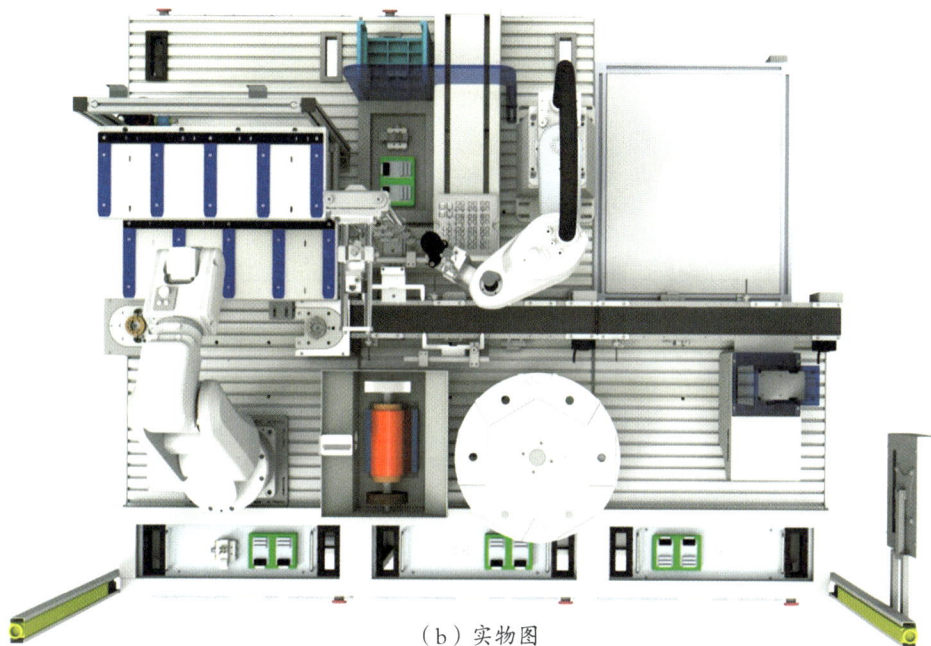

（b）实物图

图2-1-14　玩具车装配打磨制造生产线布局图

表2-1-17　玩具车装配打磨制造生产线工具表

序号	名称	图示	规格型号
1	内六角扳手		1.5mm、2mm、2.5mm、3mm、4mm、5mm、6mm、8mm
2	活动扳手		40cm（约12寸）
3	十字螺丝刀		16.7cm（约5寸）
4	尖嘴钳		16.7cm（约5寸）

（续表）

序号	名称	图示	规格型号
5	直钢尺		500mm
6	卷尺		3m

具体安装步骤如表2-1-18所示。

表2-1-18　玩具车上料打磨单元安装步骤

步骤	操作描述	图片	备注
1	安装模型上料组件、光栅组件-右、显示屏安装支架、桌面电气接口模块A1	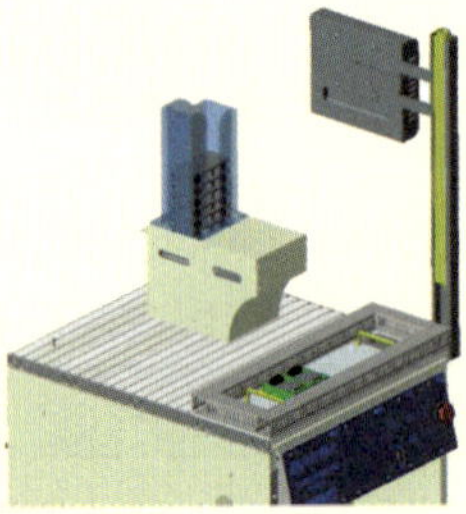	根据图2-1-13（a）尺寸要求安装
2	安装输送带组件，检查转动的部件是否转动灵活	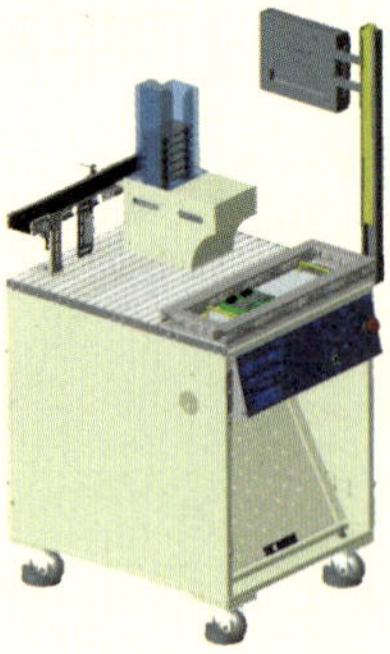	根据图2-1-13（a）尺寸要求安装
3	安装输送带组件、转盘上料组件	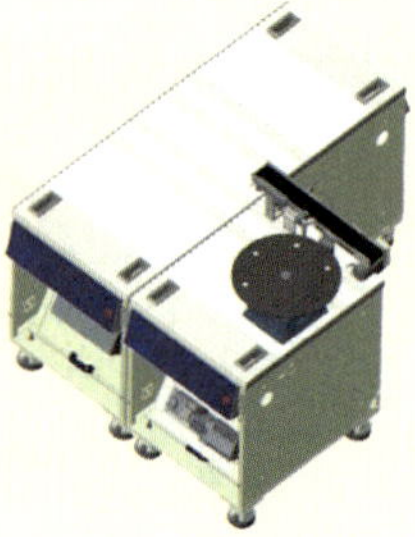	根据图2-1-13（b）尺寸要求安装

（续表）

步骤	操作描述	图片	备注
4	安装打磨抛光组件、电气接口板A2，并放置车盖模型至转盘上料组件对应的位置		根据图2-1-13（b）尺寸要求安装，建议先拆掉打磨轮子再锁螺丝固定位置
5	安装六轴工业机器人底板、六轴工业机器人、夹具座组件并放置夹具		根据图2-1-13（d）尺寸要求安装
6	安装电气接口板B、光栅组件-左		根据图2-1-13（a）尺寸要求安装

二、电气安装

（一）电路安装

挂板上PLC信号已经通过公头线缆连接到37T接线板上（图2-1-15），现在只需要将每个模块的信号连接到接线板的端子上，即可实现信号对接。电气安装过程中要求操作符合电气安装工艺，导线按规定进线槽，线槽孔出线合理，电路压接处紧固可靠，线头全部套管并注明编号，线头压接处无露铜过长现象。

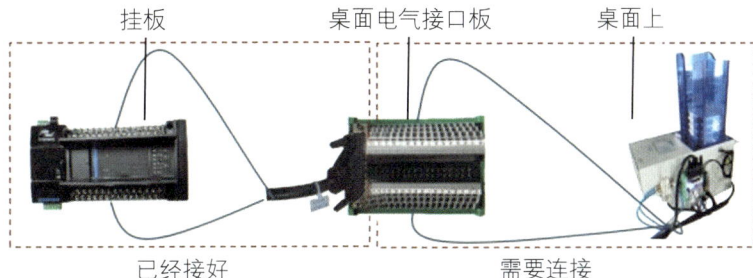

图2-1-15　线缆连接

1. 桌体电气接线板布局

上料打磨单元一共用到了三块桌面电气接口板，分别为桌面电气接口板A1、桌面电气接口板A2、桌面电气接口板B。其布局图、接线图介绍如下：

（1）桌面电气接口板A1布局图及相关接线图。

桌面电气接口板A1布局图及各部分接线图如图2-1-16、图2-1-17所示。

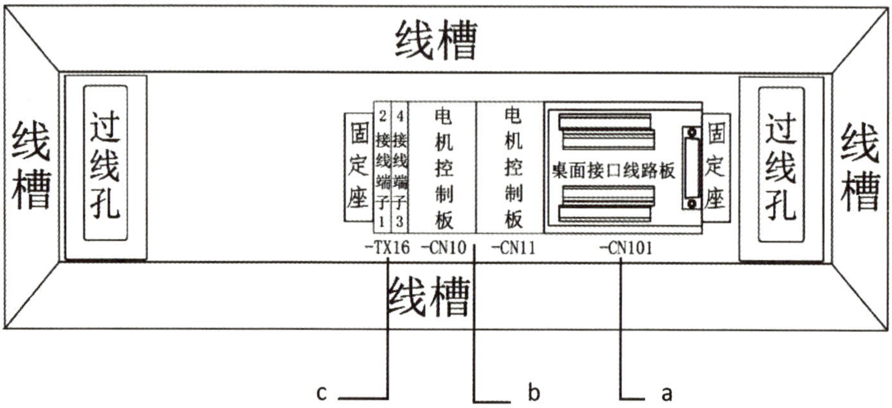

图2-1-16　桌面电气接口板A1布局图

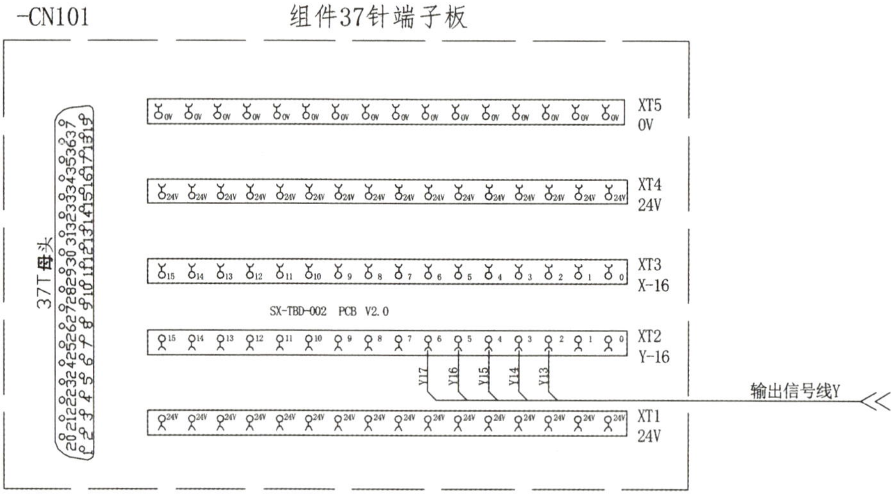

（a）CN101桌面接口线路板A1接线图

（b）CN10、CN11电机控制板接线图

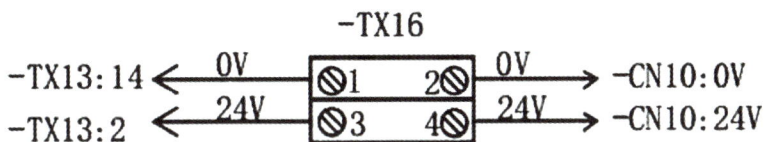

（c）TX16端子板接线图

图2-1-17　桌面电气接口板A1接线图

桌面电气接口板A1地址分配表见表2-1-19。

表2-1-19　桌面电气接口板A1地址分配表

接线端子	线号	模块名称	功能描述
XT3:0	X04		上料检测到位
XT3:1	X05		上料气缸缩回限位
XT3:2	X06	37针端子板	上料气缸伸出限位
XY3:3	X07		上料输送带到位
XT2:2	Y13		输送带电机控制I/O
XT2:3	Y14		预留

（续表）

接线端子	线号	模块名称	功能描述
CN10:0V	0V		24V电源负
CN10:24V	24V		24V电源正
CN10:IN2	Y13		输送带电机控制I/O
CN10:M+	M+		输送带电机电源正
CN10:M−	M−		输送带电机电源负
CN10:0V	0V	电机控制板	24V电源负
CN10:24V	24V		24V电源正
CN10:IN2	Y14		预留
CN10:M+	M+		预留
CN10:M−	M−		预留
TX16:1	0V	TX接线端子	24V电源负
TX16:3	24V		24V电源正

（2）桌面电气接口板A2布局图及相关接线图。

桌面电气接口板A2布局图及各部分接线图如图2-1-18、图2-1-19所示。

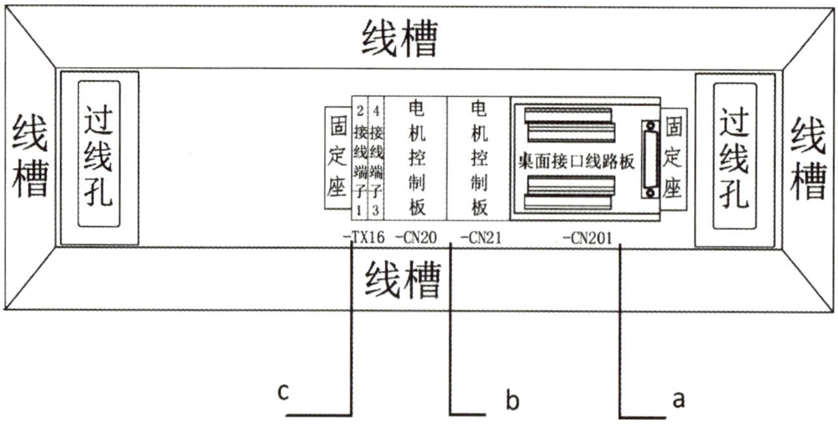

图2-1-18　桌面电气接口板A2布局图

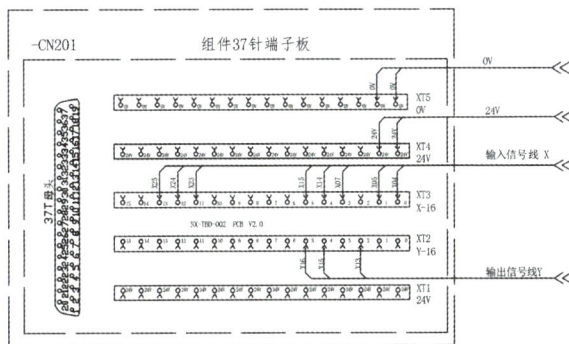

（a）CN201桌面接口线路板接线图

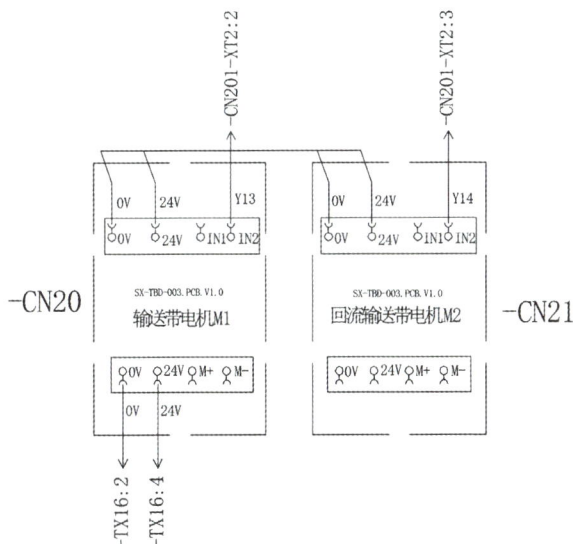

（b）CN20、CN21电机控制板接线图

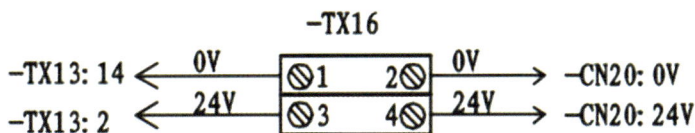

（c）TX16端子板接线图

图2-1-19　桌面电气接口板A2接线图

桌面电气接口板A2地址分配表见表2-1-20。

表2-1-20　桌面电气接口板A2地址分配表

接线端子	线号	模块名称	功能描述
XT3:0	X04	37针端子板	伺服驱动器原点检测
XT3:1	X05		车盖检测到位
XT3:3	X07		车体定位传感器

（续表）

接线端子	线号	模块名称	功能描述
XT3:4	X14	37针端子板	视觉定位气缸缩回限位
XT3:5	X15		视觉定位气缸伸出限位
XT3:11	X23		检测定位传感器
XT3:12	X24		车体定位缩回限位
XT3:13	X25		车体定位伸出限位
XT2:2	Y13		输送带电机控制I/O
XT2:3	Y14		预留
CN20:0V	0V	电机控制板	24V电源负
CN20:24V	24V		24V电源正
CN20:IN2	Y13		输送带电机控制I/O
CN20:M+	M+		输送带电机电源正
CN20:M−	M−		输送带电机电源负
CN20:0V	0V		24V电源负
CN20:24V	24V		24V电源正
CN20:IN2	Y14		预留
CN20:M+	M+		预留
CN20:M−	M−		预留
TX16:1	0V	TX接线端子	24V电源负
TX16:3	24V		24V电源正

（3）桌面电气接口板B布局图及相关接线图。

桌面电气接口板B布局图及各部分接线图如图2-1-20、图2-1-21所示。六轴工业机器人I/O接线图如图2-1-22所示。

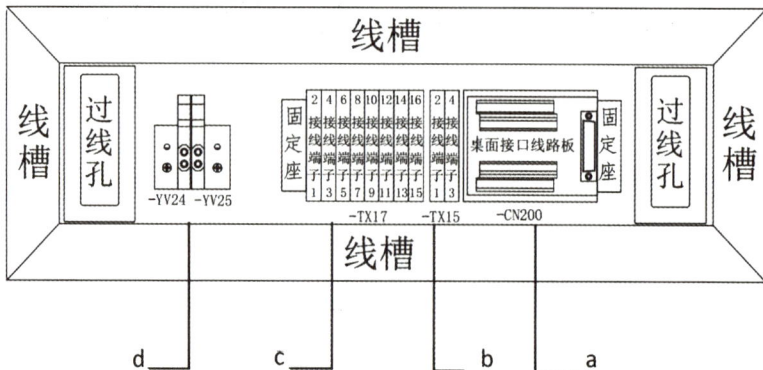

图2-1-20 桌面电气接口板B布局图

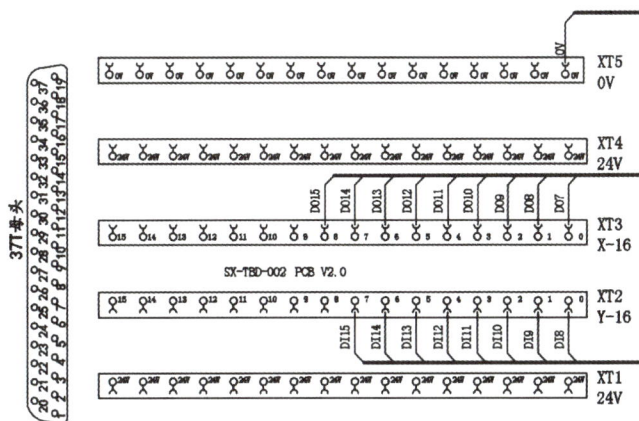

（a）CN200桌面电气接口板B接线图

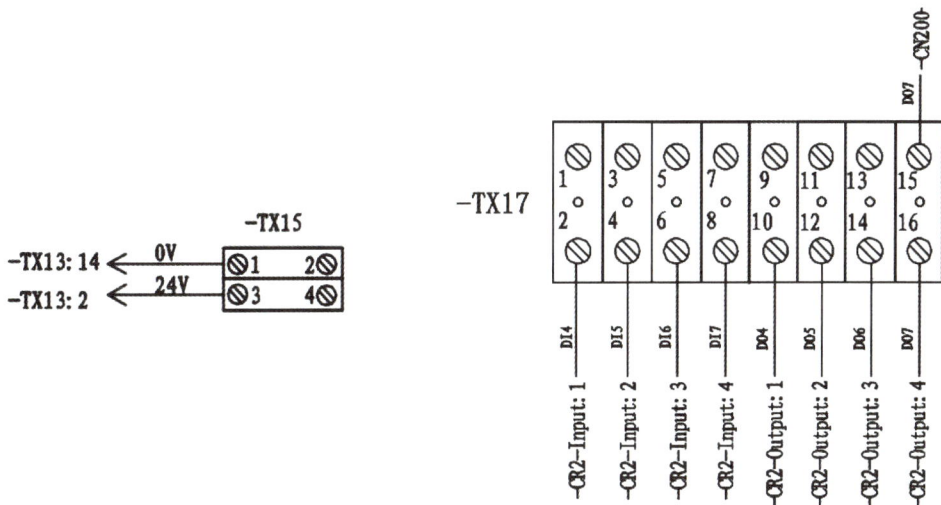

（b）TX15端子板接线图

（c）TX17端子板接线图

（d）YV24、YV25电磁阀接线图

图2-1-21　桌面电气接口板B接线图

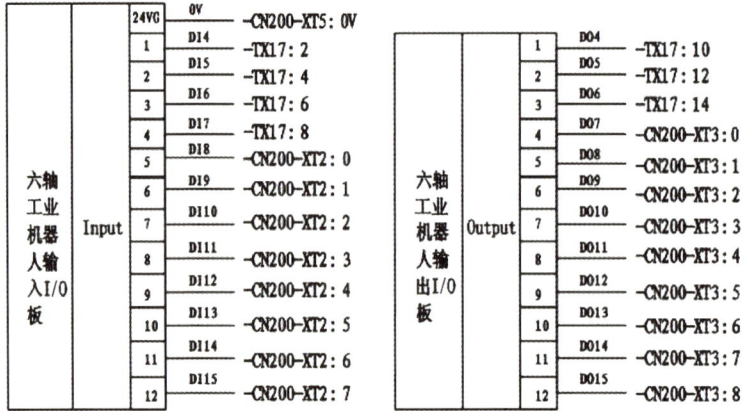

图2-1-22 六轴工业机器人I/O接线图

桌面电气接口板B地址分配表见表2-1-21。

表2-1-21 桌面电气接口板B地址分配表

接线端子	线号	模块名称	功能描述
XT2:1	DI9	六轴工业机器人I/O板输入信号	远程示教
XT2:2	DI10		工作站暂停
XT2:3	DI11		程序结束
XT2:4	DI12		预留
XT2:5	DI13		预留
XT2:6	DI14		预留
XT2:7	DI15		预留
XT3:0	DO7	37针端子板	打磨机驱动继电器
XT3:1	DO8		系统就绪
XT3:2	DO9		远程工作模式中
XT3:3	DO10		远程模式状态
XT3:4	DO11	六轴工业机器人I/O板输出信号	预留
XT3:5	DO12		预留
XT3:6	DO13		预留
XT3:7	DO14		预留
XT3:8	DO15		预留
YV24	DO4	气阀线圈	快换夹具电磁阀
YV25	DO5		平行夹具电磁阀
XT1:0	24V	37针端子板	24V电源正
XT5:0	0V		24V电源负

2. 上料打磨单元的电路安装

上料打磨单元的电路安装步骤见表2-1-22。

表2-1-22　上料打磨单元的电路安装步骤

步骤	操作描述	图示	备注
1	接头：把15针的模型上料组件公头和输送带组件CN210公头与相应接口板母头对接	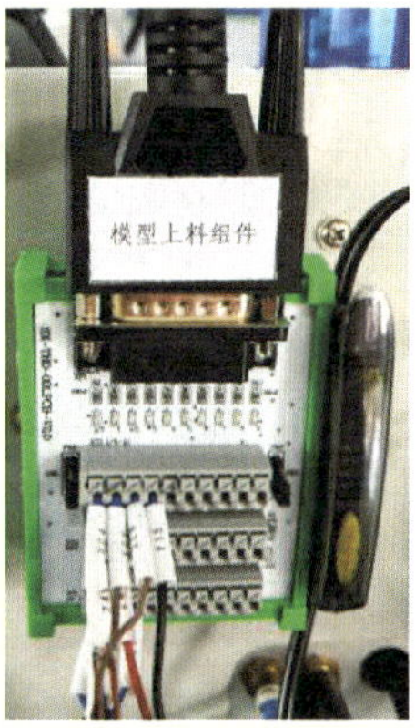 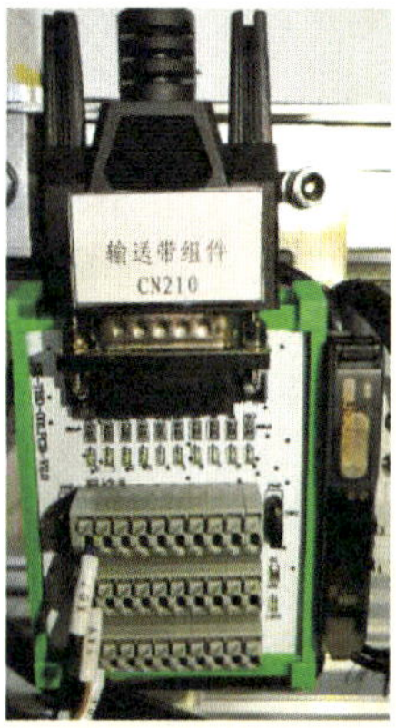	各组件信号通过15针线缆汇集到接口板A1的37针端子板上
2	接线：按照图2-1-16及表2-1-19把线接好；接头：把37针的A1接口公头与37针母头对接		把CN101输送带组件上的电机信号线Y13接到A1接口板CN10对应的位置
3	接头：把15针的输送带组件CN214公头与安装在输送带旁的接口板母头对接	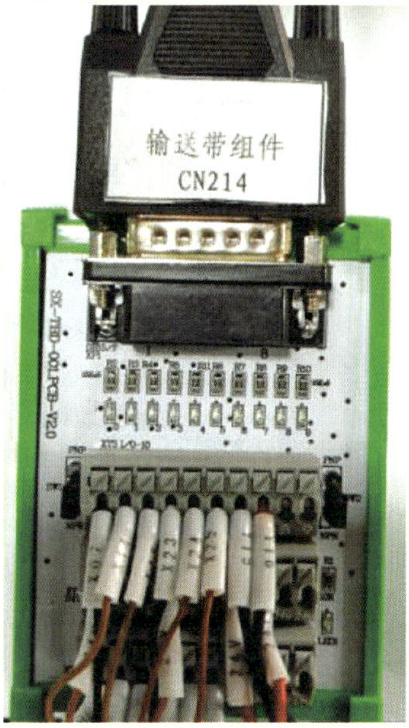	此组件信号通过15针线缆汇集到接口板A2的37针端子板上

（续表）

步骤	操作描述	图示	备注
4	接头：把15针的打磨抛光组件公头与安装在转盘底座上的接口板母头对接		此组件信号通过15针线缆汇集到接口板A2的37针端子板上
5	接线：按照图2-1-18和表2-1-20把线接好；接头：把37针的A2接口公头与37针母头对接	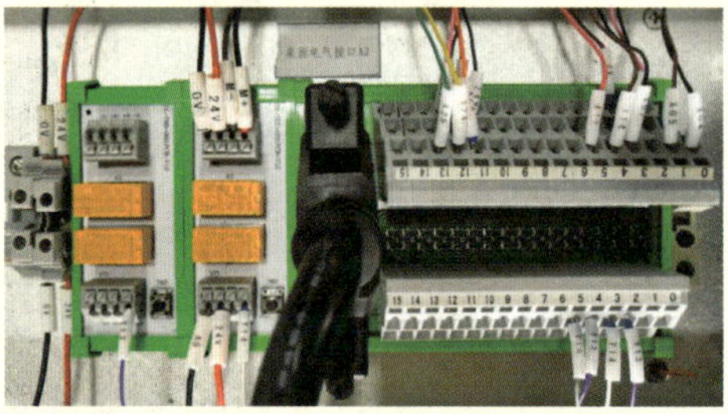	
6	接线：连接伺服电机电源与编码器	 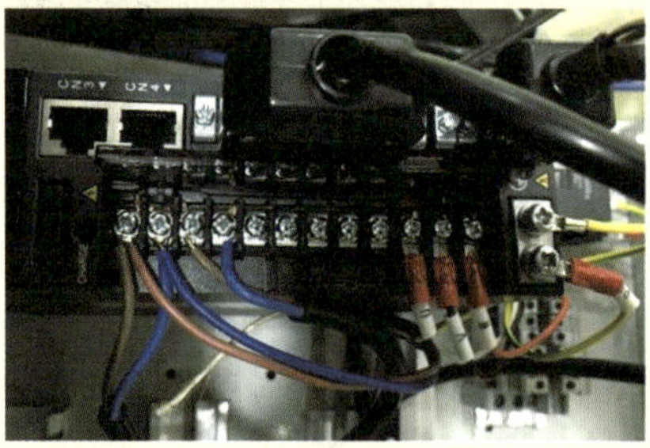	—
7	接线：连接打磨电机与打磨风扇线电源	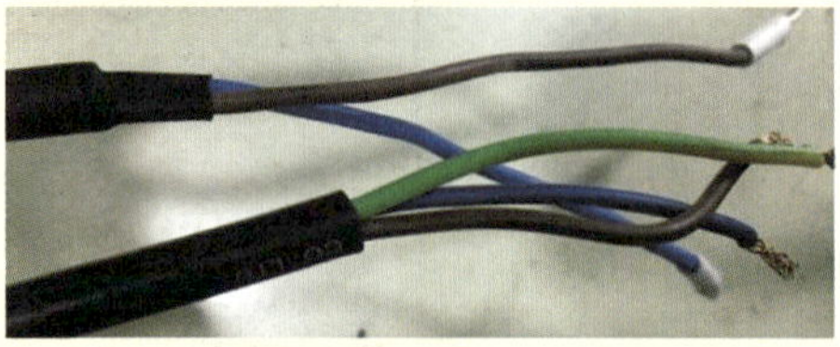 	—

（续表）

步骤	操作描述	图示	备注
8	接线：按照图2-1-20和表2-1-21把线接好； 接头：把37针的B接口公头与37针母头对接		
9	接六轴工业机器人底座的线：动力线和编码器线	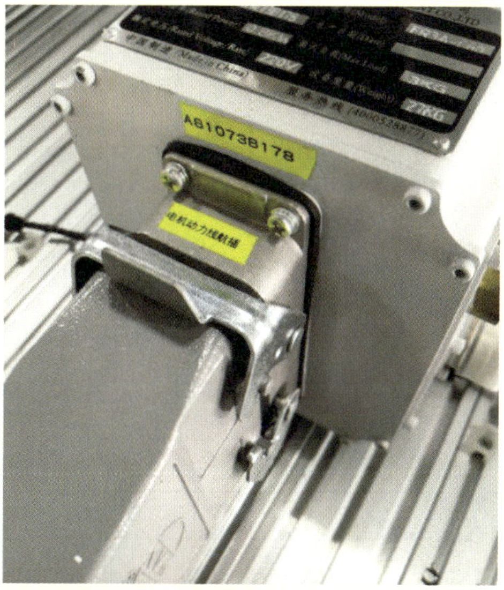	
10	接机器人控制柜的线：把六轴工业机器人的动力线和编码器线、电源线、示教器线、I/O线分别与控制柜背面的相应位置接口对接		

（二）气路安装

根据提供的气路连接图完成该单元的气路连接（气管不宜过长或过短，气管插头处可靠、无漏气现象，气路、电路分开绑扎）。

六轴工业机器人外接气管规格为：∅4、两根、允许最大气压为 0.6MPa，外接信号线为 10 根引线，相应的外接信号线插口已配备在备件中，上料打磨单元的气路图如图2-1-23所示。

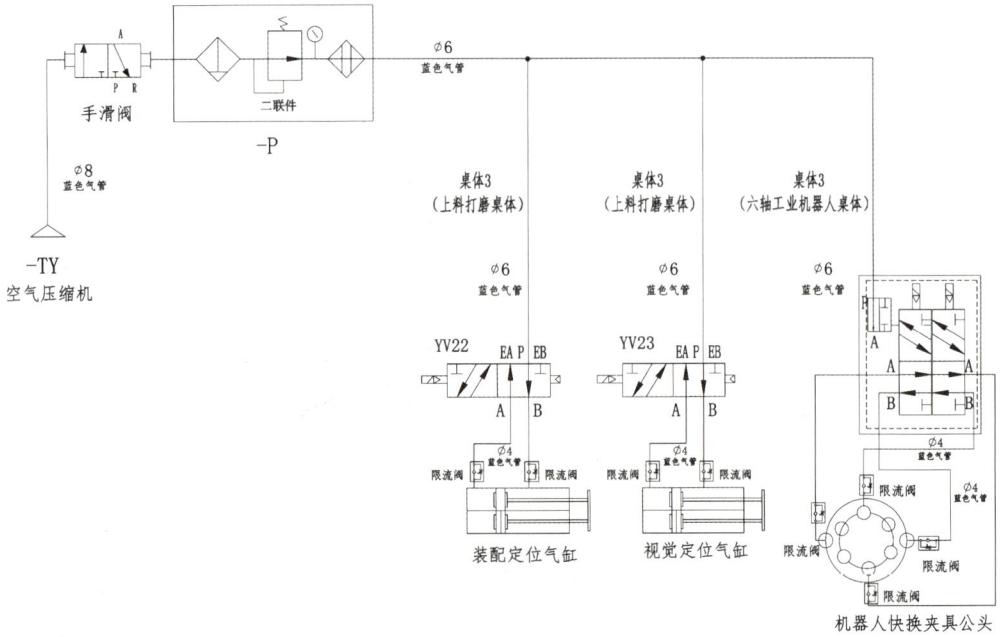

图2-1-23　上料打磨单元的气路图

上料打磨各单元组件间的气路连接步骤见表2-1-23。

表2-1-23　上料打磨各单元组件间的气路连接步骤

步骤	操作描述	图示	备注
1	按照图2-1-20，接好气源		压力调整为0.4MPa
2	把桌面电气接口板B上的气路连接好		—

（续表）

步骤	操作描述	图示	备注
3	把六轴工业机器人上的气路连接好	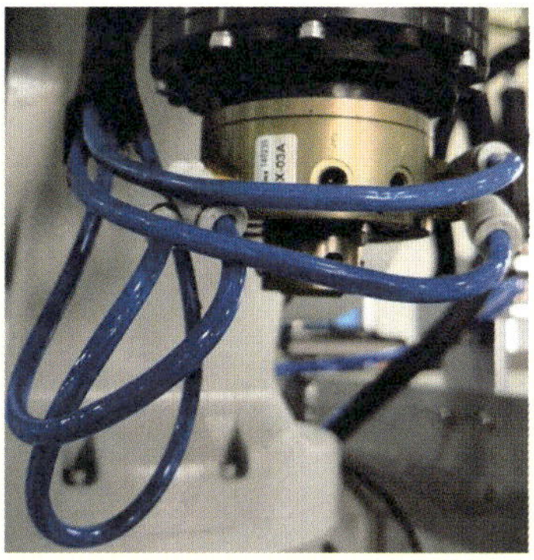	—
4	把输送带CN40上的气路连接好	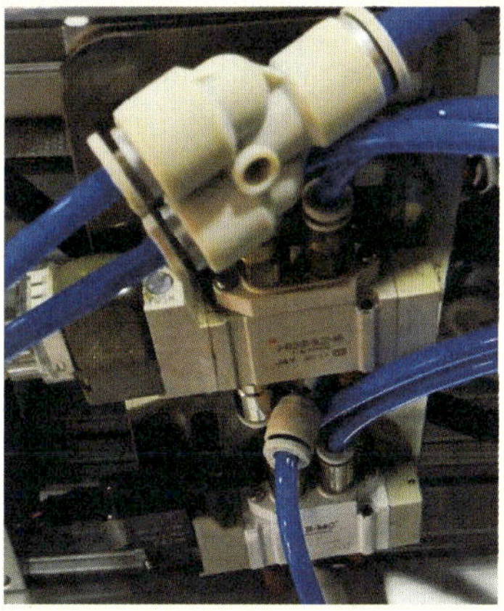	—
5	把模型上料组件上的气路连接好	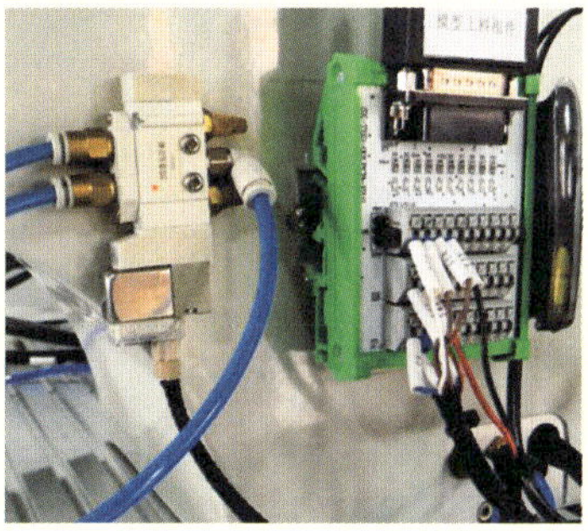	—

三、程序下载与调试

PLC通信及程序下载参考"知识技能准备"里的PLC应用基础。

（一）主要说明

1. I/O原理图

玩具车单元的I/O原理图如图2-1-24所示。

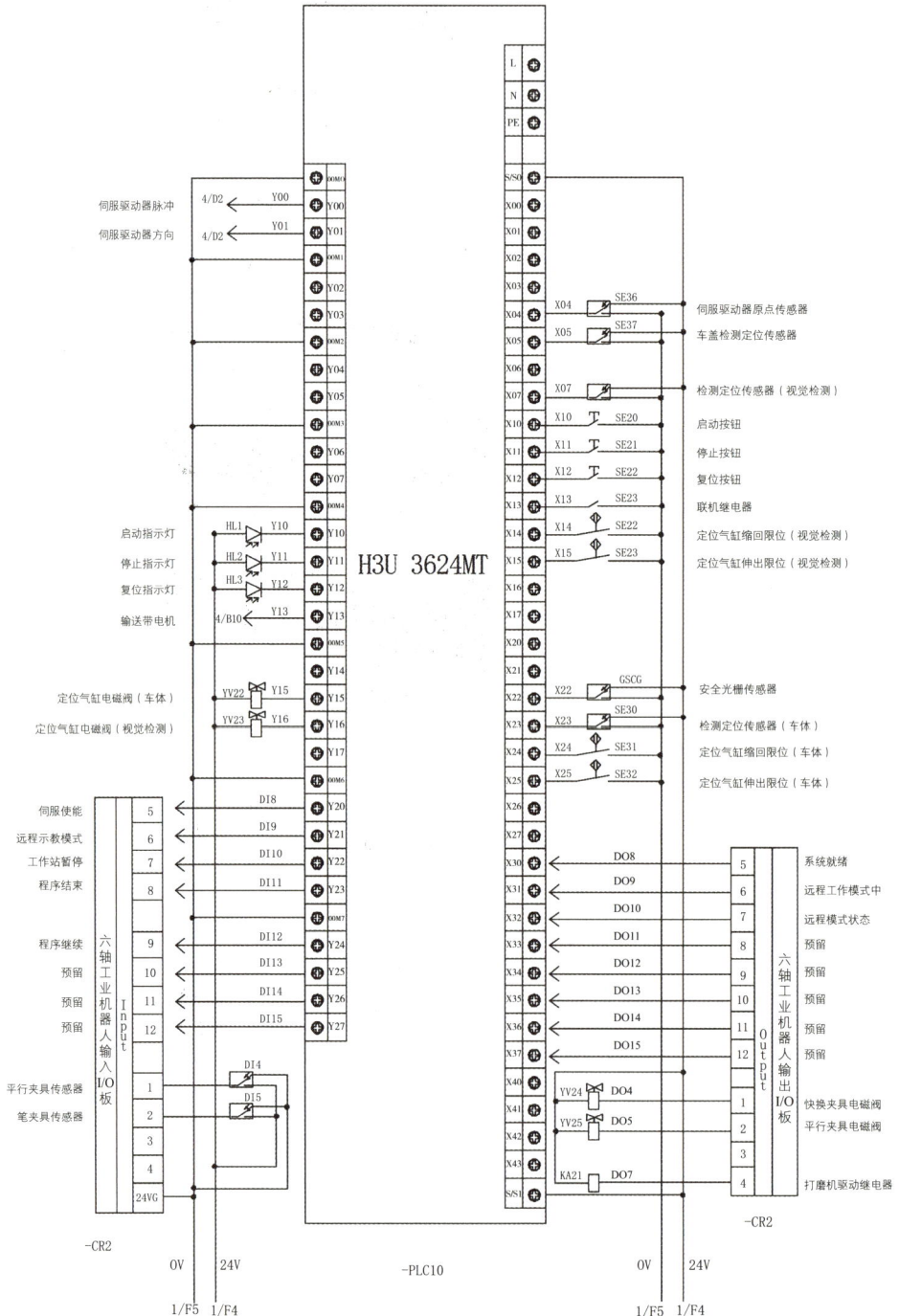

左侧标签	端子			右侧标签
		L		
		N		
		PE		
		S/S0		
伺服驱动器脉冲 4/D2	Y00 COM0	X00		
伺服驱动器方向 4/D2	Y01	X01		
	Y02 COM1	X02		
	Y03	X03	X04 SE36	伺服驱动器原点传感器
	Y04 COM2	X04	X05 SE37	车盖检测定位传感器
	Y05	X05		
	Y06 COM3	X06	X07	检测定位传感器（视觉检测）
	Y07	X07	X10 SE20	启动按钮
启动指示灯 HL1 Y10	Y10 COM4	X10	X11 SE21	停止按钮
停止指示灯 HL2 Y11	Y11	X11	X12 SE22	复位按钮
复位指示灯 HL3 Y12	Y12	X12	X13 SE23	联机继电器
输送带电机 4/B10 Y13	Y13	X13	X14 SE22	定位气缸缩回限位（视觉检测）
	Y14 COM5	X14	X15 SE23	定位气缸伸出限位（视觉检测）
定位气缸电磁阀（车体） YV22 Y15	Y15	X15	X16	
定位气缸电磁阀（视觉检测） YV23 Y16	Y16	X16	X17	
	Y17 COM6	X17	X20	
伺服使能 5 DI8	Y20	X20	X21	
远程示教模式 6 DI9	Y21	X21	X22 GSCG	安全光栅传感器
工作站暂停 7 DI10	Y22	X22	X23 SE30	检测定位传感器（车体）
程序结束 8 DI11	Y23	X23	X24 SE31	定位气缸缩回限位（车体）
	COM7	X24	X25 SE32	定位气缸伸出限位（车体）
程序继续 9 DI12	Y24	X25		
预留 10 DI13	Y25	X26		
预留 11 DI14	Y26	X27		
预留 12 DI15	Y27	X30	DO8 5	系统就绪
		X31	DO9 6	远程工作模式中
		X32	DO10 7	远程模式状态
		X33	DO11 8	预留
		X34	DO12 9	预留
		X35	DO13 10	预留
		X36	DO14 11	预留
		X37	DO15 12	预留
平行夹具传感器 1 DI4		X40	YV24 DO4 1	快换夹具电磁阀
笔夹具传感器 2 DI5		X41	YV25 DO5 2	平行夹具电磁阀
3		X42	2	
4		X43		
24VG		S/S1	KA21 DO7 4	打磨机驱动继电器

H3U 3624MT

六轴工业机器人输入I/O板 Input

六轴工业机器人输出I/O板 Output

-CR2

-PLC10

-CR2

0V 24V

1/F5 1/F4

0V 24V

1/F5 1/F4

图2-1-24　玩具车单元I/O原理图

2. PLC程序结构

PLC程序主要包含Main（主程序）、六轴工业机器人、输送带、通信以及转盘五个部分，如图2-1-25所示。

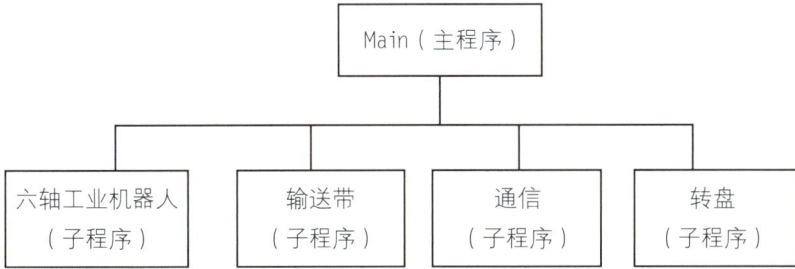

图2-1-25　PLC程序结构

3. PLC部分程序

PLC部分程序如图2-1-26所示。

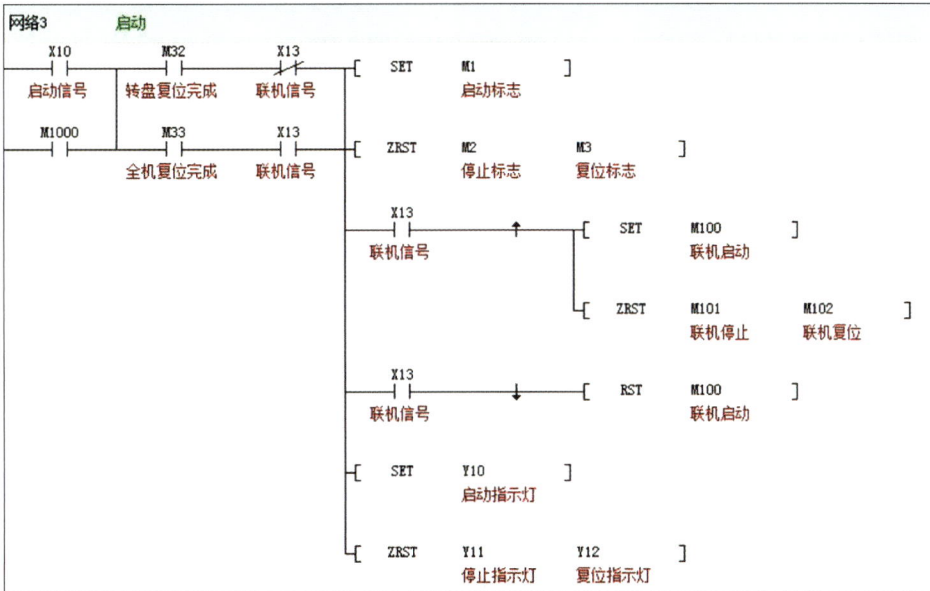

图2-1-26　PLC部分程序

4. 六轴工业机器人程序结构

六轴工业机器人程序主要包含主程序（Main）、检测子程序（Conveyor_Car）、抓取车子程序（Get_Car）、取夹具1子程序（Get_Clamp1）、取夹具2子程序（Get_Clamp2）、初始化子程序（init）、不合格品子程序（P_NG）、合格品子程序（P_OK）、视觉判断子程序（PAL）、放夹具1子程序（Put_Clamp1）、放夹具2子程序（Put_Clamp2）、视觉子程序（test）等12个程序，如图2-1-27所示。

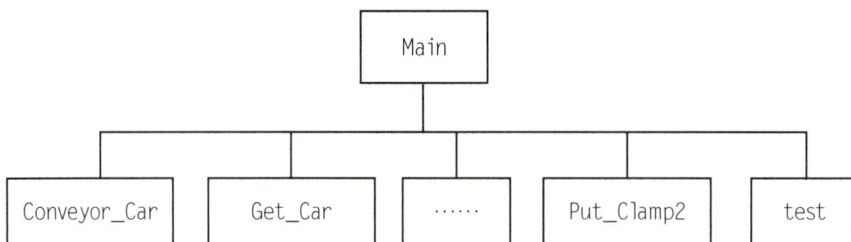

图2-1-27　六轴工业机器人程序结构

5. 六轴工业机器人部分程序及注释

视觉子程序及注释如下：

*,QW	##标签*QW
SOCKCLOSE,str=1	##关闭通信str1
SOCKOPEN,str=1,type=CLIENT	##打开通信str1
SET,STR=3,VALUE=002	##STR3的值为002
SET,STR=6,VALUE=OK	##STR6的值为OK
SET,STR=7,VALUE=1DONE	##STR7的值为1DONE
SET,STR=8,VALUE=0DONE	##STR8的值为0DONE
SET,STR=4,VALUE=NONE	##STR4的值为NONE
SOCKSEND,str=1,str=3,B=1	##把Socket名称str1要发送的字符串，存在字符型变量S003里面
SOCKRECV,str=1,str=4,B=1	##把Socket名称str1接收到的字符数据，存储在字符串型变量S004里面
IF,STR=4,NE,STR=6,THEN	##判断如果STR4的值不等于STR6的值
INC,I=52	##整型变量I52加1
IF,I=52,EQ,VALUE=2,THEN	##判断如果I52的值不等于2
PAUSE	##暂停
END_IF	##结束if判断
JUMP,*QW	##跳转到标签*QW
END_IF	##结束if判断
TIMER,T=2.50,s	##延时 2.5s

SOCKRECV,str=1,str=4,B=1	##把Socket名称str1接收到的字符数据，存储在字符串型变量S004里面
IF,STR=4,EQ,STR=7,THEN	##判断如果STR4的值不等于STR7的值
TIMER,T=500,ms	##延时 500ms
CALL,PROG=z_OK	##调用子程序z_OK
END_IF	##结束if判断
IF,STR=4,EQ,STR=8,THEN	##判断如果STR4的值不等于STR8的值
TIMER,T=500,ms	##延时 500ms
CALL,PROG=z_NG	##调用子程序z_NG
END_IF	##结束if判断

6. 六轴工业机器人取件打磨的运动轨迹

六轴工业机器人在本项目完成的操作任务分为下面几个：取夹具抓紧上盖、机器人把上盖翻转抓取、机器人对上盖进行打磨抛光、机器人进行车盖装配、机器人写字或者标识（Logo）绘制。图2-1-28~图2-1-32是机器人运动的轨迹参考图。

（1）取夹具抓取上盖（正视图）。

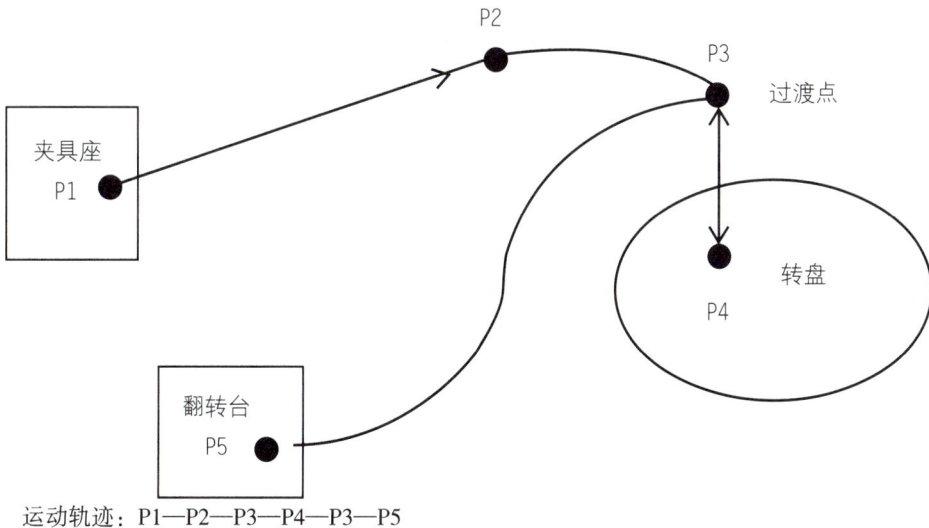

运动轨迹：P1—P2—P3—P4—P3—P5

图2-1-28 取夹具抓紧上盖轨迹

（2）机器人把上盖翻转抓取（俯视图）。

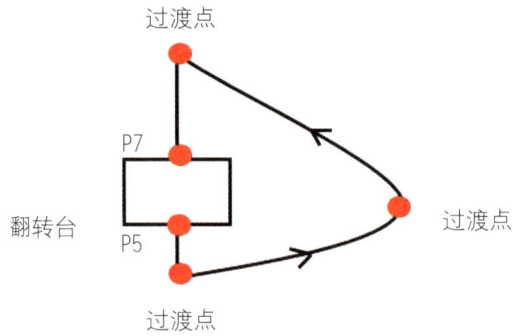

运动轨迹：P5（放置点）—P7（抓取点）

图2-1-29　机器人把上盖翻转抓取轨迹

（3）机器人对上盖进行打磨抛光（俯视图）。

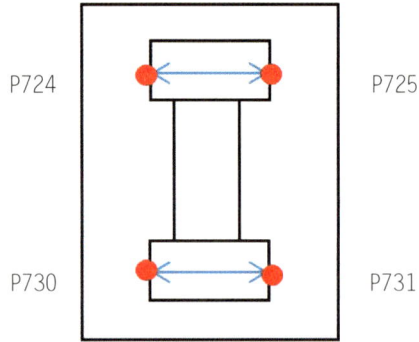

运动轨迹：打磨为P730—P731—P730　（来回循环5次）

抛光为P724—P725—P724　（来回循环5次）

图2-1-30　机器人对上盖进行打磨抛光轨迹

（4）机器人进行车盖装配。

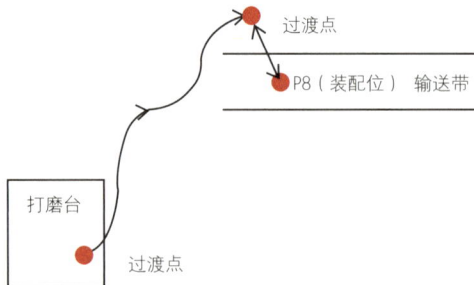

运动轨迹：过渡点—过渡点—P8—过渡点

图2-1-31　机器人进行车盖装配轨迹

（5）机器人标识（Logo）绘制。

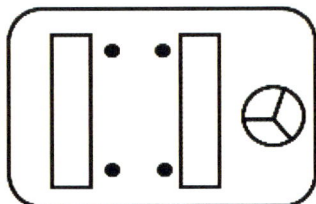

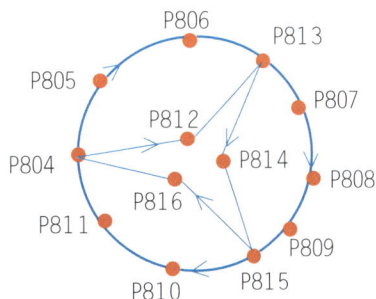

运动轨迹：P804—P805—P806—P807—P808—P809—P810—P811
　　　　P804—P812—P813—P814—P815—P816—P804

图2-1-32　机器人标识（Logo）绘制轨迹

（二）操作步骤

程序下载与调试操作步骤见表2-1-24。

表2-1-24　程序下载与调试操作步骤

步骤	操作描述	备注
1	电路检查测试	—
2	上电	见表1-3-2
3	下载PLC程序	见表2-1-9和表2-1-10
4	下载机器人程序	六轴见表2-1-6 四轴见表2-2-6
5	伺服驱动器、传感器参数设置	见表2-1-13
6	机器人I/O设置	六轴见表2-1-6 四轴见表2-2-5
7	机器人点位示教	图2-1-28~图2-1-32，以及图2-2-11
8	设备复位	见表1-3-3
9	按启动按钮，让设备运行	见表1-3-3，人工将物料放入上料箱
10	检查设备是否按任务运行动作	若有问题，分析原因并排查

任务考核

任务学习结束，请完成表2-1-25中的任务考核项目。

表2-1-25 任务考核表

项目	要求	配分	评分标准	扣分	得分
设备组装	1. 设备部件安装可靠，各部件位置衔接准确； 2. 电路安装正确，接线规范	30分	1. 部件安装位置错误，每处扣2分； 2. 部件衔接不到位、零件松动，每处扣2分； 3. 电路连接错误，每处扣2分； 4. 导线反圈、压皮、松动，每处扣2分； 5. 错、漏编号，每处扣1分； 6. 导线未入线槽、布线零乱，每处扣2分； 7. 漏接接地线，每处扣5分		
设备功能	1. 设备启停正常； 2. 警示灯动作及报警正常； 3. 上料打磨单元功能正常	60分	1. 设备未按要求启动或停止，每处扣10分； 2. 警示灯未按要求动作，每处扣10分； 3. 驱动转盘的电动机未按要求旋转，扣20分； 4. 送料不准确或未按要求送料，扣10分		
设备附件	资料齐全，归类有序	5分	1. 设备组装图缺少，每份扣2分； 2. 电路图、梯形图缺少，每份扣2分； 3. 技术说明书、工具明细表、元件明细表缺少，每份扣2分		
安全生产	1. 自觉遵守安全文明生产规程； 2. 保持现场干净整洁，工具摆放有序	5分	1. 每违反一项规定，扣1分； 2. 发生安全事故，0分处理； 3. 现场凌乱、乱放工具、乱丢杂物、完成任务后不清理现场，扣3分		
时间	3h	—	1. 提前正确完成，每提前5min加5分； 2. 超过定额时间，每超过5min扣2分		

任务二　装配检测入库单元的安装与调试

学习目标

① 能够陈述装配检测入库单元的硬件结构组成。

② 能够概述传感器、气缸的工作原理。

③ 能够解释PLC程序和机器人程序主要指令的作用。

④ 能够正确安装和调试光纤传感器。

⑤ 能够根据模块装配图，按要求完成装配、检测入库单元等组件安装。

⑥ 能够根据电气原理图，按工艺要求正确连接和调试电路。

⑦ 能够根据气路连接图，完成气路的连接和调试。

⑧ 能够正确配置机器人和PLC的通信。

⑨ 能够根据工件和运行轨迹变化正确示教和调整程序。

任务描述

　　任务一中已经完成玩具车装配打磨制造生产线中的上料打磨单元的安装与调试，现根据图纸来完成装配检测入库单元的安装与接线工作，并且根据已有的程序对单元进行调试，最终实现以下流程：按下单元启动按钮，传送带将玩具车底座送到指定位置，四轴工业机器人对玩具车车盖进行螺丝装配，视觉传感器对车盖图案与螺丝进行检测；检测完成后，六轴工业机器人从工具架上快换大双爪夹具，对检测完的成品进行入库，分成合格与不合格产品，并放到仓库中指定的位置，如图2-2-1所示。

```
┌──────────┐   ┌──────────┐   ┌──────────┐   ┌──────────┐   ┌──────────┐   ┌──────────┐
│按下单元   │→ │传送带将玩 │→ │四轴工业机 │→ │视觉传感器对│→ │六轴工业机 │→ │成品入库   │
│启动按钮   │   │具车底座送 │   │器人对玩具 │   │车盖图案与 │   │器人从工具 │   │          │
│          │   │到指定位置 │   │车车盖进行 │   │螺丝进行检测│   │架上快换   │   │          │
│          │   │          │   │螺丝装配   │   │          │   │大双爪夹具 │   │          │
└──────────┘   └──────────┘   └──────────┘   └──────────┘   └──────────┘   └──────────┘
```

图2-2-1　装配检测入库单元流程图

学习储备

一、器材准备

装配检测入库单元的主要器材清单见表2-2-1。

表2-2-1　装配检测入库单元器材清单

序号	名称	规格型号	单位	数量
1	四轴工业机器人	汇川，IRS100-3-40Z15-T53	台	1
2	四轴工业机器人固定台架	SX-CSET-JD08-04-02-01-00	台	1
3	安全送料组件	SX-CSET-JD08-30A-01-06	台	1
4	螺丝托盘储料盒	厂家配套	台	1
5	立体仓库组件	SX-CSET-JD08-30A-05-01	台	1
6	视觉控制器	厂家配套	台	1
7	光源控制器	厂家配套	台	1
8	视觉模块	SX-CSET-JD08-30A-03-01	台	1
9	视觉定位气缸	厂家配套	台	1
10	螺丝托盘储藏底板	厂家配套	台	1
11	画笔夹具	SX-CSET-JD08-30D-03-01	台	1
12	条形光源组件	SX-CSET-JD08-30A-03-02	台	1

二、知识技能准备

（一）工业机器人的基本操作与指令

1. 四轴工业机器人基本操作

（1）示教器面板介绍。

示教器面板主要包括面板切换栏、控制工具栏、运动控制栏、状态指示灯以及消息窗口五个部分，如图2-2-2所示。示教器面板主界面介绍见表2-2-2。

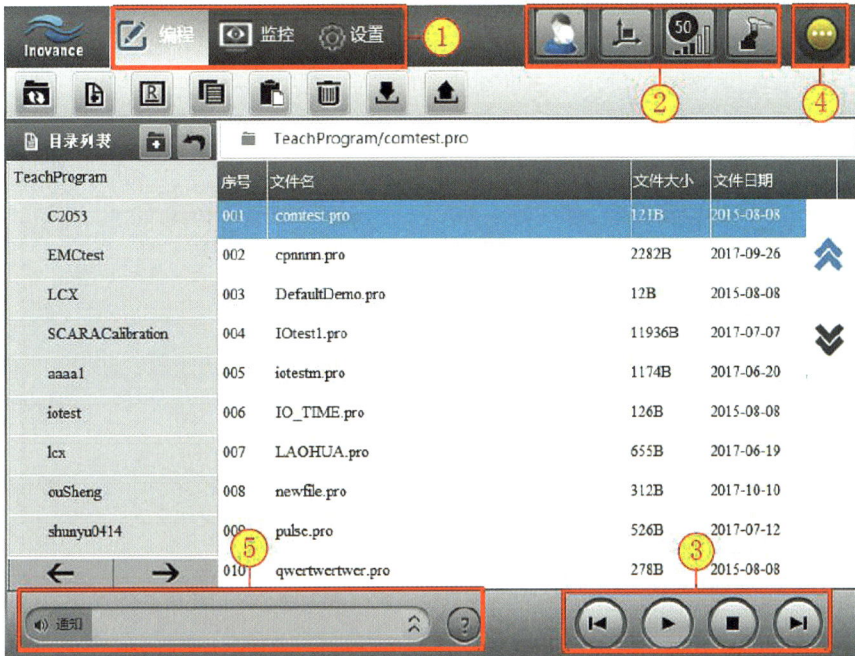

图2-2-2 示教器面板

表2-2-2 示教器面板主界面介绍

序号	名称	功能说明
1	面板切换栏	通过面板切换栏显示不同的操作面板，包括编程/运行面板、监控面板和设置面板
2	控制工具栏	有四种按钮，分别为用户模式按钮、坐标系切换按钮、速度倍率/寸动选择按钮、轴组切换按钮
3	运动控制栏	运动控制栏用于控制程序的执行，包括启动/暂停、停止、单步前进、单步后退四个按钮。可在示教编程和在线运行模式下使用
4	状态指示灯	用于指示机器人当前所处的状态，包含伺服使能、待机、急停、报警和断线几种状态
5	消息窗口	显示提示信息和报警信息

（2）IO监控。

在使用 IO 监控前，请保证 IRLink 配置正确。IN/OUT_IO 监控界面如图2-2-3所示。IN 强制开关：默认输入信号的状态由外部信号决定。但利用强制开关，可以将IN 变更为"强制"状态。此时，信号可被人为强制为 ON 或 OFF。状态控制：直接点击IN/OUT信号的状态 ON 或 OFF，可以将IN/OUT置为相反状态。

图2-2-3　IN/OUT-IO监控界面

（3）手动运行操作。

手动运行操作步骤见表2-2-3。

表2-2-3　手动运行操作步骤

步骤	操作描述	图示	备注
1	伺服上电	伺服启动按钮 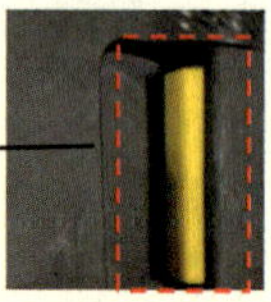	手动按住示教器背面的伺服启动按钮
2	选择坐标系		可以根据自己的需要选择合适的坐标系（通过画面选择或在面板上选择）
3	调整速度	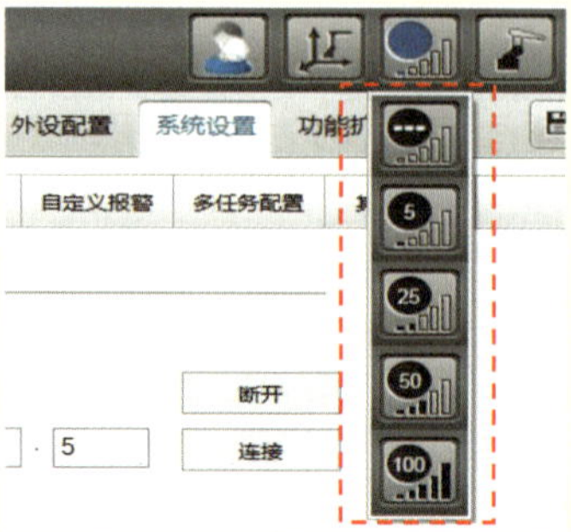	—

（续表）

步骤	操作描述	图示	备注
4	移动机器人	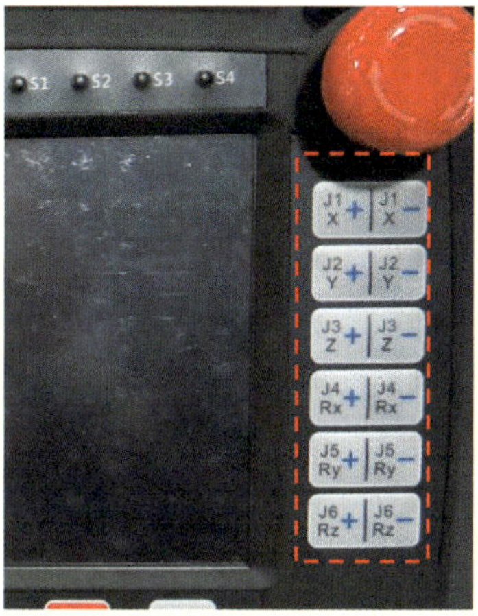	—

（4）程序自动运行操作。

程序自动运行操作步骤见表2-2-4。

表2-2-4　程序自动运行操作步骤

步骤	操作描述	图示	备注
1	伺服上电	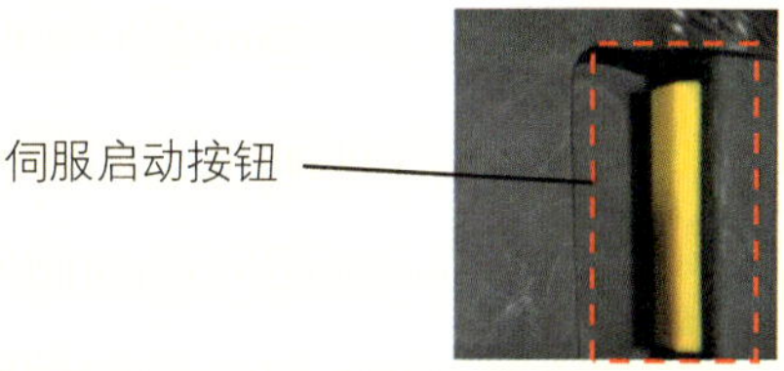 伺服启动按钮	手动按住示教器背面的伺服启动按钮
2	选择自动运行的程序		①选择"编程"；②选择文件夹；③选择文件
3	按下模式切换按钮，运行指示灯常亮	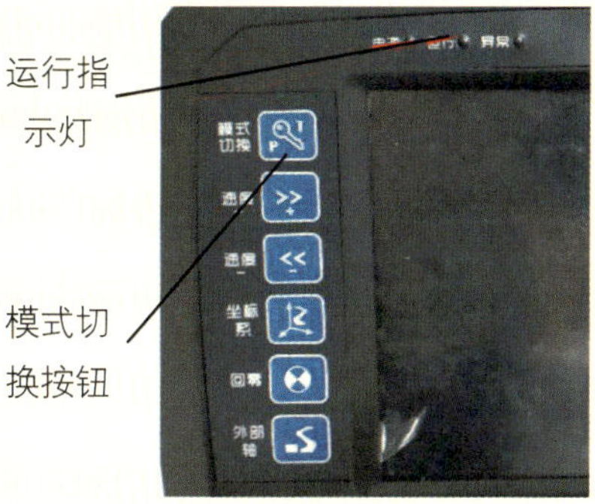 运行指示灯　模式切换按钮	—

（续表）

步骤	操作描述	图示	备注
4	按下程序启动按钮，机器人开始运行		—
5	按下程序停止按钮，机器人停止运行	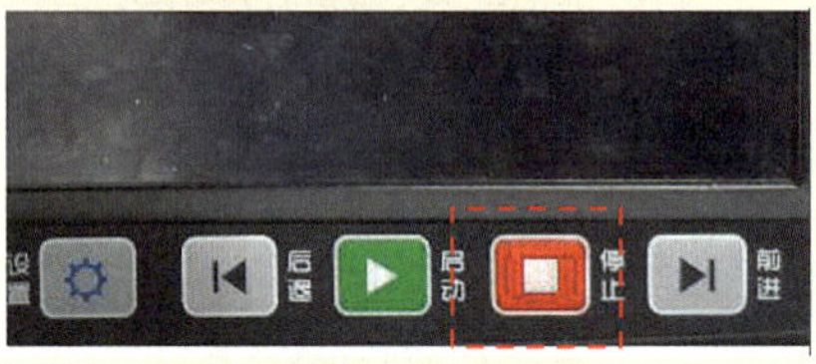	—

（5）程序外部启动运行操作。

程序外部启动运行操作步骤见表2-2-5。

表2-2-5　程序外部启动运行操作步骤

步骤	操作描述	图示	备注
1	配置系统IO：启动、停止、暂停等		①选择"设置"；②选择"系统设置"；③选择"I/O配置"；④选择"I/O选项"
2	按照上面的步骤，点击电机"下一页"，选择需要外部启动的"I/O程序"	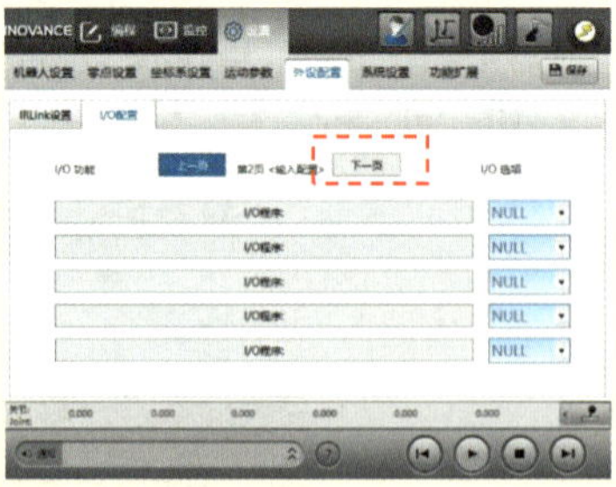	—
3	选择外部启动方式：远程IO单元		①选择"设置"；②选择"系统设置"；③选择"其他设置"；④选择"控制设备"；⑤选择"远程IO单元"

（6）机器人程序下载与示教。

机器人程序下载与示教步骤见表2-2-6。

表2-2-6　机器人程序下载与示教步骤

步骤	操作描述	图示	备注
1	点击机器人示教器的"设置"→"系统设置"→"断开"，取消手持示教器的控制权限		—
2	在电脑上，双击打开汇川四轴机器人虚拟示教器软件"InoTeachPad"，等待连接	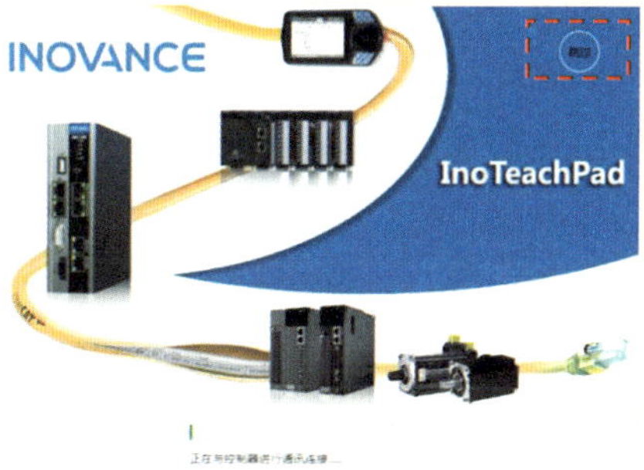	若一直连接不上，则进入第3步，否则直接进入第4步
3	若连接不上，点击右上角的"跳过"，然后点击"设置"→"系统设置"，查看IP地址是否为192.168.0.5，或者查看电脑IP网段是否为0		—
4	点击"权限设置"，选择"编辑模式"，设置"密码"（输入密码"000000"）	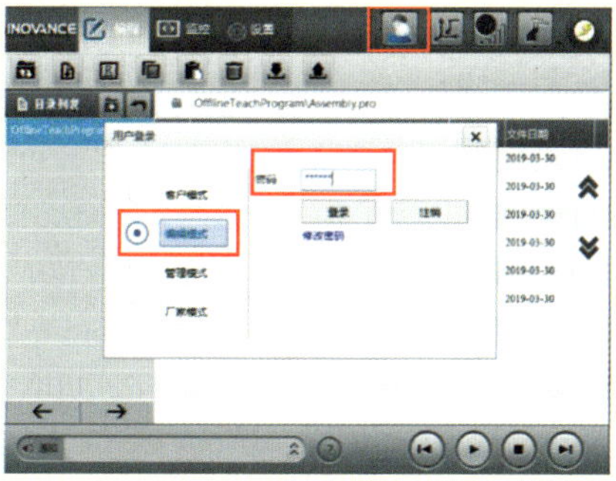	—

（续表）

步骤	操作描述	图示	备注
5	点击"程序上传"，选择上传内容并点击"打开"，即可将程序上传到控制器中	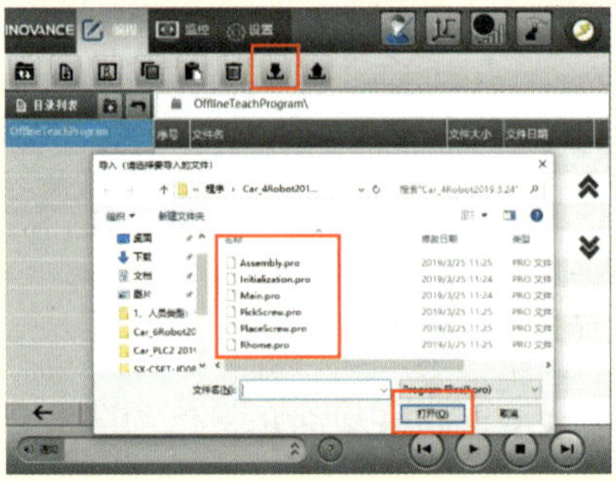	—
6	设置系统IO，机器人"启动"→IN【8】，机器人"停止"→IN【9】	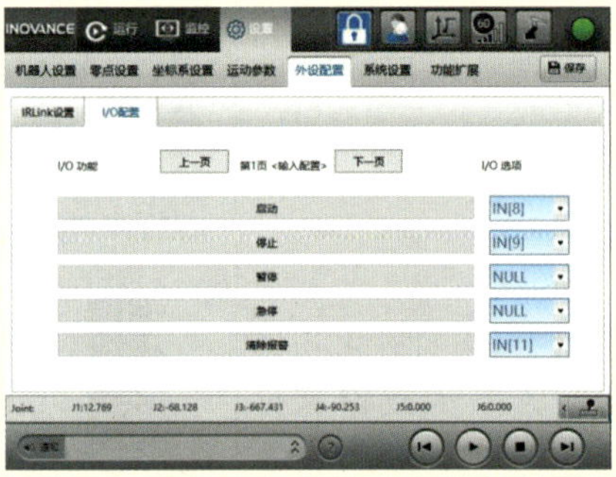	—
7	设置主程序调用，选择"I/O程序"→IN【10】		—

2. 四轴工业机器人指令

四轴工业机器人指令介绍见表2-2-7。

表2-2-7　四轴工业机器人指令介绍

指令	功能说明	使用举例
Call	子程序调用	Call "subProgram"； 调用执行后，进入子程序subProgram，在子程序中遇到Ret指令，则返回主程序继续执行
Delay	延时	Delay　T[5];延时5 s T时间取值范围为0.000~65535.000，时间精度一般为0.1 s

（续表）

指令	功能说明	使用举例
GetModBusReg	读取ModBus 从站寄存器值	GetModBusReg(16384, R1,1,2); 从寄存器起始地址16384上读取2个Short类型数据（2*1个寄存器），并强制转换成 R 变量类型(int)存储于R1、R2中
While	循环执行	循环语句，计算机的一种基本循环模式。当满足条件时进入循环，不满足时跳出
If–EndIf	条件判断	If　B2 == 1 Stmt1; EndIf; 判断 If 条件B2 == 1，满足执行 语句 Stmt1
Set	设置输出信号	Set Out[8],OFF; 设置单个数字输出信号为OFF
LPallet	设定局部托盘变量	LPallet 1,P[1],P[2],P[3],2,3,1,15;

L–Goto	逻辑跳转	L[1]:　　#设置标签 1
		Movl P[1],V[30],Z[3];
		Movl P[0],V[30],Z[3];
		Goto L[1];　　#跳转至标签 1 END;
		##本段执行效果：先运行至 P[0]位置，然后在 P[1]与 P[0]两点间往复运动

Movl	直线插补，用于线性地移动到给定目标	Movl P[8],V[30],Z[0]; 直线插补 P[8]点
Movj	关节插补，用于将机器人从一个点快速地移动到另一个点，轨迹通常不在一条直线上	Movj (P[8],PR0),V[30],Z[0]; 关节插补 P[8]点
P=Offset	基于点的平移	PR1=(10,20,0,0,0,0); P[2]=OffsetJ(P[1],PR1); MovjP[2],V[30],Z[0]; 在P[1]基础上，机器人第一关节额外旋转 10°，第二关节额外旋转 20°

（二）视觉系统介绍及应用

1. 面板介绍

装配检测入库单元采用台达PVS系列机器视觉软件。

2. 软件应用

视觉程序下载与调试步骤见表2-2-8。

表2-2-8　视觉程序下载与调试步骤

步骤	操作描述	图示
1	使用笔记本电脑"远程桌面连接"功能连接视觉工控机	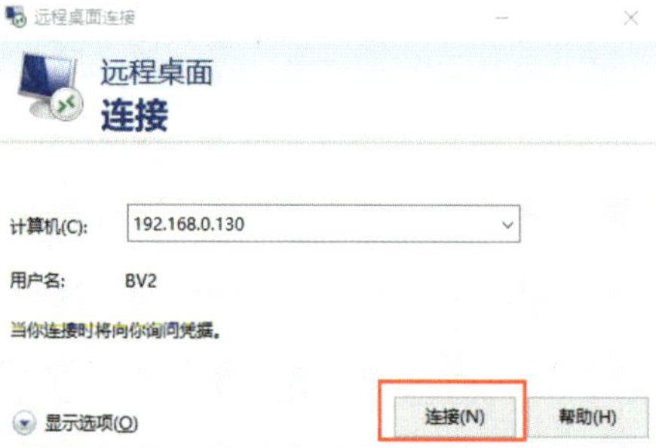
2	打开软件"pylon IP Configurator"，点击"Refresh"，确保工业相机与控制器正确连接	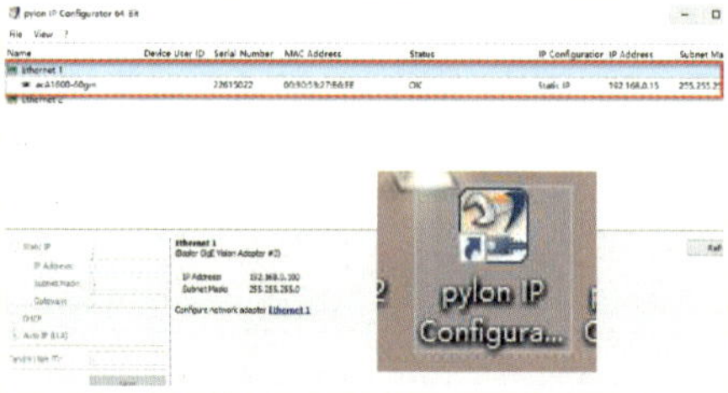
3	打开视觉配置软件"Hardware"，配置相机的硬件组态	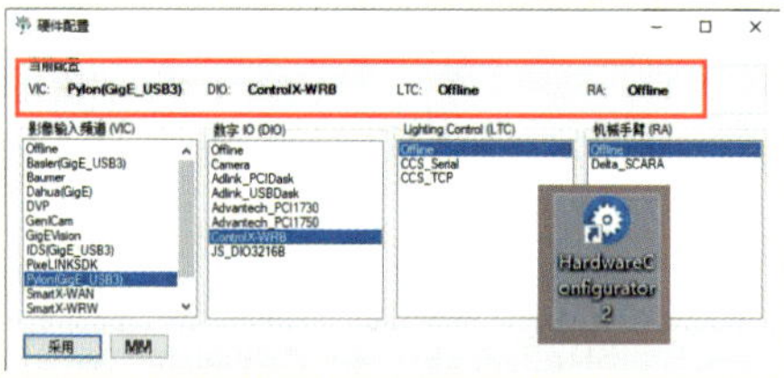
4	打开视觉编程软件"PVSsolf"，点击"Viewer"，选择"用户名称"，输入密码，点击"登入"，修改软件操作权限并进入配置模式（密码"2222"），再点击"配置模式"进入编程界面	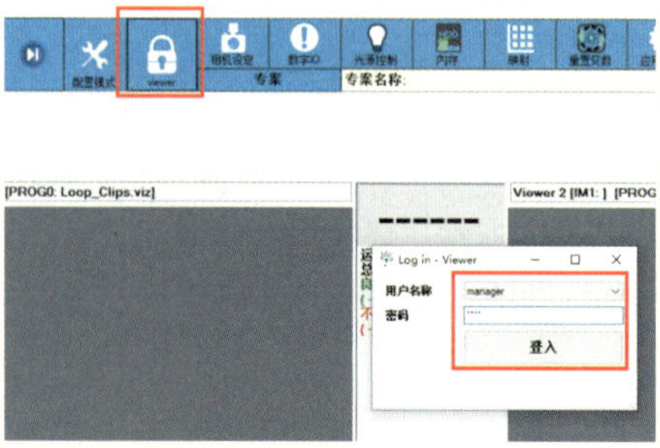

（续表）

步骤	操作描述	图示
5	点击"开启"，选择视觉程序，将程序上传到软件中去	
6	手动放置一部没有打螺丝的小车在视觉系统下面，点击图像功能区的"连续采集"功能按钮，根据实际情况调节相机的焦距和光圈大小，使得图像显示清晰、特征点明显	
7	对小车标识（Logo）与螺丝1、2、3、4进行模型匹配	
8	点击"螺丝1"，设置匹配模板；点击"参数"，再点击"新建"，在检测区域中寻找特征点	

（续表）

步骤	操作描述	图示
9	设置完特征模板后，选择保存路径，点击"存"功能保存。下次修改这个模板可以直接点击"快速保存"	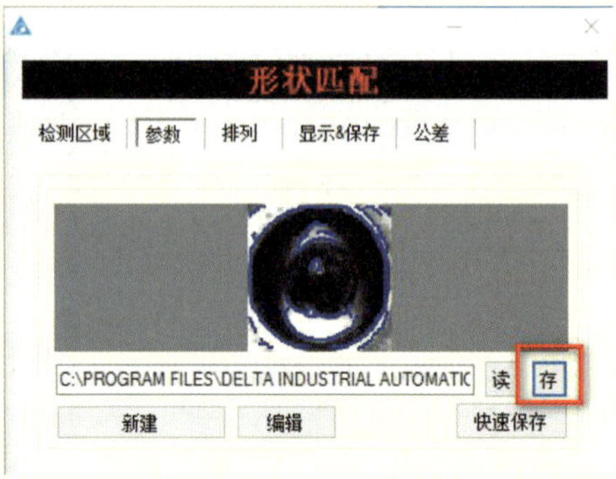
10	检测功能设置完成后可以通过测试功能检测模板的功能是否正常；点击"测试"，观察"测试"按钮隔壁状态显示区和图像区的变化，若为1，则测试成功（另外几个的匹配方法与螺丝1方法一致）	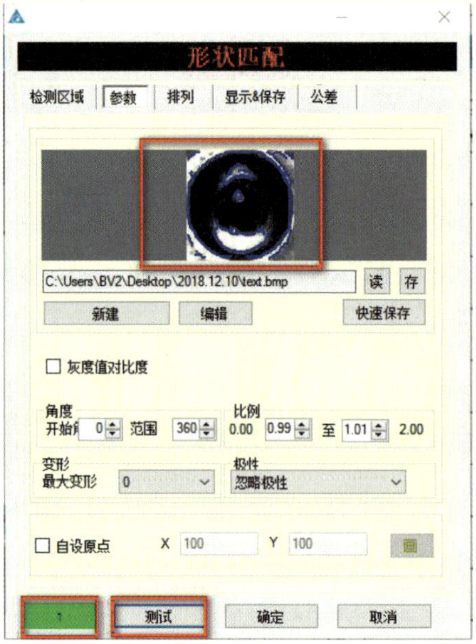

三、资料准备

（1）光纤传感器技术手册（FM-31智能型数字光纤传感器）。

（2）机械及电气图。

（3）四轴工业机器人操作编程手册（机器人控制系统编程手册V8.692）。

（4）H3U PLC编程手册（汇川PLC H3U编程手册、H3U系列可编程逻辑控制器简易手册）。

（5）触摸屏手册（IT6000系列人机界面用户手册）。

任务实施

一、机械安装

单元装配图是进行单元零部件安装的依据，根据提供的装配图进行各个组件的安装，各个组件装配完成后，则需要根据提供的单元布局图将每个组件在实训平台上进行定位安装。

安装前认真阅读机械安装手册，要求组件安装无缺少遗漏现象，组件安装尺寸符合图纸技术要求，组件安装后紧固无松动，运行顺畅，无卡滞或不能运行现象，固定螺栓按规定使用垫片，行线槽转角处和T形分支处按规定进行处理。

光源视觉控制器、立体仓库、四轴工业机器人单元装配图如图2-2-4所示。

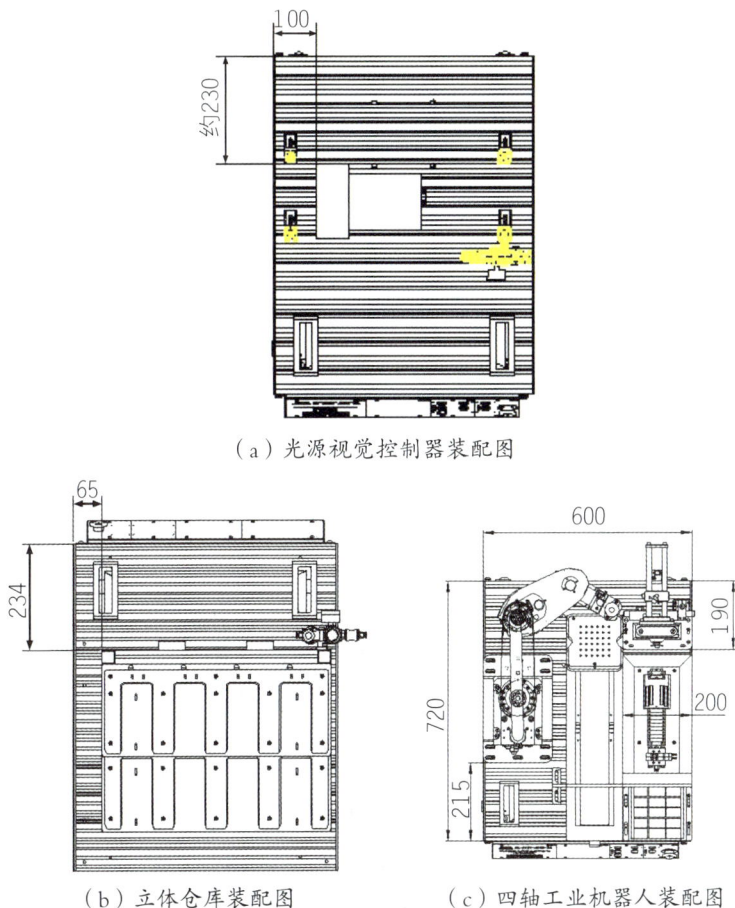

（a）光源视觉控制器装配图

（b）立体仓库装配图

（c）四轴工业机器人装配图

图2-2-4　光源视觉控制器、立体仓库、四轴工业机器人单元装配图（单位：mm）

装配检测入库单元可参照图2-1-14中的玩具车装配打磨制造生产线布局图进行布局，按照表2-2-9的安装步骤完成设备的机械安装。

表2-2-9 玩具车装配检测入库单元安装步骤

步骤	操作描述	图示	备注
1	安装光源视觉控制器	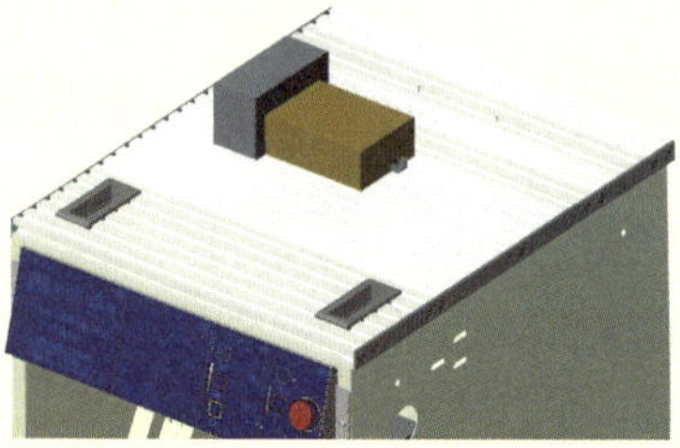	根据图2-2-4（a）尺寸要求安装
2	安装立体仓库		根据图2-2-4（b）尺寸要求安装
3	安装四轴工业机器人固定台架、拧螺丝组件、视觉模块、条形光源支架、桌面电气接口板C	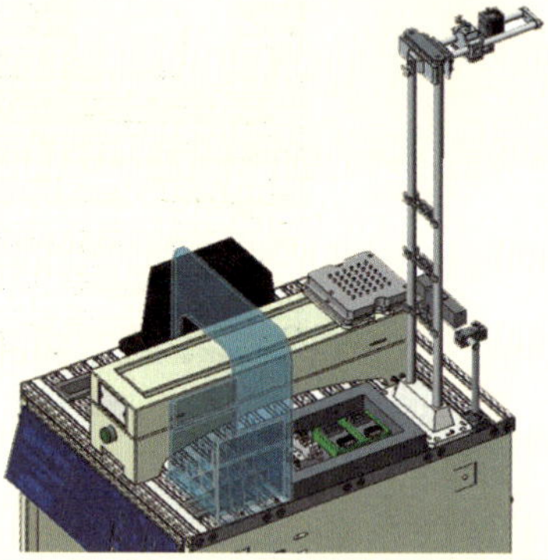	根据图2-2-4（c）尺寸要求安装
4	安装四轴工业机器人	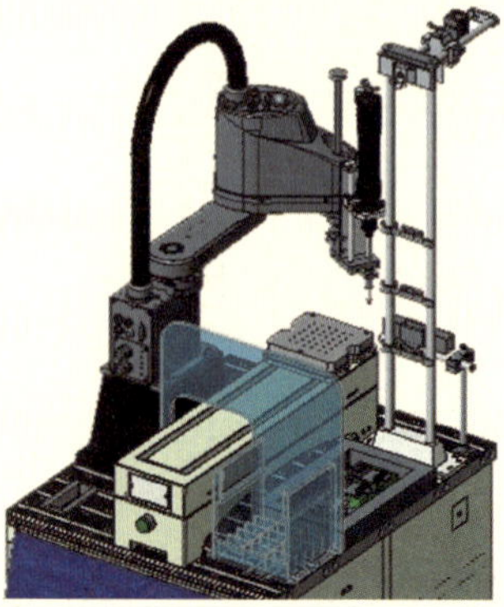	根据图2-2-4（c）尺寸要求安装

二、电气安装

（一）电路安装

挂板上的PLC信号已经通过公头线缆连接到37T接线板上，现在只需要将每个模块的信号连接到接线板的端子上，即可实现信号对接。电气安装过程中要求符合电气安装工艺，导线按规定进线槽，线槽孔出线合理，电路压接处紧固可靠，线头全部套管并注明编号，线头压接处无露铜过长现象。

1. 桌面接口板D的电路安装

装配检测入库单元只有一个桌面电气接口板D，根据桌面接口板端子信号分配表完成桌面接口板D的电路安装，桌面电气接口板D布局图及接线图分别如图2-2-5、图2-2-6所示。桌面电气接口板D地址分配表见表2-2-10。

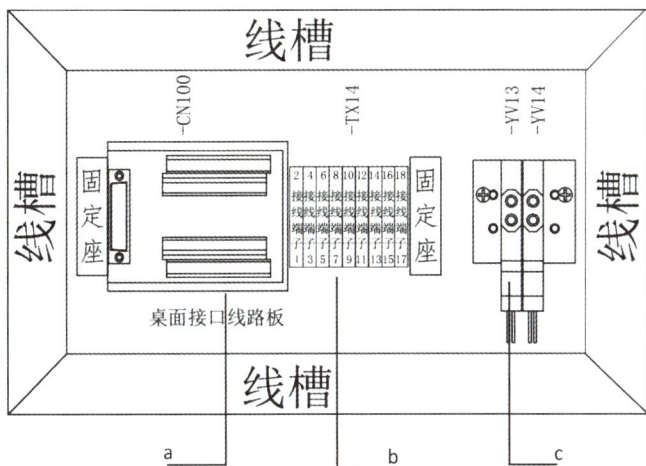

图2-2-5　桌面电气接口板D布局图

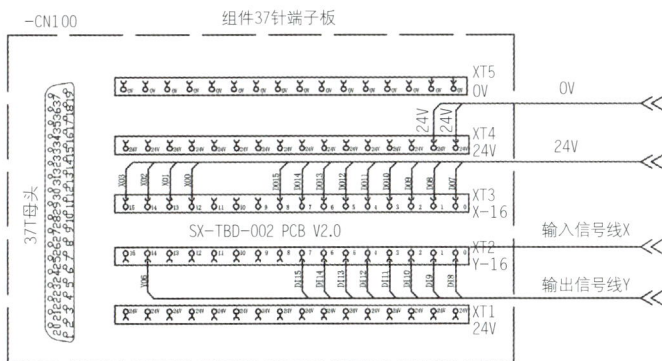

（a）CN100桌面接口线路板接线图

（b）TX14端子排接线图

（c）YV13、YV14电磁阀接线图

图2-2-6 桌面电气接口板D接线图

表2-2-10　桌面电气接口板D地址分配表

接线端子	线号	模块名称	功能描述
Y20	DI8	37针端子板	机器人启动
Y21	DI9		机器人停止
Y22	DI10		打开程序
Y23	DI11		机器人消除报警
Y24	DI12		预留
Y25	DI13		预留
Y26	DI14		预留
Y27	DI15		预留
XT3:0	DO7		打螺丝反转
X30	DO8		预留
X31	DO9		预留
X32	DO10		预留
X33	DO11		预留
X34	DO12		预留
X35	DO13		预留
X36	DO14		预留
X37	DO15		预留
YV13	DO4	气阀线圈	吸盘电磁阀
YV14	DO5		螺丝批推出气缸
X00	X00	37针端子板	托盘物料检测到位
X01	X01		托盘气缸缩回限位
X02	X02		托盘气缸伸出限位
X03	X03		送料按钮开关
XT1:0	24V		24V电源正
XT5:0	0V		24V电源负

注：Y20~Y27、XT3:0~X37区段模块名称为"四轴工业机器人I/O板输入信号"及"四轴工业机器人I/O板输出信号"。

2. 装配检测入库单元的电路安装

装配检测入库单元的电路安装步骤见表2-2-11。

表2-2-11　装配检测入库单元的电路安装步骤

步骤	操作描述	图示	备注
1	接线：按照图2-2-5把线接好； 接头：把37针的C接口公头与37针母头对接	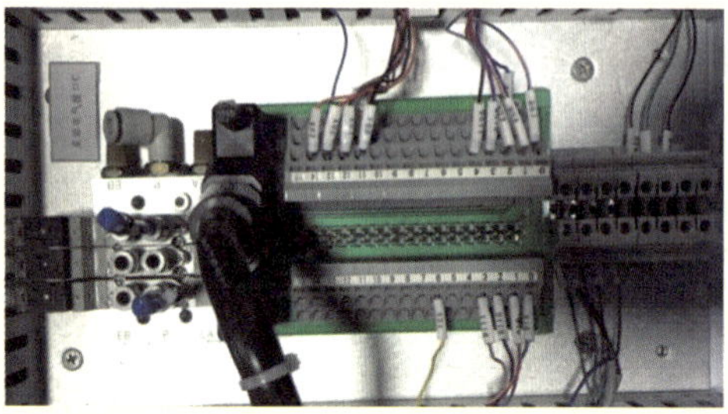	—
2	接四轴工业机器人控制柜：将动力线和编码线分别插入控制柜中对应的接口		
3	接交换机：把交换机上的网线连好		—

（二）气路安装

根据提供的气路连接图完成该单元的气路连接（气管不宜过长或过短，气管插头处可靠、无漏气现象，气路、电路分开绑扎），装配检测入库单元的气路图如图2-2-7所示。

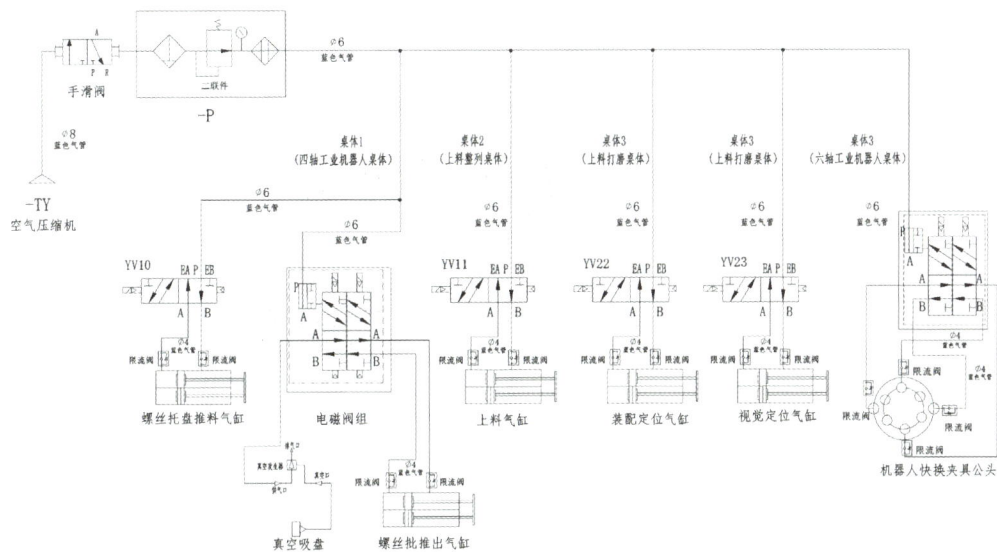

图2-2-7　装配检测入库单元气路图

装配检测入库单元各组件间的气路连接步骤见表2-2-12。

表2-2-12　装配检测入库单元各组件间的气路连接步骤

步骤	操作描述	图示	备注
1	连接桌面电气接口板D上的气路		按照图2-2-6连接
2	连接四轴工业机器人上臂的气路		按照图2-2-6连接

（续表）

步骤	操作描述	图示	备注
3	连接四轴工业机器人底座上的气路		按照图2-2-6连接

三、程序下载与调试

（一）主要说明

1. I/O原理图

玩具车单元的I/O原理图如图2-2-8所示（见下页）。

2. PLC程序结构

PLC程序主要包含Main（主程序）、上盖机构、上料机构、通信以及六轴机器人五个部分，如图2-2-9所示。

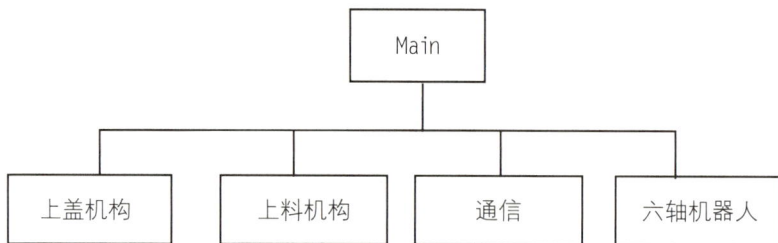

图2-2-9　PLC程序结构

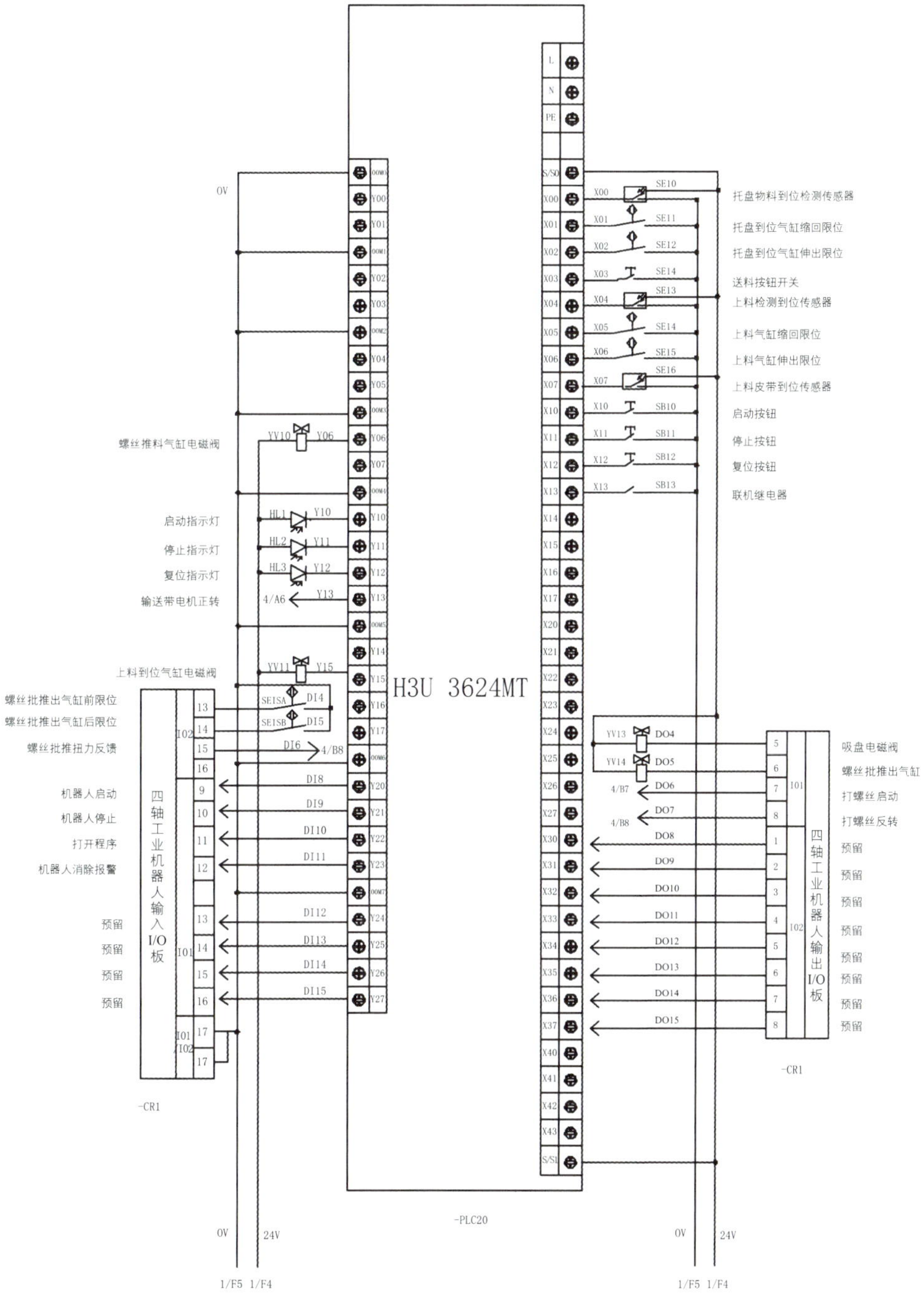

图2-2-8 I/O原理图

3. PLC部分程序

PLC部分程序如图2-2-10所示。

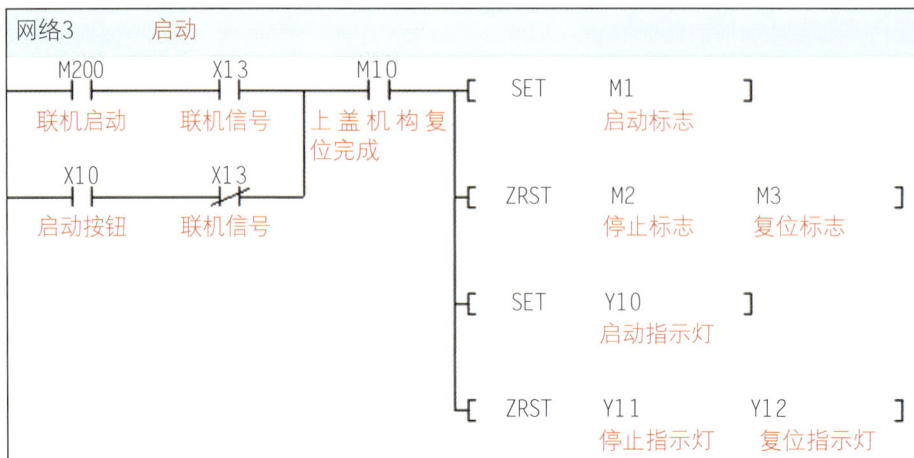

图2-2-10 PLC部分程序

4. 四轴工业机器人程序结构

四轴工业机器人程序主要包含主程序（Main）、初始化子程序（Initialization）、装配子程序（Assembly）、取料子程序（PickScrew）、放料子程序（PlaceScrew）、回原点子程序（Rhome）等六个程序，如图2-2-11所示。

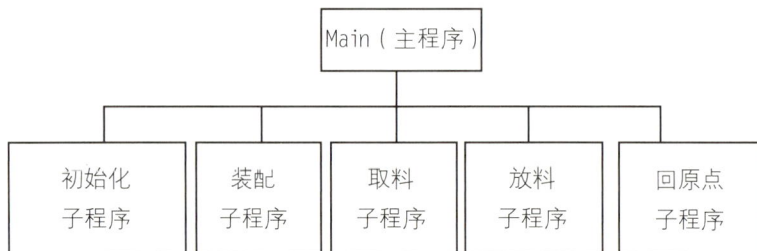

图2-2-11 四轴工业机器人程序结构

5. 四轴工业机器人主要程序及注释

四轴工业机器人子程序PickScrew及注释如下：

```
START;

LPallet 0,P[1],P[2],P[3],6,6,1,0;                    ##定义码垛盘

JumpL LPallet(0,B45,B46,0),V[30],Z[0],LH[10],MH[-10],RH[10];
                                                     ##跳转到抓取码垛上方

Delay T[0.5];                                        ##延时0.5s

Set Out[9],ON;                                       ##置位数字输出口开始吸气

Delay T[1];                                          ##延时等待1s

JumpL P[4],V[30],Z[0],LH[30],MH[-10],RH[0];          ##跳转到抓取码垛上方
```

B45 =B45 + 1;	##整数变量B45的值加1
B23 =B23 + 1;	##整数变量B23的值加1
If B45 == 6	##判断整数变量B45的值是否等于6
B46 =B46 + 1;	##整数变量B46的值加1
B45 =0;	##整数变量B45的值为0
EndIf;	##结束if判断
If B46 == 6	##判断整数变量B46的值是否等于6
B46 =0;	##整数变量B46的值为0
EndIf;	##结束if判断
If B23 == 36	##判断整数变量B23的值是否等于36
B23 =0;	##整数变量B23的值为0
R1 =2;	##整数变量R1的值为2
EndIf;	##结束if判断
Ret;	##返回主程序
END;	##程序结束

6. 四轴工业机器人运动轨迹

四轴工业机器人运动的轨迹参考图如图2-2-12所示。

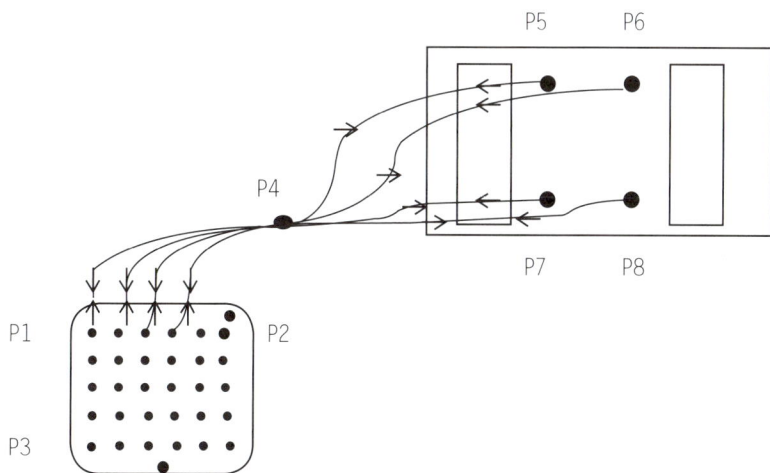

托盘定义：LPallet 0

轨迹：P1—P4—P5—P4（按照该顺序进行螺丝抓取与装配）

图2-2-12　四轴工业机器人运动的轨迹参考图

（二）操作步骤

程序下载与调试操作步骤见表2-1-24。

任务考核

任务学习结束，请完成表2-2-13中的任务考核项目。

表2-2-13　任务考核表

项目	要求	配分	评分标准	扣分	得分
设备组装	1. 设备部件安装可靠，各部件位置衔接准确； 2. 电路安装正确，接线规范	30分	1. 部件安装位置错误，每处扣2分； 2. 部件衔接不到位、零件松动，每处扣2分； 3. 电路连接错误，每处扣2分； 4. 导线反圈、压皮、松动，每处扣2分； 5. 错、漏编号，每处扣1分； 6. 导线未入线槽、布线零乱，每处扣2分； 7. 漏接接地线，每处扣5分		
设备功能	1. 设备启停正常； 2. 警示灯动作及报警正常； 3. 装配检测入库单元功能正常	60分	1. 设备未按要求启动或停止，每处扣10分； 2. 警示灯未按要求动作，每处扣10分； 3. 驱动转盘的电动机未按要求旋转，扣20分； 4. 送料不准确或未按要求送料，扣10分		
设备附件	资料齐全，归类有序	5分	1. 设备组装图缺少，每份扣2分； 2. 电路图、梯形图缺少，每份扣2分； 3. 技术说明书、工具明细表、元件明细表缺少，每份扣2分		
安全生产	1. 自觉遵守安全文明生产规程； 2. 保持现场干净整洁，工具摆放有序	5分	1. 每违反一项规定，扣1分； 2. 发生安全事故，0分处理； 3. 现场凌乱、乱放工具、乱丢杂物、完成任务后不清理现场，扣2分		
时间	3h	—	1. 提前正确完成，每提前5min加5分； 2. 超过定额时间，每超过5min扣2分		

任务三　玩具车装配打磨制造生产线的联机调试

学习目标

1. 能够陈述玩具车装配打磨制造生产线整机的动作流程。

2. 能够下载整机的PLC和机器人运行程序。

3. 能够明确整个工作流程中各动作之间的信号联系。

4. 能够根据工件、运行轨迹变化，正确调整程序以及相关元器件的位置和参数。

任务描述

通过任务一和任务二的学习训练，玩具车装配打磨制造生产线整机的机械安装和电气安装已全部完成，模块单元已经调试完成。现在小组成员要下载整机的PLC和机器人运行程序，通过调整相关器件的位置和参数，确保玩具车装配打磨制造生产线上料、运送、打磨、写字、装配、检测、入库等过程能协调、稳定运行。

学习储备

一、器材准备

玩具车装配打磨制造生产线联机调试的主要器材清单见表2-3-1。

表2-3-1　联机调试器材清单

序号	名称	规格型号	单位	数量
1	万用表	厂家配套	个	1
2	内六角工具	厂家配套	套	1
3	小一字螺丝刀	厂家配套	套	1
4	小十字螺丝刀	厂家配套	套	1
5	螺丝	厂家配套	套	1
6	电脑	厂家配套	台	2

二、知识技能准备

1. 玩具车装配打磨制造生产线工作流程

玩具车装配打磨制造生产线工作流程如图2-3-1所示。

车身打磨 → （1）六轴工业机器人利用快换大双爪夹具到转盘上抓取车身放置于翻转台上，同时车底座从模型上料机构推出，随输送带前行。
（2）六轴工业机器人抓取翻转台上的车身

车身车底装配 → （1）车底座随输送带到达装配位置，输送带停止，定位气缸将其进行定位。
（2）六轴工业机器人将打磨抛光后的车身与底座进行装配

螺丝装配 → （1）按下安全送料机构的送料按钮，螺丝随料盘运输到工作区域。
（2）四轴工业机器人利用螺丝装配夹具对小车顶部的四个螺丝孔进行螺丝装配动作

标识（Logo）绘制 → （1）螺丝装配完成，小车随输送带移动到视觉检测位置，定位气缸将其进行定位，输送带停止。
（2）六轴工业机器人转换快换笔形夹具在小车车身处进行标识（Logo）的绘制

视觉检测 → （1）标识（Logo）绘制完成后，相机对小车螺丝的有无、标识（Logo）图案的轮廓进行检测。
（2）检测完成后，相机将数据反馈给六轴工业机器人

搬运入库 → （1）六轴工业机器人转换大双爪夹具，对视觉系统反馈回来的数据做判断。
（2）将合格品搬运到良品仓，不合格品搬运到废品仓

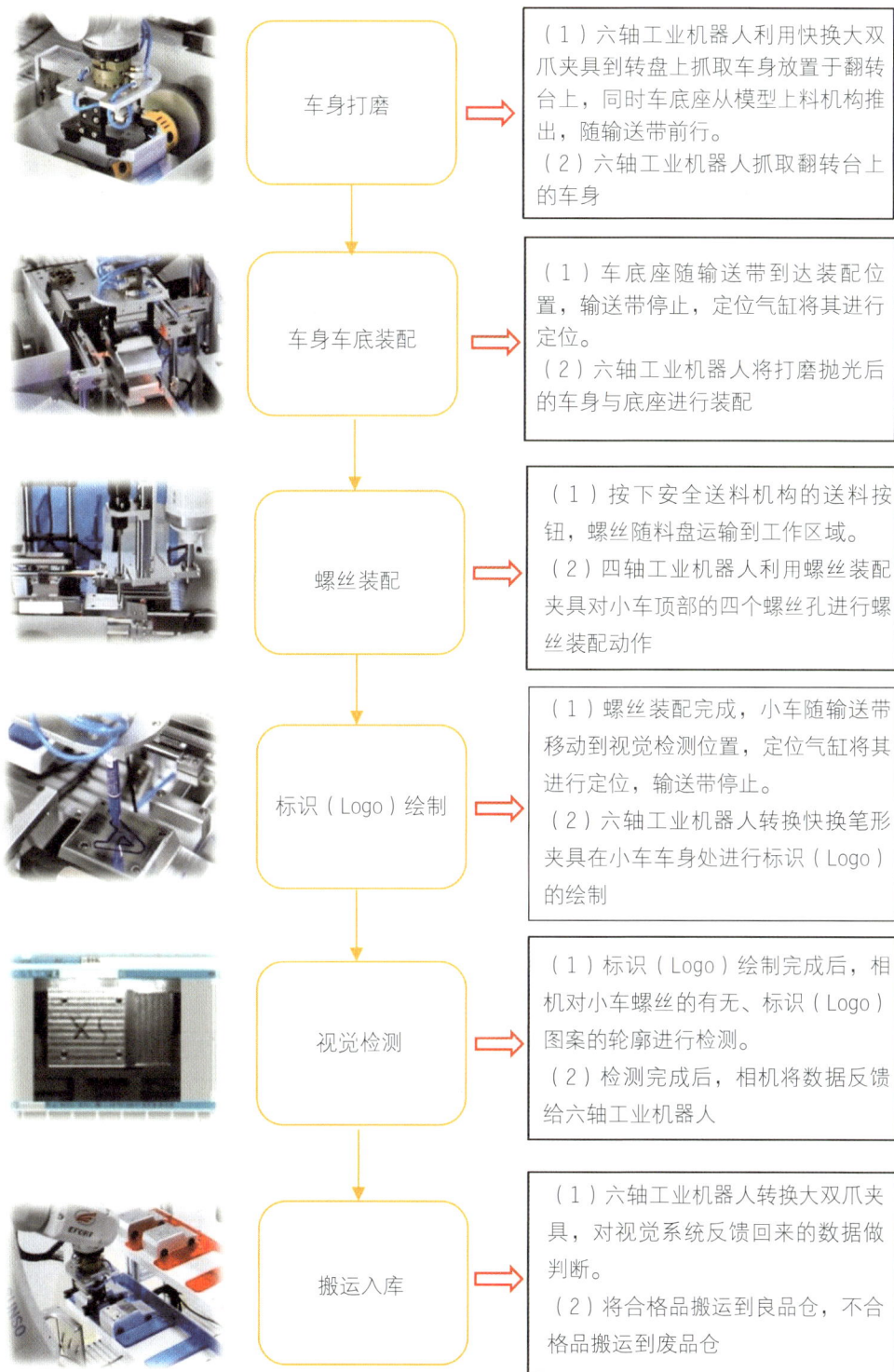

图2-3-1　玩具车装配打磨制造生产线工作流程图

2. 明确动作流程各信号之间的联系

I/O功能表、IO/TCP通信交互信号表分别如表2-3-2、表2-3-3所示。

表2-3-2　I/O功能表

序号	PLC	Robot	功能描述	备注
1	—	DO4	快换夹具电磁阀（机器人直接控制）	I/O通信地址（PLC输入信号）
2	—	DO5	平行夹具电磁阀（机器人直接控制）	
3	—	DO7	打磨机驱动继电器（机器人直接控制）	
4	X30	DO8	系统就绪	
5	X31	DO9	远程模式工作中	
6	X32	DO10	远程模式状态	
7	—	DO4	快换夹具电磁阀（机器人直接控制）	—
8	—	DO5	平行夹具电磁阀（机器人直接控制）	
9	Y20	DI8	伺服使能	I/O通信地址（PLC输出信号）
10	Y21	DI9	远程示教模式	
11	Y22	DI10	工作站暂停	
12	Y23	DI11	程序结束	
13	Y24	DI12	程序继续	

表2-3-3　IO/TCP通信交互信号表

序号	PLC	Robot	功能描述	备注
1	D200=1	I1=1	转盘车身到位	I/O通信地址（PLC输出信号）
2	D201=1	I2=1	底座到位	
3	D202=1	I3=1	底座到达拍照位	
4	D203=1	I4=1	视觉定位气缸缩回	
5	D210=1	I33=1	机器人复位完成	I/O通信地址（PLC输入信号）
6	D211=1	I34=1	机器人取车身完成	
7	D211=2	I34=2	机器人车身装配完成	
8	D211=3	I34=2	机器人准备入库	

3. 分别下载挂板A、B上H3U-3624MT PLC的整机程序

用汇川PLC编程软件AutoShop到电脑指定位置下载指定的PLC整机程序文件。软件使用方法参考任务一里的AutoShop编程软件简单使用介绍。

4. 分别下载四轴汇川、六轴埃夫特机器人程序

分别用汇川、埃夫特机器人示教器在U盘里下载指定的机器人整机轨迹程序。示教器使用方法可参考任务一和任务二里的相关介绍。

5. 下载触摸屏控制程序

用触摸屏软件下载指定的程序文件。

6. 设备上电前的物料准备

设备上电前的物料准备步骤见表2-3-4。

表2-3-4　设备上电前的物料准备步骤

步骤	操作描述	图示
1	将螺丝按照螺丝托盘上的孔位摆放好。并将摆好的螺丝托盘放入安全送料机构	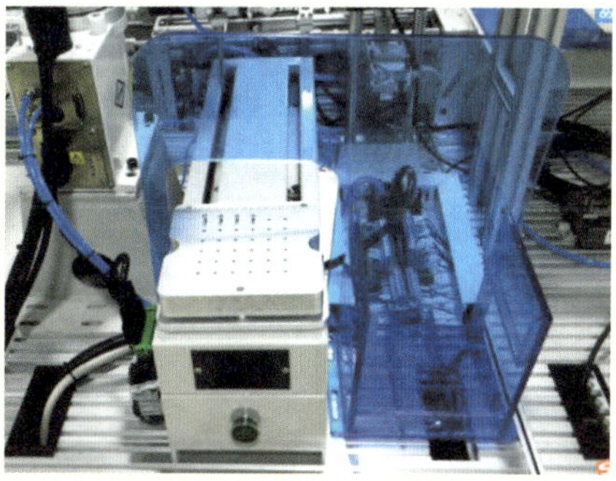
2	将小车底座放入模型上料机构，注意小车底座的摆放方向	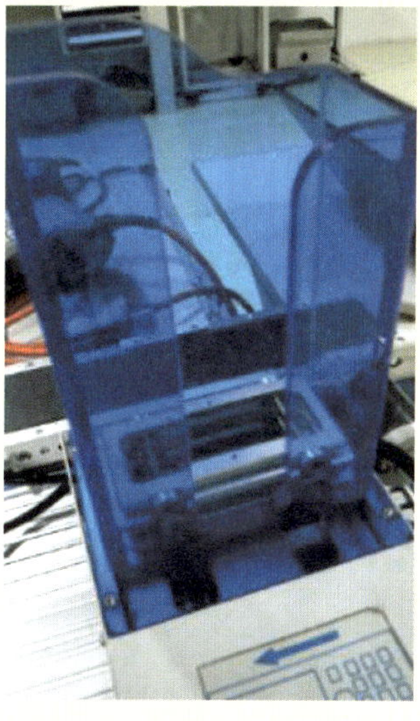

（续表）

步骤	操作描述	图示
3	将小车上盖放在转盘上，注意小车上盖的朝向（从上往下看，车头朝顺时针方向）	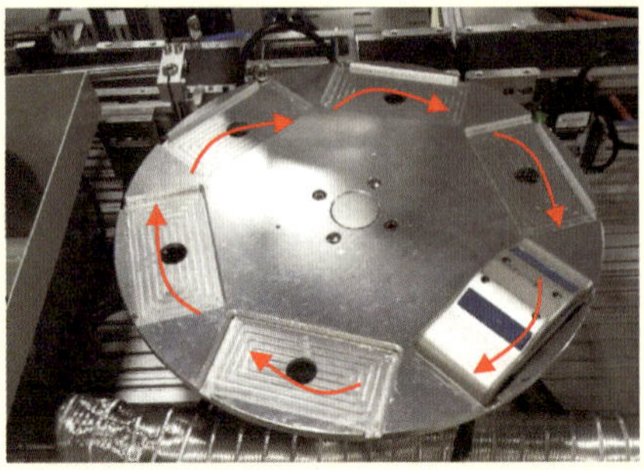
4	调节打磨机转速为2000r/min，并且打开打磨机开关	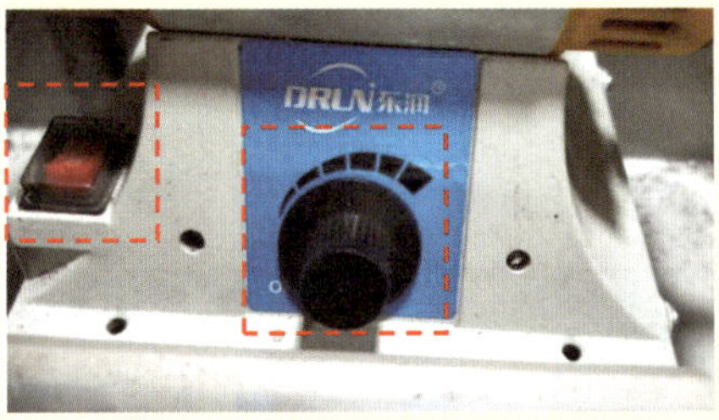
5	确保笔夹具的笔盖打开，并且笔能够正常使用	 打开笔盖 

三、资料准备

（1）光纤传感器技术手册（FM-31智能型数字光纤传感器）。

（2）SX-CSET-JD08-30D-00_玩具车装配智能生产线。

（3）六轴机器人操作编程手册（ER3B-C30 机器人编程手册、ER3B-C30 机器人电气手册、ER3B-C30机器人机械维护手册）。

（4）H3U PLC编程手册（汇川PLC H3U编程手册、H3U系列可编程逻辑控制器简易手册）。

（5）触摸屏手册（IT6000系列人机界面用户手册）。

任务实施

玩具车装配打磨制造生产线联机调试步骤见表2-3-5。

表2-3-5　玩具车装配打磨制造生产线联机调试步骤

步骤	操作描述	图示	备注
1	根据SX-CSET-JD08-30D-00_玩具车装配智能生产线的图纸要求，先调节各单元的脚杯，使5张桌体的台面处于同一水平面，然后按图拼接并用连接板和螺丝把5张桌体连接成同一整体，再根据电气接线图把所有接口板信号线连接好		—
2	按图示方向摆放玩具车上盖，打磨抛光轮上抛光蜡	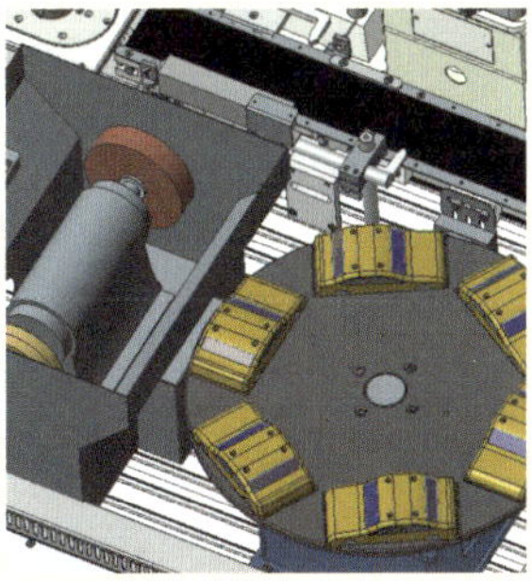	需要工件做镜面抛光处理时，在设备运行前应对抛光轮上抛光蜡，且上抛光蜡时应用纸张遮挡抛光轮上方，防止蜡体飞溅
3	按图示方向摆放玩具车底盘，然后把桌面清理干净	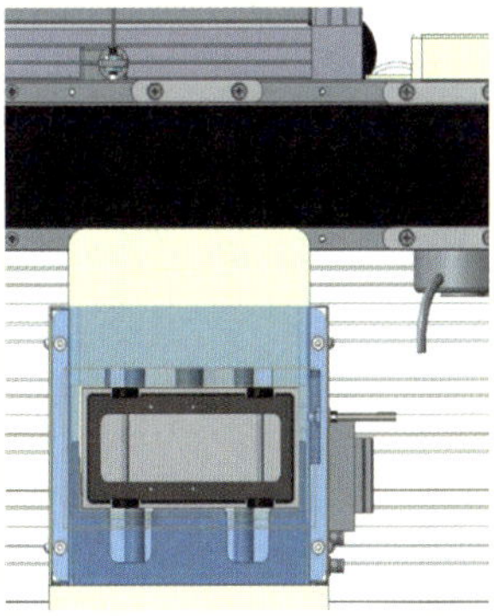	—
4	在两台PLC之间进行通信测试	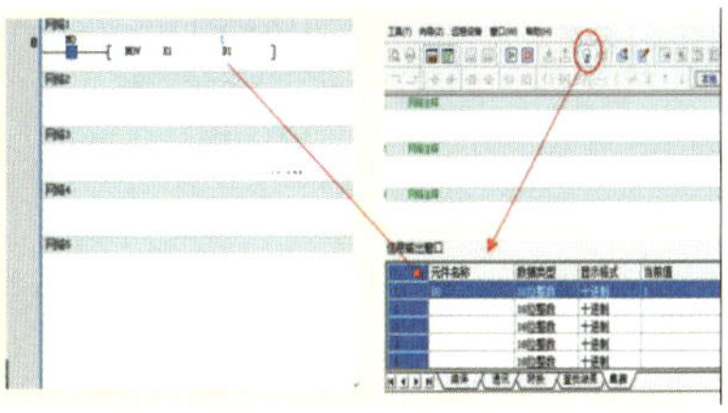	—

（续表）

步骤	操作描述	图示	备注
5	设备上电前的物料准备	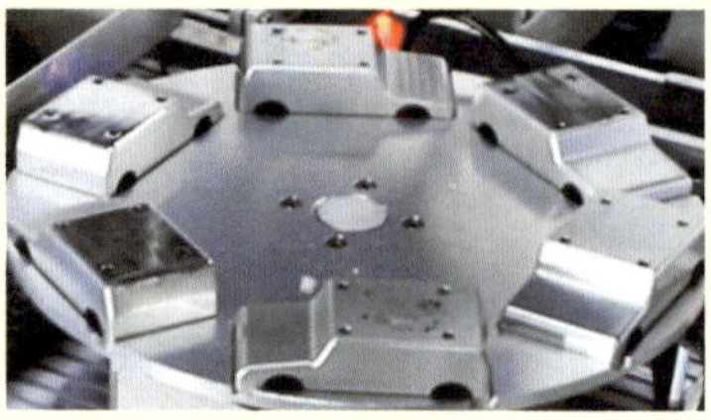	—
6	下载程序，试运行	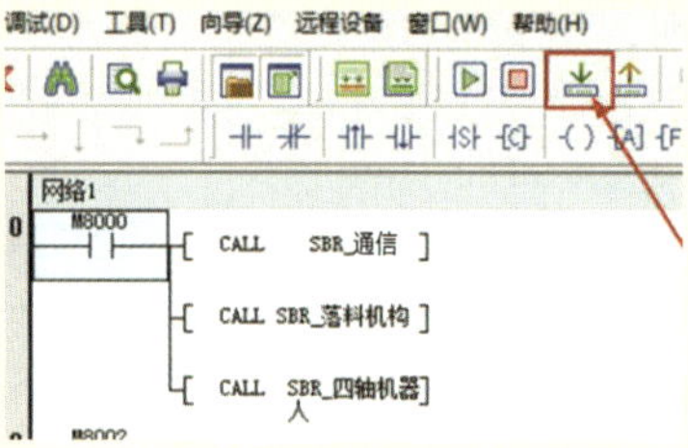	—
7	传感器参数和位置调整	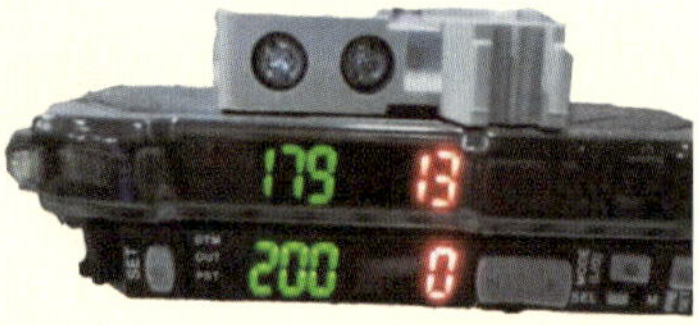	—

任务考核

任务学习结束，请完成表2-3-6中的任务考核项目。

表2-3-6　任务考核表

项目	要求	配分	评分标准	扣分	得分
联机组装	1. 设备部件安装可靠，各部件位置衔接准确； 2. 电路安装正确，接线规范	20分	1. 部件安装位置错误，每处扣2分； 2. 部件衔接不到位、零件松动，每处扣2分； 3. 电路连接错误，每处扣2分； 4. 导线反圈、压皮、松动，每处扣2分； 5. 错、漏编号，每处扣1分； 6. 导线未入线槽、布线零乱，每处扣2分； 7. 电路接线不对，每处扣2分		

（续表）

项目	要求	配分	评分标准	扣分	得分
程序下载	1. 正确下载四轴工业机器人程序，并能启动运行； 2. 正确下载六轴工业机器人程序，并能启动运行； 3. 正确下载PLC程序	20分	1. 不能正常启动机器人轨迹程序，扣10分； 2. 不能正常启动PLC程序，扣10分		
设备简单调试	1. 熟悉设备的运行流程； 2. 能正确操作设备运行； 3. 熟悉各传感器位置和参数调整方法； 4. 设备协调、稳定运行	50分	1. 不熟悉设备的运行流程，扣5分； 2. 不会操作设备使之运行，扣20分； 3. 不会调整传感器参数，每处扣5分； 4. 整机设备运行出现卡顿，机器人点位不对，每处扣5分		
安全生产	1. 自觉遵守安全文明生产规程； 2. 保持现场干净整洁，工具摆放有序	10分	1. 发生安全事故，0分处理； 2. 现场凌乱、乱放工具、乱丢杂物、完成任务后不清理现场，扣5分		
时间	3h	—	1. 提前正确完成，每提前5min加5分； 2. 超过定额时间，每超过5min扣2分		

任务四　玩具车装配打磨制造生产线的维护与保养

学习目标

1. 能按要求对传感器、接线板、气缸等元器件进行维护与保养。
2. 能按规范对机器人进行维护与保养。
3. 树立智能制造设备的维护与保养意识。

任务描述

设备运行一段时间后，往往会出现一些小问题，比如电机出现异响、传感器信号不稳定等现象，这会降低设备的生产效率。如果长时间不处理可能会导致器件损坏，需要停机并花费大量的时间去维修，甚至会缩短设备的使用寿命。所以要定期对设备的器件进行检查，并且进行简单的维护保养处理，延长其使用寿命。

学习储备

一、器材准备

（1）标准工具一套。
（2）干燥毛巾一条。

二、知识技能准备

1. 维护与保养作用

设备的定期维护与保养可以提高设备的稼动率，提高良品率，延长设备的使用寿命，降低备件的损坏次数，减少不必要的损失。因此，设备的定期维护与保养是非常重要的。

2. 整机的维护与保养内容

整机的维护与保养内容见表2-4-1。

表2-4-1　整机的维护与保养内容

时间	维护与保养内容				
	机构表面是否有灰尘与污物	所有线路是否出现老化与松动	机器人、PLC等主要器件电池电压是否正常	运动机构是否正常工作	元器件是否出现磨损、老化
日常	√			√	
每月	√	√		√	
每年	√	√	√	√	√
实训前		√		√	
实训后	√		√		√

3. 工业机器人的维护与保养内容

工业机器人的维护与保养内容见表2-4-2。

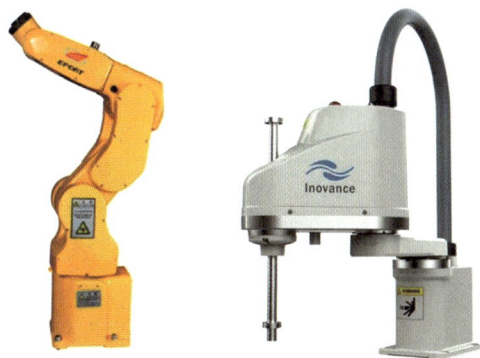

图2-4-1　工业机器人

表2-4-2　工业机器人的维护与保养内容

频率	维护与保养内容			
	1	2	3	4
日常	保持工业机器人环境清洁、干燥，及时清理灰尘与杂物	不得在极端潮湿环境下运行设备，需做必要的防潮处理，不得在烈日下暴晒机器人	机器人每次运行完毕，停机前必须复位到原点状态	定时检查机器人各运动轴运动状态，是否有卡涩、异常情况，定期更换或添加润滑脂

（续表）

频率	维护与保养内容			
	1	2	3	4
每月	清扫表面灰尘与污物，检查各运动轴是否正常，有卡涩、异常情况及时处理	检查线缆是否破损或松动，检查本体、控制器、线缆是否有过热现象	检查控制器风扇运转是否正常，是否有过多灰尘阻挡排风口	检查机器人是否有电池报警现象，出现任何异常均应及时处理
每年	全面清除本体、控制器、配件等灰尘、污物等	对控制器内部电子线路和风扇要进行灰尘清理和线路接头紧固处理	对各运动轴进行油脂添加或更换	检查机器人是否有电池报警现象，出现任何异常均应及时处理

备注：机器人若长期不使用，要每周对其进行不少于1h的通电运动作业，这既能延长电池使用期限，防止原始数据丢失，又能预防一些机构长期不动导致的卡死现象

4. 电机的维护与保养内容

电机的维护与保养内容见表2-4-3。

图2-4-2　电机

表2-4-3　电机的维护与保养内容

频率	维护与保养内容
日常	若每次设备运行时间较长，用手轻摸电机，检查是否出现发烫或者异响，出现任何异常均应及时处理
每月	清扫表面灰尘与污物，定期检查皮带和同步轮张紧机构，保持皮带和同步轮张紧状态。测试皮带运行，观察电机是否出现异响噪声、震动现象

5. 接口板的维护与保养

接口板（图2-4-3）的维护与保养内容见表2-4-4。

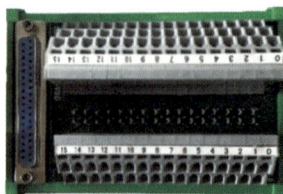

图2-4-3　接口板

表2-4-4　接口板的维护与保养内容

频率	维护与保养内容
日常	清扫表面灰尘与污物，检查接口是否有线路松动，线头是否外漏，接口板是否出现松动现象等
每月	检查接口线路是否松动，板上指示灯是否正常，号码管是否出现模糊、破损现象，若有请及时更换处理

6. 相机镜头的维护与保养

相机镜头（图2-4-4）的维护与保养内容见表2-4-5。

图2-4-4　相机镜头

表2-4-5　相机镜头的维护与保养内容

频率	维护与保养内容
日常	每天不少于一次，检测镜头表面有无杂物，是否影响拍照的效果，如有杂物请用面巾纸轻轻擦拭干净，应每天清理镜头的灰尘，保持镜头的清晰度
每月	若镜头长时间不使用，应用盖子盖住镜头

7. 输送带组件的维护与保养

输送带组件（图2-4-5）的维护与保养内容见表2-4-6。

图2-4-5　输送带组件

表2-4-6　输送带组件的维护与保养内容

频率	维护与保养内容
日常	每次开机运行皮带时，检查输送带是否有异响、打滑现象。如果有异响，请及时找出原因，防止输送带进一步磨损
每月	每月检查皮带和同步轮张紧机构，保持皮带和同步轮张紧状态。若有损坏请及时更换

8. 打磨抛光模块的维护与保养

打磨抛光模块（图2-4-6）的维护与保养内容见表2-4-7。

图2-4-6　打磨抛光模块

表2-4-7　打磨抛光模块的维护与保养内容

频率	维护与保养内容
日常	每次开机运行打磨抛光机时，检查打磨抛光机是否有异响，查看打磨粗细轮是否出现松动现象。如果有异响或松动，请及时找出原因并解决，防止打磨抛光机进一步磨损或粗细轮飞出
每月	每月检查打磨抛光机的紧固螺丝是否松动，若有请及时紧固。定期清理打磨抛光机的灰尘

9. 气动二联件的维护与保养

气动二联件（图2-4-7）的维护与保养见表2-4-8。

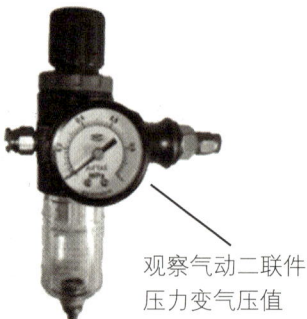

观察气动二联件
压力变气压值

图2-4-7　气动二联件

表2-4-8　气动二联件的维护与保养内容

频率	维护与保养内容
日常	检查气动二联件压力表，查看显示值、空气过滤器和减压阀是否正常，及时清除过滤筒中的水和油

三、资料准备

（1）设备维护与保养手册。

（2）设备安全操作手册。

任务实施

一、设备定期检查

定期对设备器件进行检查，检查内容见表2-4-9，并填写检修结果。

表2-4-9　定期设备检查单

周期			检查内容	检修结果	工作人员签名
每天	每周	每月			
	√		断电检查确认安全送料机构紧固部分是否有松动现象		
	√		断电检查确认模型上料机构紧固部分是否有松动现象		
	√		断电检查确认机器人固定座螺丝是否出现松动现象		
	√		断电检查确认各线路是否接触良好		
√			上电检查确认各传感器、气缸、夹具是否能够正常工作		
√			通电运行，查看设备能否正常运行		
		√	检查工业机器人伺服电机编码器电池是否有电		

二、设备维护与保养

定期对设备器件进行维护和保养，维护与保养的内容见表2-4-10，并填写保养结果。

表2-4-10 设备维护与保养单

周期			维护保养内容	保养结果	工作人员签名
每天	每周	每月			
√			用干毛巾擦拭各机构上的灰尘		
	√		用毛巾轻轻擦拭机器人吸盘夹具		
	√		定期用干布轻轻擦拭设备光电传感器		
√		√	断电检查确认各线路是否接触良好		
		√	给机械部件加润滑油		
√			清除空压机三联件过滤器中的水和油		

任务考核

根据学生在维护与保养过程中的表现，进行综合考核，考核项目见表2-4-11。

表2-4-11 维护与保养过程任务考核表

项目	要求	配分	评分标准	扣分	得分
检查单和维护与保养单	1. 持有设备定期检查单； 2. 持有设备维护与保养单	10分	1. 未持有设备定期检查单，扣3分； 2. 未持有设备维护与保养单，扣3分； 3. 没有准备相应的工具，扣4分		
设备检查过程	1. 熟悉设备定期检查单； 2. 对照着检查单对设备各器件进行定期检查； 3. 符合设备检查操作规范	50分	1. 对设备定期检查单不熟悉，扣5分； 2. 不能准确找出设备各器件，每处扣5分； 3. 不能使用正确的方法对各器件进行检查，每处扣5分； 4. 不能完成检查任务，扣50分		
设备维护与保养过程	1. 熟悉设备维护与保养单； 2. 对照维护与保养单对设备各器件进行定期维护与保养； 3. 维护与保养过程符合操作规范	30分	1. 对设备维护与保养单不熟悉，扣5分； 2. 不能准确找出设备各器件，每处扣5分； 3. 操作过程不规范，每处扣2分； 4. 不能完成维护与保养任务，扣30分		

（续表）

项目	要求	配分	评分标准	扣分	得分
安全生产	1. 自觉遵守安全文明生产规程； 2. 保持现场干净整洁，工具摆放有序	10分	1. 不符合文明操作规范，每次扣3分； 2. 发生安全事故，0分处理； 3. 现场凌乱、乱放工具、乱丢杂物、完成任务后不清理现场，扣5分		
时间	20min	—	1. 提前正确完成，每提前5min加5分； 2. 超过定额时间，每超过5min扣2分		

项目三

筹码分拣包装制造生产线的安装与调试

项 目 导 入

　　随着智能制造的发展，分拣包装的应用越来越智能化。在工厂的分拣包装车间里,对各种形状、颜色的筹码的分拣工作正在井然有序地进行着。在流水线上，散乱放置的筹码不断被传送带传递到分拣区域，工业机器人正不断将一块块筹码快速而精准地抓取起来，再整齐地码放在旁边的包装盒内，整套动作迅速而且有条不紊。这种先进而便捷的智能化设备正在不断走进食品、药品以及电子制造等各大行业，成为显著提升效能的生产利器。

　　综合考虑项目任务难度及工作应用场景，将项目分解为四个任务：

　　任务一　筹码检测分拣单元的安装与调试

　　任务二　包装喷码入库单元的安装与调试

　　任务三　筹码分拣包装制造生产线的联机调试

　　任务四　筹码分拣包装制造生产线的维护与保养

　　以上四个任务，包含了基础模块单元的安装与调试，联机调试、维护与保养等技能要求。希望读者学习本项目后，能够独立完成筹码分拣包装制造生产线的安装、调试及维护与保养等工作。

　　筹码分拣包装制造生产线系统图如图3-0-1所示，其工作过程为：设备启动后，转盘落料组件将筹码运输到输送带（带有编码器）上，视觉系统对输送带上散落的筹码进行位置追踪，四轴工业机器人根据视觉系统的位置反馈对筹码进行抓取，并对其进行分拣装配。装配完毕，筹码底盒随输送带输送到下一工位，六轴工业机器人抓取盒盖进行加盖动作，并抓取包装盒，利用喷码组件对其表面进行喷码，最后将其搬运入库。

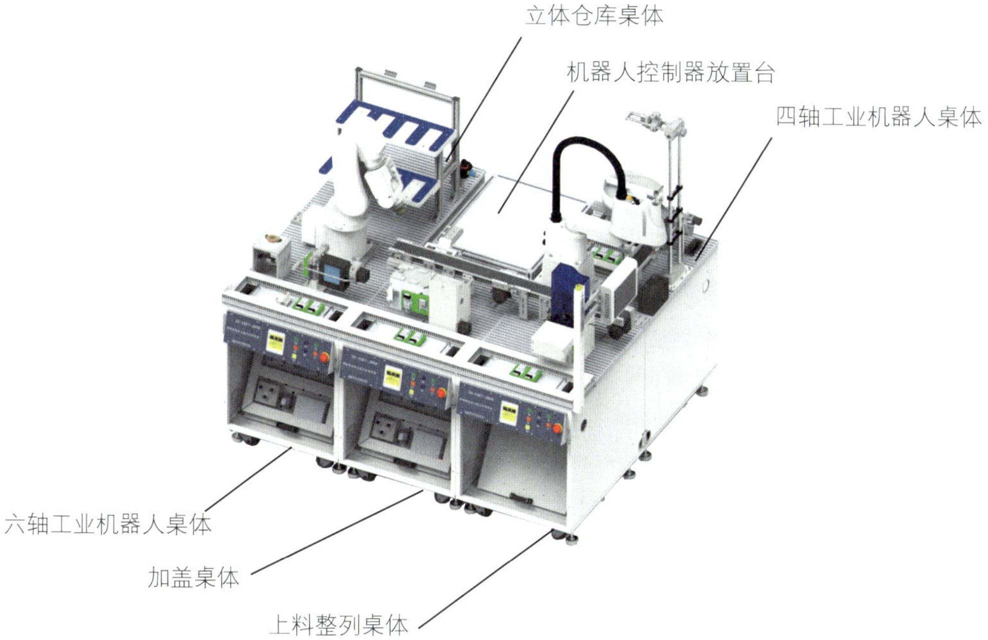

图3-0-1　筹码分拣包装制造生产线系统图

任务一 筹码检测分拣单元的安装与调试

学习目标

① 能够陈述筹码检测分拣单元的硬件结构组成。

② 能够根据模块装配图，按要求完成筹码检测和分拣等组件安装。

③ 能够根据电气原理图，按工艺要求正确安装和调试电路。

④ 能够根据气路连接图，完成气路的连接和调试。

⑤ 能够正确配置机器人和PLC的通信。

⑥ 能够根据工件和运行轨迹变化正确示教和调整程序。

任务描述

现在需要进行批量生产，其他小组已经将桌体与挂板接线完成，你所在的小组需要根据已有的图纸来完成该单元工作模块的安装与接线工作，并且根据已有的程序对单元进行调试，最终实现如图3-1-1所示的工作流程。

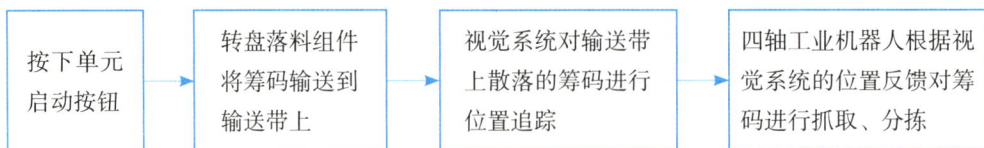

| 按下单元启动按钮 | → | 转盘落料组件将筹码输送到输送带上 | → | 视觉系统对输送带上散落的筹码进行位置追踪 | → | 四轴工业机器人根据视觉系统的位置反馈对筹码进行抓取、分拣 |

图3-1-1 筹码检测分拣单元流程图

学习储备

一、器材准备

筹码检测分拣单元的主要器材清单见表3-1-1。

表3-1-1　筹码检测分拣单元器材清单

序号	名称	规格型号	单位	数量
1	四轴工业机器人	汇川，IRS100-3-40Z15-T53	台	1
2	四轴工业机器人固定台架	厂家配套	台	1
3	输送带组件	SX-CSET-JD08-30A-02-04	台	2
4	模型上料组件	SX-CSET-JD08-30A-02-03	台	1
5	条形光源组件	SX-CSET-JD08-30A-03-02	台	2
6	吸盘组件	SX-CSET-JD08-04-02-02-00	台	1
7	机器人控制器放置台	SX-CSET-JD08-30A-06	台	1
8	光源控制器	厂家配套	台	1
9	转盘落料组件	SX-CSET-JD08-30C-01-03	台	1
10	筹码输送带组件	SX-CSET-JD08-30C-01-02	台	1
11	定位气缸组件	SX-CSET-JD08-30C-03-01	台	1
12	视觉模块	SX-CSET-JD08-30A-03-01	台	1
13	筹码盒	SX-CSET-JD08-30C-06	台	4
14	夹具座组件（NPN）	SX-CSET-JD08-05-15	台	1
15	光栅组件-右	SX-CSET-JD08-30A-02-02	台	1
16	筹码模型-1	厂家配套	个	25
17	筹码模型-2	厂家配套	个	25

二、知识技能准备

（一）视觉调试

1. 硬件调试

视觉实物接线图与连接图如图3-1-2所示。

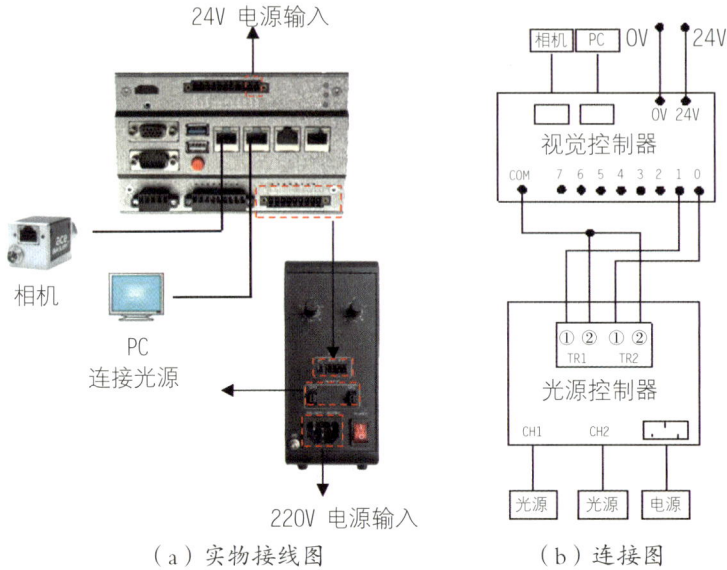

（a）实物接线图　　　　（b）连接图

图3-1-2　视觉实物接线图与连接图

2. 软件调试

视觉软件调试步骤见表3-1-2。

表3-1-2　视觉软件调试步骤

步骤	操作描述	图示
1	使用笔记本电脑"远程桌面连接"功能连接视觉工控机，或者为视觉工控机加装显示器；打开工控机并进入桌面。在远程桌面连接窗口的"计算机"右边框内选择IP地址"192.168.0.130"，用户名为"BV2"，再点击"连接"选项，连接密码为"123"	
2	打开软件"pylon IP Configurator"，点击"Refresh"，确保工业相机与控制器正确连接	

（续表）

步骤	操作描述	图示
3	打开视觉配置软件"Hardware"，配置相机的硬件组态	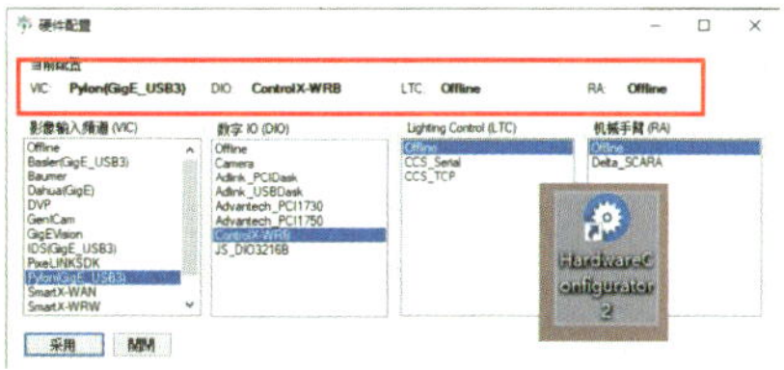
4	打开视觉编程软件"PVSsolf"，点击"Operator"，选择"用户名称"，输入密码，点击"登入"修改软件操作权限并进入配置模式（密码"2222"），再点击"配置模式"进入编程界面	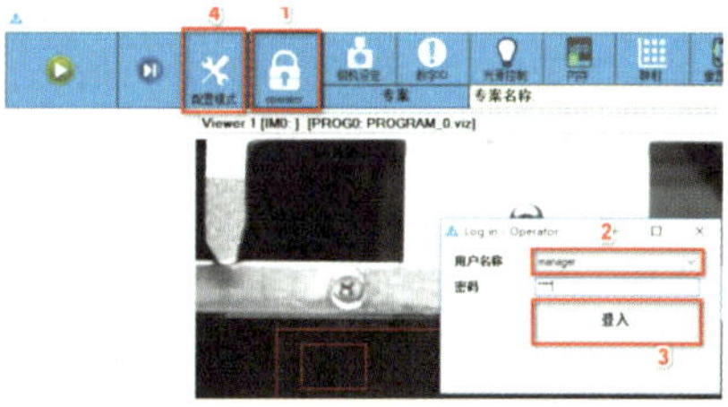
5	进入软件的各功能分区	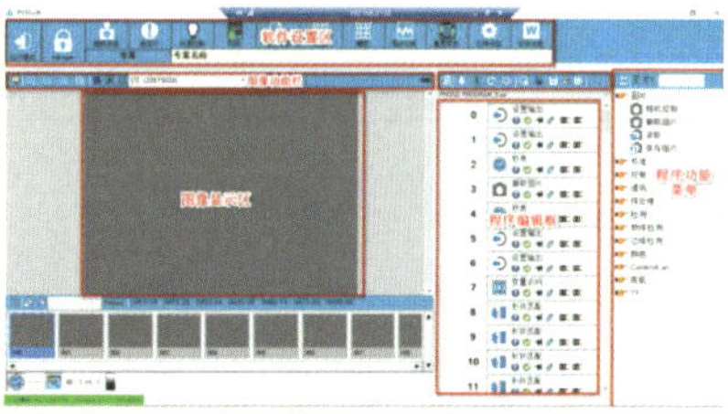
6	点击软件设置区的"数字IO"选项，点击"0"和"1"选项，分别触发0号和1号输出信号（端口分别对应光源1和光源2）	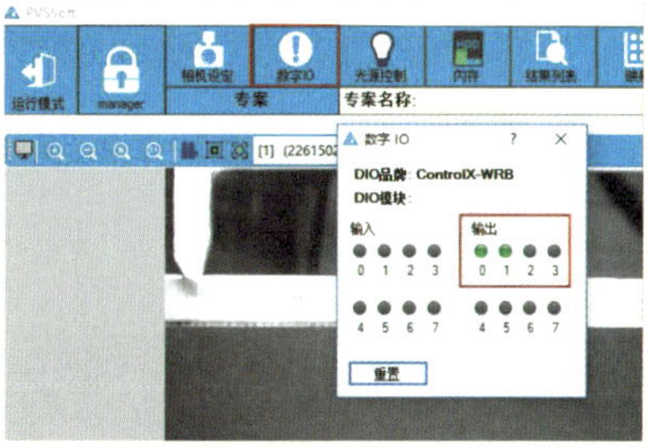
7	点击图像功能区的"连续采集"功能按钮，按照实际情况调节相机的焦距和光圈大小，使得图像显示清晰、特征点明显	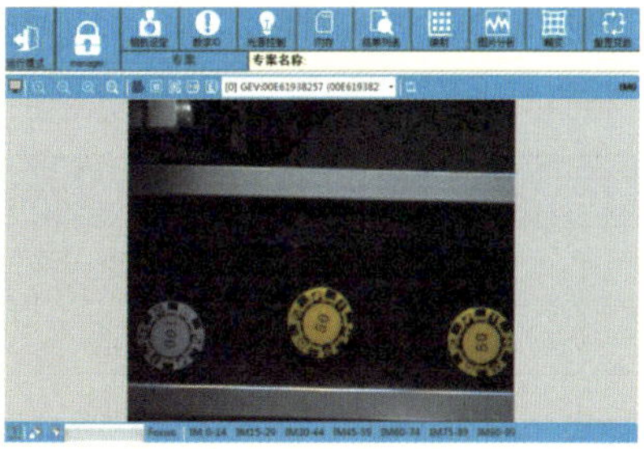

（续表）

步骤	操作描述	图示
8	关闭"连续采集"功能，开始编辑视觉控制程序。程序功能菜单包括本视觉软件的所有可编辑功能块，将相应的可编辑功能块拖入程序编辑框，就可以添加相应的功能	

（二）触摸屏的使用

1. 触摸屏接口介绍

触摸屏的正面以及背面接口位置如图3-1-3所示。触摸屏接口说明见表3-1-3。

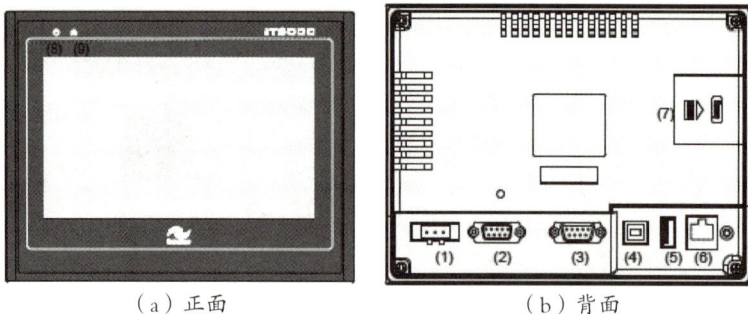

（a）正面　　　　　　　　　（b）背面

图3-1-3　触摸屏的正面以及背面接口位置

表3-1-3　触摸屏接口说明

序号	接口名称	序号	接口名称
1	电源接口（DC24V）	6	以太网口
2	DB9母座	7	电池盖
3	DB9公座	8	电源指示灯
4	USB下载口	9	通信指示灯
5	USB数据读写口	—	—

2. 触摸屏的使用步骤

触摸屏使用步骤见表3-1-4。

表3-1-4　触摸屏使用步骤

步骤	操作描述	图示
1	设置HMI的IP地址。HMI开机时，按住屏幕中间，直到弹出系统设置窗口。输入密码"111111"	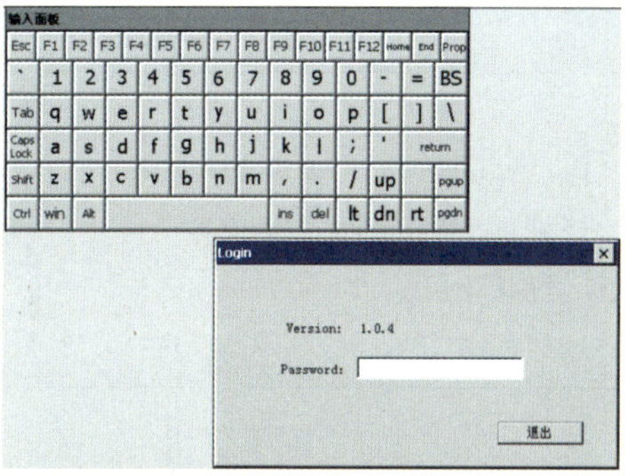
2	进入系统界面	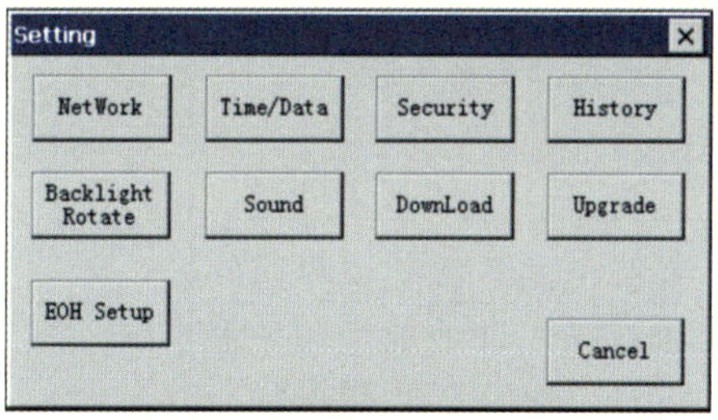
3	点击"NetWork"进入IP地址设置窗口，设置IP地址	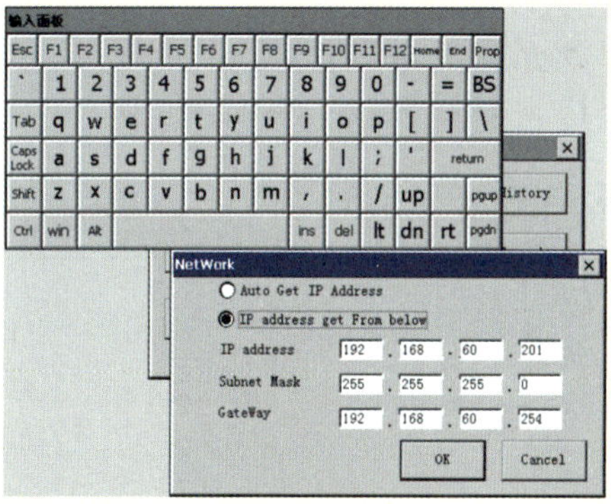
4	打开计算机的本地连接状态，将网段设置为与其相应的网段	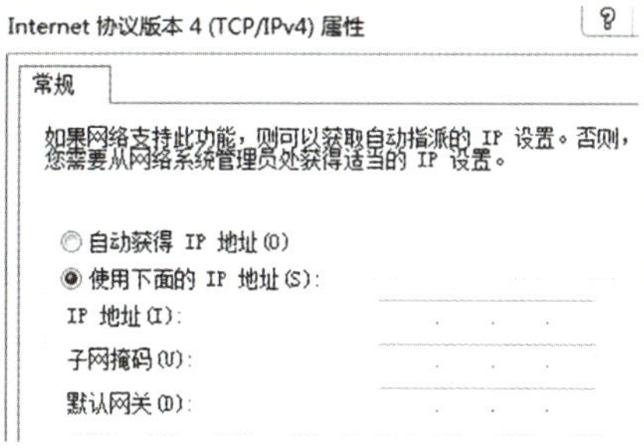

（续表）

步骤	操作描述	图示
5	用标准网线通过以太网口将PLC与PC连接到同一路由器/交换机	
6	找到HMI文件，直接双击打开或者在软件主菜单窗口打开	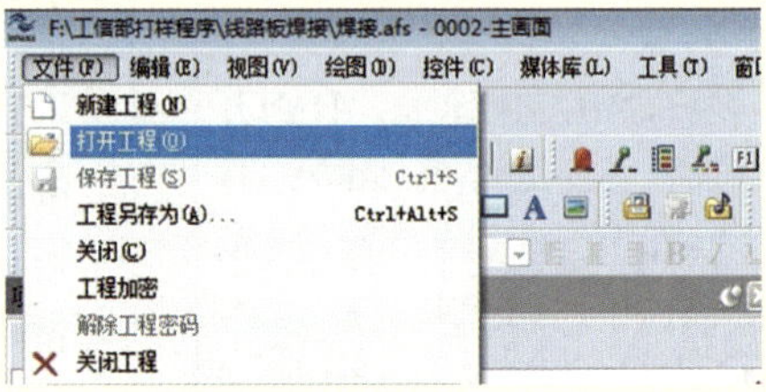
7	打开后，点击"工具"，再点击"下载工程"	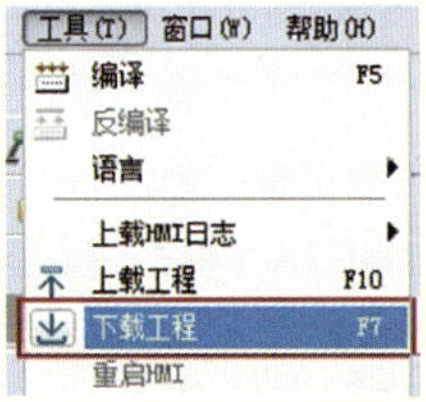
8	在弹出的下载配置界面勾选选项（IP地址填写HMI地址，第一次向触摸屏下载程序勾选"Firmware"，"允许上载"选项不勾选则以后无法上载此程序），点击"开始下载"进行下载	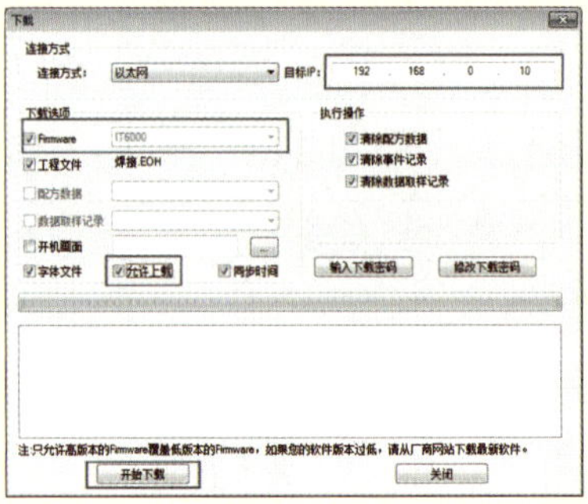
9	点击"工具"，再点击"上载工程"	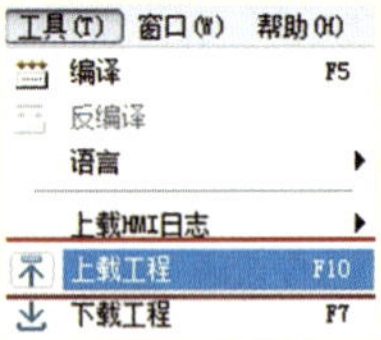
10	在弹出的窗口中，填写要上传的HMI的IP地址和上传密码，点击"开始"	

（续表）

步骤	操作描述	图示
11	找到"通讯连接"栏，创建通信伙伴，在本地设备的以太网接口处（"Ethernet"），点击右键，选择"添加设备"	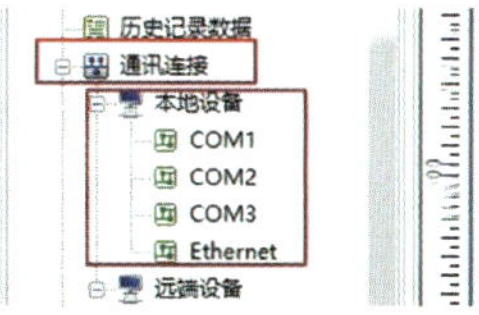 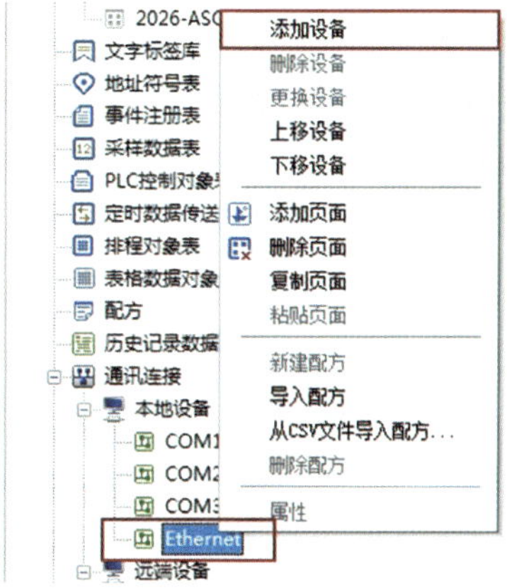
12	进行通讯伙伴配置设置，设置通讯伙伴的设备型号和IP地址。同时定义站号，点击"确定"添加	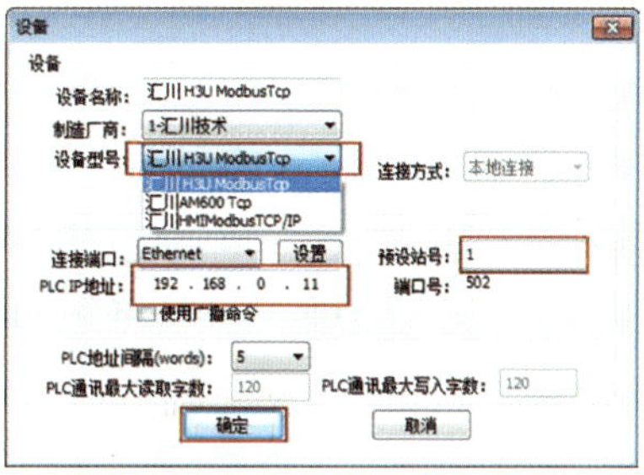
13	添加完设备后，本地设备的以太网接口处将显示添加的设备	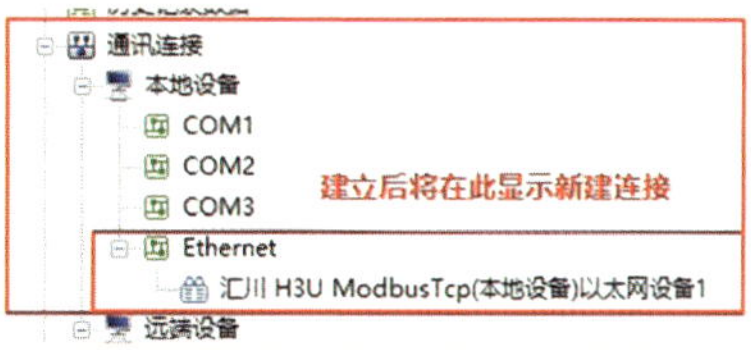

三、资料准备

（1）光纤传感器技术手册（FM-31智能型数字光纤传感器）。

（2）机械图与电气图。

（3）四轴工业机器人操作编程手册（机器人控制系统编程手册V8.692）。

（4）H3U PLC编程手册（汇川PLC H3U编程手册、H3U系列可编程逻辑控制器简易手册）。

（5）触摸屏手册（IT6000系列人机界面用户手册）。

任务实施

一、机械安装

单元装配图是进行零部件安装的依据，请你根据提供的装配图进行各个组件的安装，各个组件装配完成后，则需要根据提供的生产线布局图将每个组件在实训平台上进行定位安装。

安装前请认真阅读机械安装手册，要求部件安装无缺少遗漏现象，部件安装尺寸符合图纸技术要求，部件安装后紧固无松动现象，部件安装后运行顺畅，无卡滞或不能运行现象，固定螺栓按规定使用垫片，行线槽转角处和T形分支处按规定进行处理。

根据包装箱组件位置放置表将转盘落料组件、视觉组件1、光源控制器、条形光源、筹码输送带组件、模型上料组件、光栅组件-右、显示屏安装支架、四轴工业机器人从相应的包装箱里取出，再从螺丝配件包的零件盒中取出相应规格的螺丝，根据布局图和装配图完成筹码检测分拣单元的安装。

四轴工业机器人组件、转盘落料组件与上料整列组件部分装配图如图3-1-4所示。

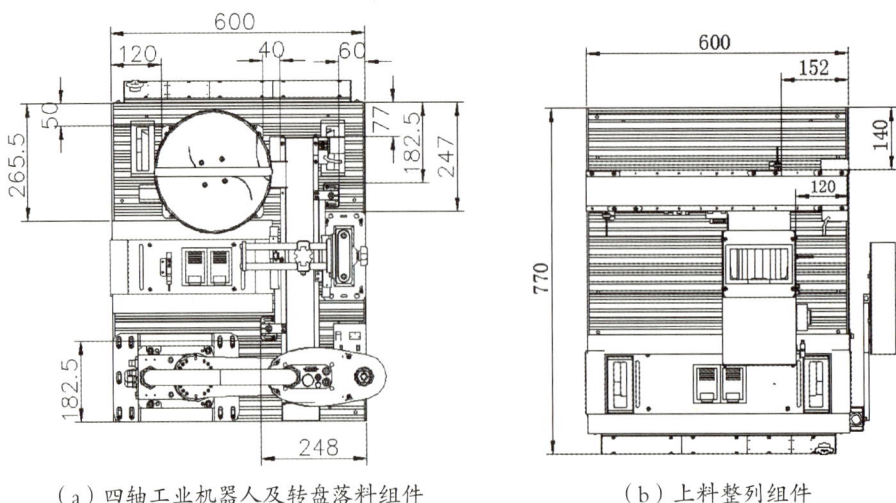

（a）四轴工业机器人及转盘落料组件　　　　（b）上料整列组件

图3-1-4　组件装配图（单位：mm）

　　筹码分拣包装制造生产线布局图如图3-1-5所示，效果图如图3-1-6所示。准备安装工具：内六角扳手一套、活动扳手（约6.7cm）、十字螺丝刀（约16.7cm）、尖嘴钳、直钢尺（500cm）、卷尺（2m），并按照表3-1-5完成筹码检测分拣单元设备的机械安装。

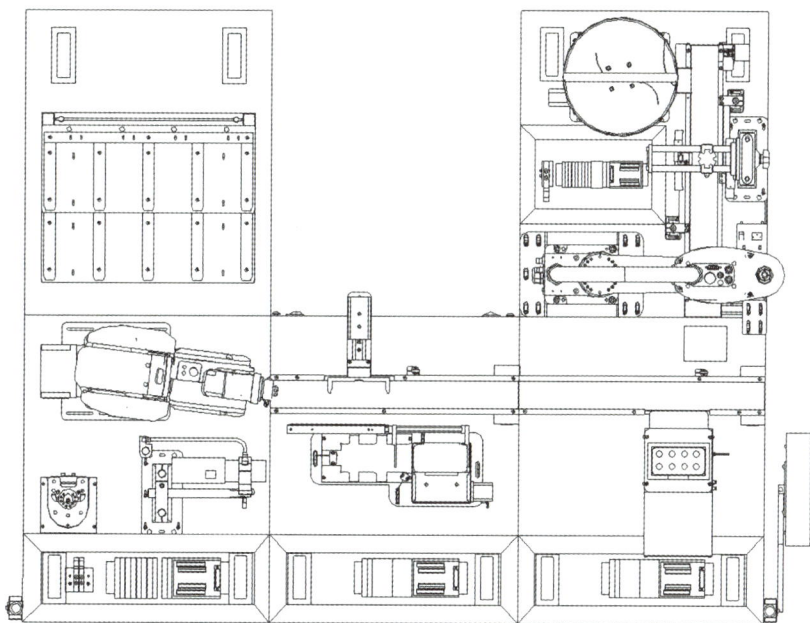

图3-1-5　筹码分拣包装制造生产线布局图

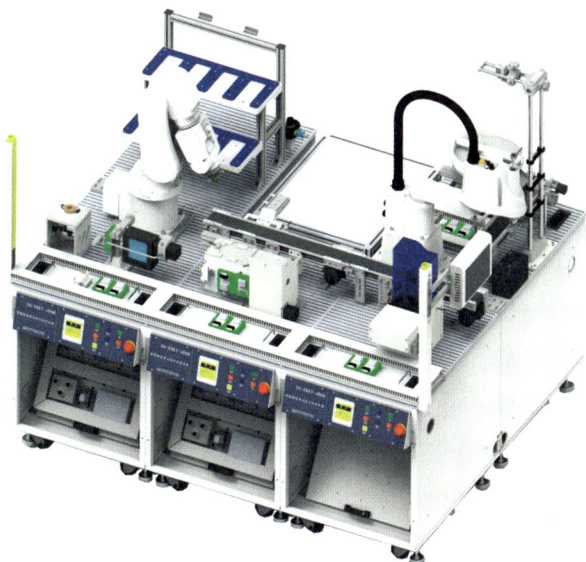

图3-1-6　筹码分拣包装制造生产线效果图

表3-1-5　筹码检测分拣单元设备的机械安装步骤

步骤	操作描述	图示	备注
1	安装输送带组件、模型上料组件、桌面电气接口板A1	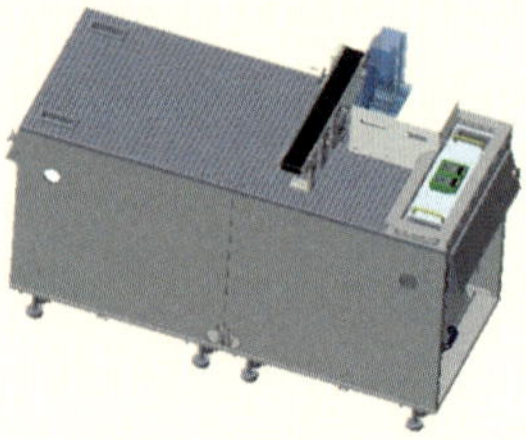	根据图3-1-4尺寸要求安装
2	安装光栅组件-右、显示屏安装支架、四轴工业机器人固定台架	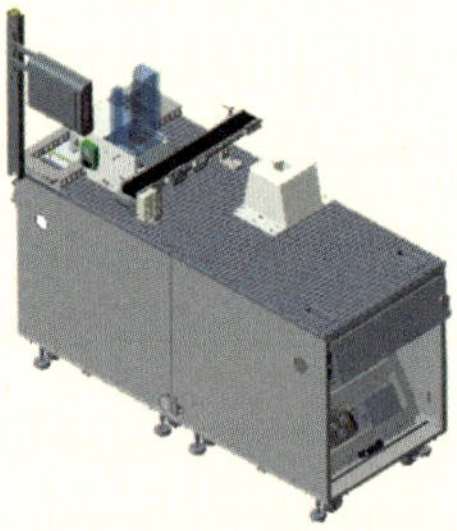	根据图3-1-4尺寸要求安装
3	安装输送带组件、视觉模块、光源控制器、条形光源组件	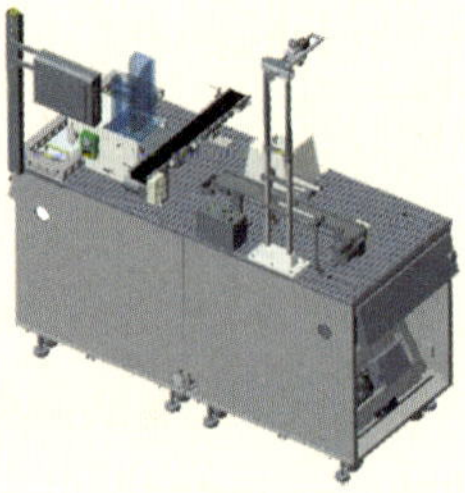	根据图3-1-4尺寸要求安装
4	安装四轴工业机器人及夹具座组件	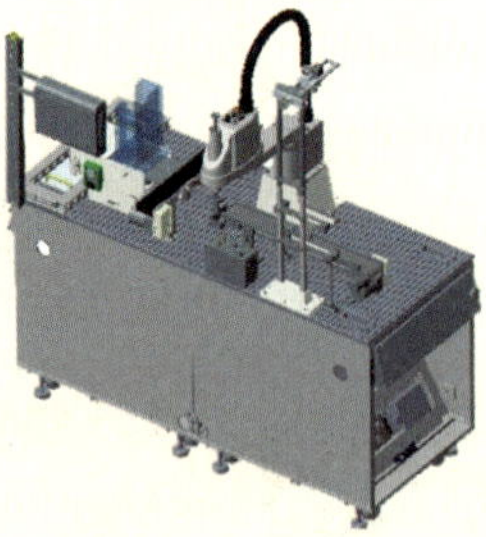	根据图3-1-4尺寸要求安装
5	安装转盘落料组件	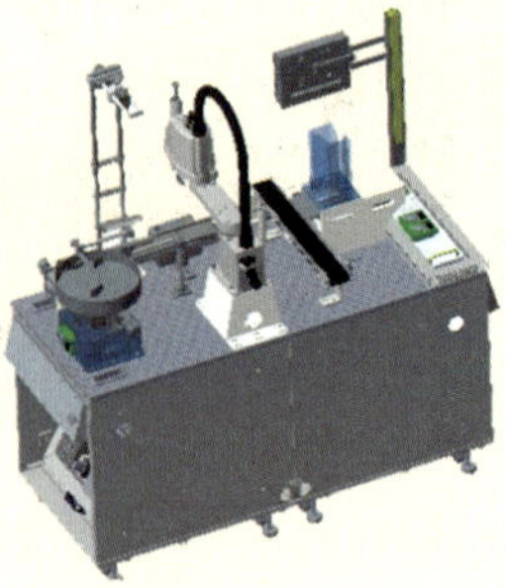	根据图3-1-4尺寸要求安装

二、电气安装

（一）电路安装

挂板上PLC信号已经通过公头线缆连接到37T接线板上，现在我们需要将每个模块的信号连接到接线板的端子上，即可实现信号对接。电气安装过程中要求操作符合电气安装工艺，导线按规定进线槽，线槽孔出线合理，电路压接处紧固可靠，线头全部套管并注明编号，线头压接处无露铜过长现象。

1. 桌面电气接口板布局图及接线图

筹码检测分拣单元一共用到了两块桌面电气接口板，分别为桌面电气接口板A1和桌面电气接口板C。其布局图和接线图介绍如下：

（1）桌面电气接口板A1布局图及相关接线图。

桌面电气接口板A1布局图如图3-1-7所示，桌面电气接口板A1接线图如图3-1-8所示。桌面电气接口板A1地址分配表见表3-1-6。

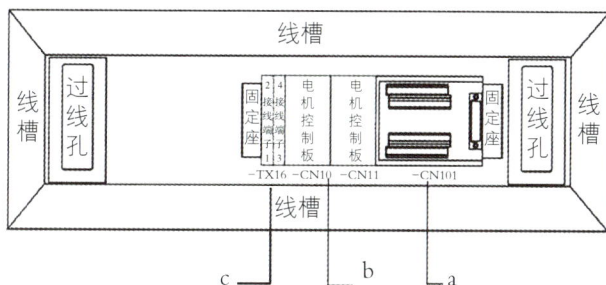

图3-1-7　桌面电气接口板A1布局图

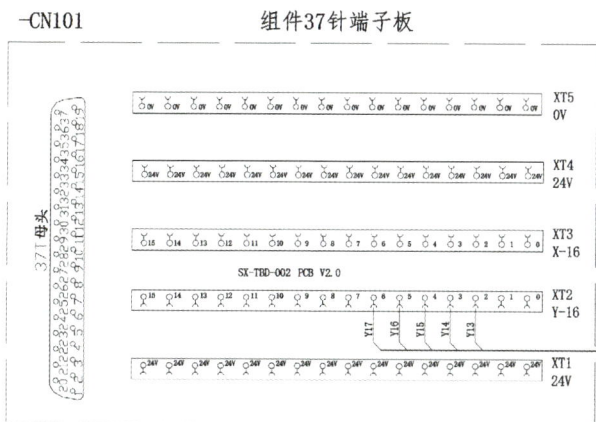

（a）CN101接线图

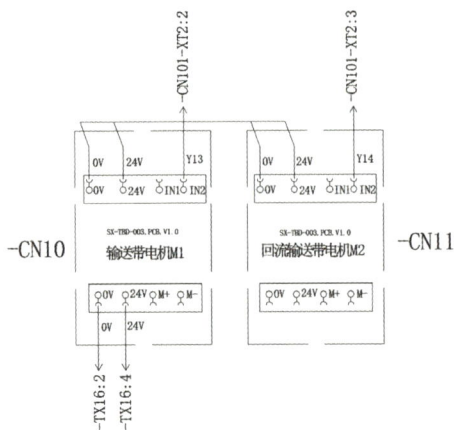

（b）CN10、CN11接线图

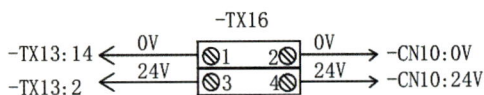

（c）TX16端子接线图

图3-1-8 桌面电气接口板A1接线图

表3-1-6 桌面电气接口板A1地址分配表

接线端子	线号	模块名称	功能描述
XT3:0	X04	37针端子板	上料检测到位传感器
XT3:1	X05		上料气缸缩回限位
XT3:2	X06		上料气缸伸出限位
XY3:3	X07		皮带物料检测传感器
XT2:2	Y13		输送带电机
XT2:3	Y14		预留
XT2:4	Y15		上料到位气缸电磁阀
CN10:0V	0V	电机控制板	24V电源负
CN10:24V	24V		24V电源正
CN10:IN2	Y13		输送带电机
CN10:M+	M+		输送带电机电源正
CN10:M−	M−		输送带电机电源负
CN10:0V	0V		24V电源负
CN10:24V	24V		24V电源正
CN10:IN2	Y14		预留
TX16:1	0V	TX接线端子	24V电源负
TX16:3	24V		24V电源正

（2）桌面电气接口板C布局图及相关接线图。

桌面电气接口板C布局图如图3-1-9所示，桌面电气接口板C接线图如图3-1-10所示。桌面电气接口板C地址分配表见表3-1-7。

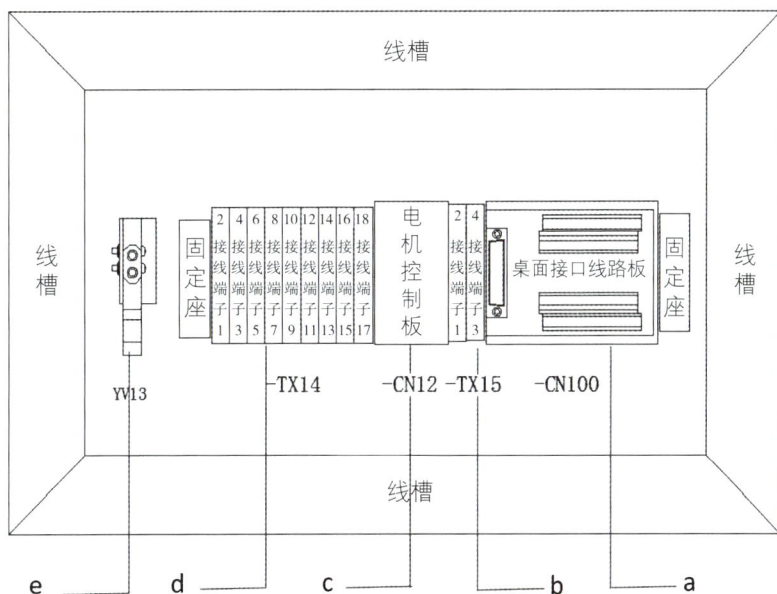

图3-1-9　桌面电气接口板C布局图

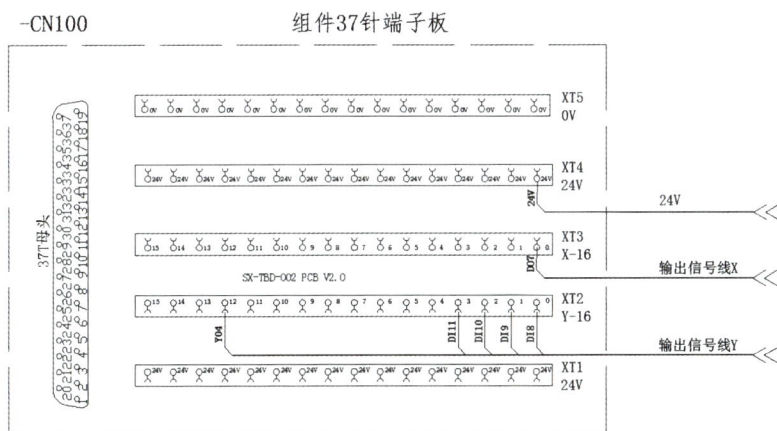

（a）CN100接线图

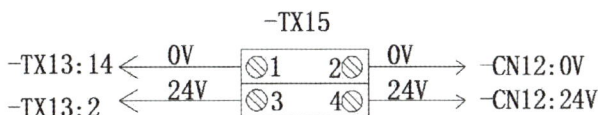

（b）TX15端子接线图

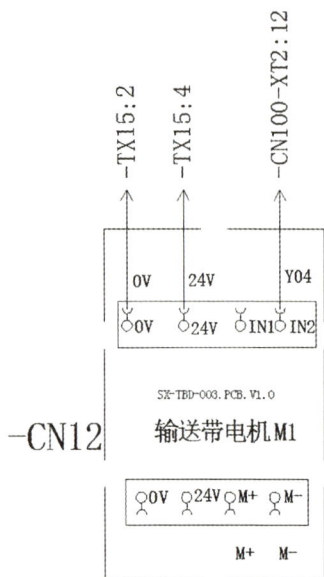

（c）CN12接线图

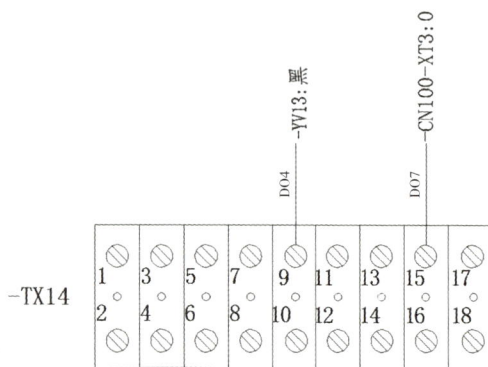

（d）TX14端子接线图

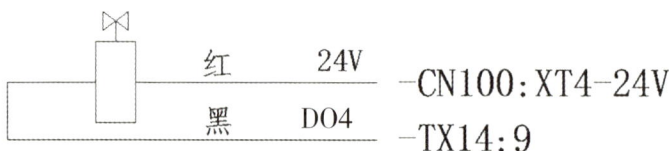

YV13

（e）YV13电磁阀接线图

图3-1-10　桌面电气接口板C接线图

表3-1-7　桌面电气接口板C地址分配表

接线端子	线号	模块名称	功能描述
XT2:0	DI8		机器人启动
XT2:1	DI9		机器人停止
XT2:2	DI10		打开程序
XT2:3	DI11	37针端子板	机器人消除报警
XT2:12	Y04		筹码输送带电机信号
XT3:0	DO7		预留
XT4:0	24V		24V电源正
YV13	DO4	气阀线圈	吸盘电磁阀

（续表）

接线端子	线号	模块名称	功能描述
CN12:0V	0V	电机控制板	24V电源负
CN12:24V	24V		24V电源正
CN12:IN2	Y04		筹码输送带电机信号
CN12:M+	M+		筹码输送带电机电源正
CN12:M−	M−		筹码输送带电机电源负
TX15:1	0V	TX13接线端子	24V电源负
TX15:3	24V		24V电源正

2. 筹码检测分拣单元的电路安装

筹码检测分拣单元的电路安装步骤见表3-1-8。

表3-1-8　筹码检测分拣单元的电路安装步骤

步骤	操作描述	图示	备注
1	完成安全送料组件15针接线板与机器人控制器IO板的接线	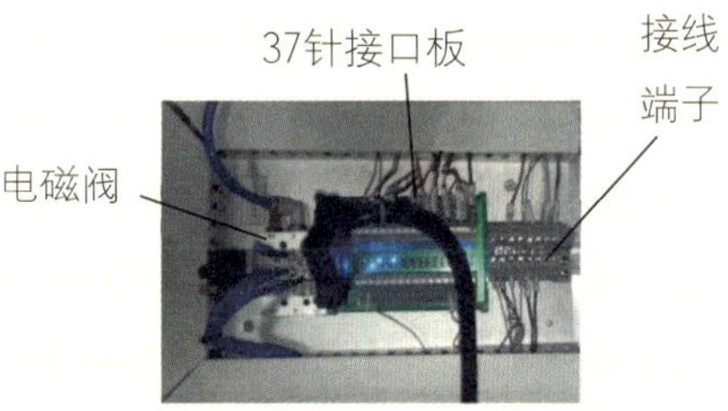 37针接口板　接线端子　电磁阀	根据表3-1-7完成
2	完成模型上料组件、输送带组件、桌体桌面电气接口板、输送带电机线、触摸屏电源线的接线	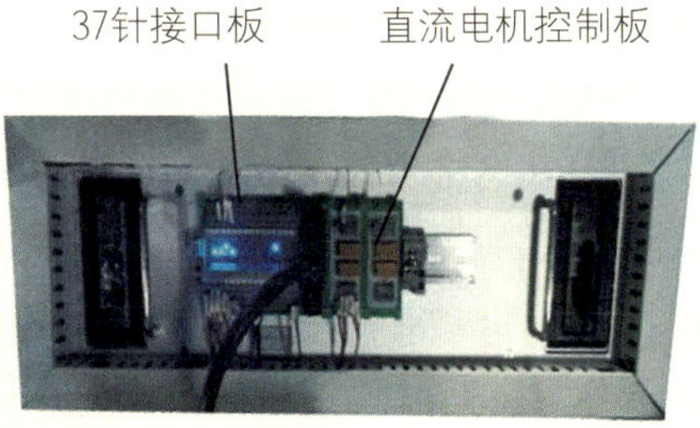 37针接口板　直流电机控制板	根据表3-1-6完成

（二）气路安装

根据提供的气路连接图完成气路连接（气管不宜过长或过短，气管插头处可靠、无漏气现象，气路、电路分开绑扎）。

筹码检测分拣单元的气路图如图3-1-11所示。

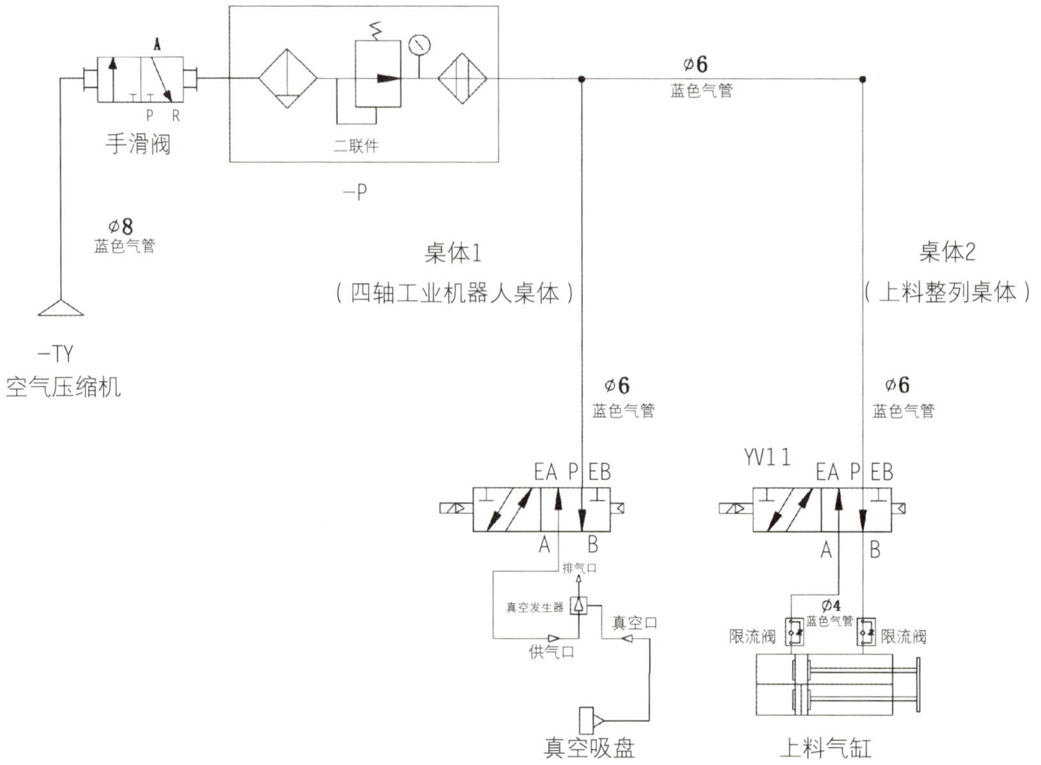

图3-1-11 筹码检测分拣单元的气路图

筹码检测分拣单元各组件间的气路连接步骤见表3-1-9。

表3-1-9 筹码检测分拣单元各组件间的气路连接步骤

步骤	操作描述	图示	备注
1	按照气路图，接好气源		压力调整为 0.4MPa

（续表）

步骤	操作描述	图示	备注
2	按照气路图，接真空吸盘	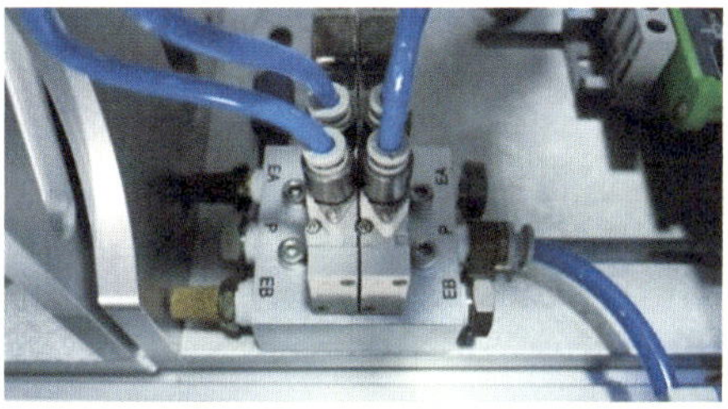	—
3	按照气路图，接上料气缸		—

三、程序下载与调试

（一）主要说明

1. PLC的控制原理图

PLC的控制原理图如图3-1-12所示。

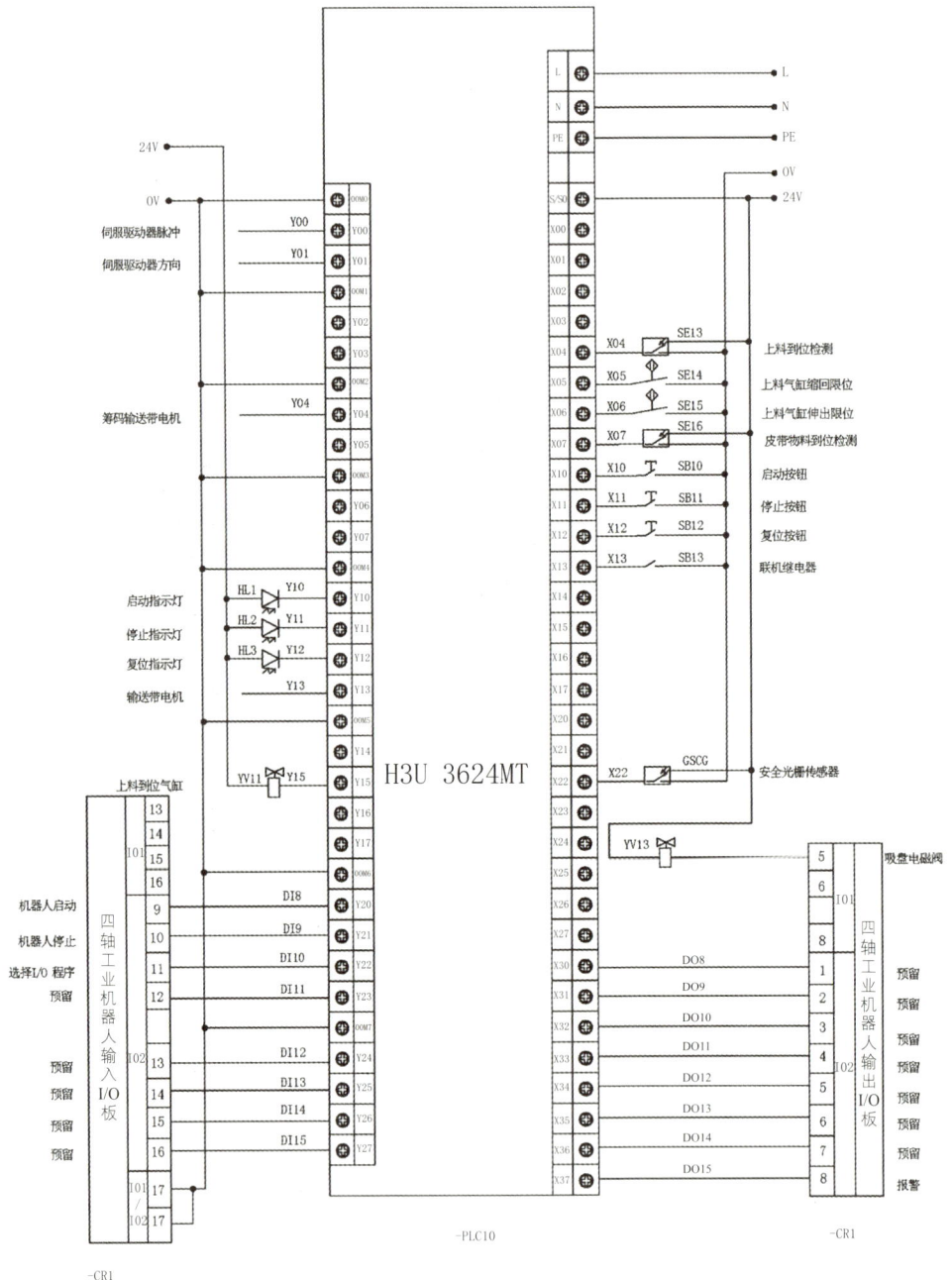

图3-1-12　PLC的控制原理图

2. PLC程序结构

PLC程序主要包含Main（主程序）、四轴工业机器人、落料机构、上料机构以及通信五个部分，如图3-1-13所示。

图3-1-13　PLC程序结构

3. PLC部分程序

PLC部分程序如图3-1-14所示。

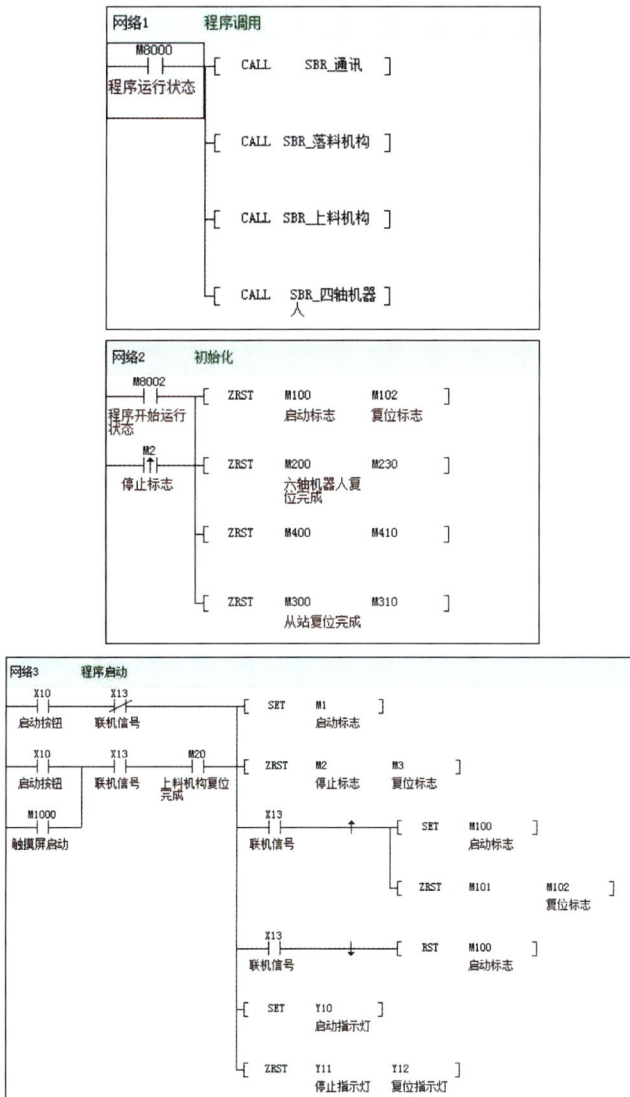

图3-1-14　PLC部分程序

4. 四轴工业机器人部分程序及注释

START;	#程序开始
Call "feijian2020/chushihua.pro";	#调用初始化子程序
L[0]:	#0号标签
R1 =0;	#赋值寄存器R1=0
GetModBusReg (32768,R3,1,1);	#判断通信寄存器是否R3=1
If R3 == 0	#如果寄存器R3=0
Goto L[0];	#跳到0号标签，进行循环判断
EndIf;	
Wait R3==1,T[0];	#如果R3=1
R0 =0;	#赋值寄存器R0=0
SetModBusReg (50000,R0,1,1);	#发送给PLC通信成功信号
Delay T[1];	#延时1s
##zhuizhongpro	
Call "feijian2020/zhuizhong.pro";	#调用追踪子程序
Jump P[1],V[100],Z[0],LH[15],MH[−20],RH[20];	#运行到P1点位置
R1 =1;	#赋值寄存器R1=1
SetModBusReg (50001,R1,1,1);	#发送给PLC分拣完成信号
Delay T[2];	#延时2s
R1 =0;	#赋值寄存器R1=0
Goto L[0];	#跳到0号标签，进行循环判断
END;	

视觉子程序及注释如下：

START;	
B10 =0;	
B22 =0;	
P[0] =(0,0,0,0,0,0),(0,0,0,0),(7,0,0);	
Close Socket,4557;	#关闭通信
While B10 <> 1	

```
Open Socket("192.168.0.10",4557,1052,B10);   #打开与视觉通信
EndWhile;
L[10]:                                        #10号标签
CnvVision(Conveyor[1],OFF,1052);              #关闭追踪输送带
Jump P[1],V[100],Z[0],LH[0],MH[-20],RH[0];    #运行到P1点位置
CnvVision(Conveyor[1],ON,1052);               #打开追踪输送带
L[11]:                                        #11号标签
GetCnvObject(1,0),Goto L[12];                 #判断1号工件是否有，无跳到12号标签
Goto L[15];                                   #如果有跳到15号标签
L[12]:                                        #12号标签
GetCnvObject(1,1),Goto L[13];                 #判断2号工件是否有，无跳到13号标签
Goto L[15];                                   #如果有跳到15号标签
L[13]:                                        #13号标签
GetCnvObject(1,3),Goto L[14];                 #判断3号工件是否有，无跳到14号标签
Goto L[15];                                   #如果有跳到15号标签
L[14]:                                        #14号标签
GetCnvObject(1,2),Goto L[11];                 #判断4号工件是否有，无跳到11号标签
L[15]:                                        #如果有跳到15号标签
RefSys Conveyor(1,Tool[0]);                   #调用0号工具
JumpL P[0],V[100],Z[0],LH[0],MH[-10],RH[0];   #运行到P0点位置
Delay T[0.2];                                 #延时0.2s
Set Out[4],ON;                                #打开吸盘
Delay T[0.2];
RefSys Base;                                  #调用基坐标
B23 =B20 * 31;
B24 =B21 * 29.9;
PR0 = (B23,B24,0,0,0,0);                       #码垛指令
Jump Offset(P[2],PR0),V[100],Z[0],LH[15],MH[0],RH[20];
Delay T[0.2];
```

```
Set Out[4],OFF;                    #关闭吸盘
Delay T[1];
Jump P[1],V[100],Z[0],LH[15],MH[-20],RH[20];
Incr B20;                          #B20计数加1
If  B20 == 4
Incr B21;
B20 =0;
EndIf;
Incr B22;
If  B22 == 8
B20 =0;
B21 =0;
Goto L[16];
EndIf;
Goto L[11];
L[16]:
Ret;                               #返回主程序
    END;
```

5. 四轴工业机器人检测分拣的运动轨迹

四轴工业机器人在本项目完成的操作任务分解为安全点、抓取筹码、分拣入盒。图3-1-15是机器人运动的轨迹参考图。

轨迹：P1—P0—P1—P2—P1

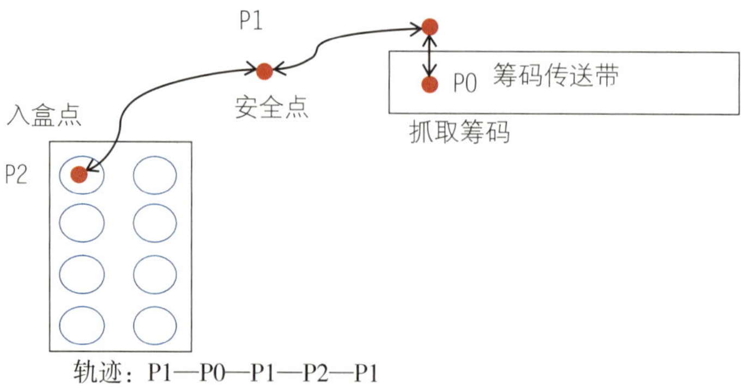

图3-1-15　机器人运动的轨迹参考图

（二）操作步骤

程序下载与调试操作步骤见表3-1-10。

表3-1-10　程序下载与调试操作步骤

步骤	操作描述	备注
1	电路检查测试	—
2	上电	—
3	下载PLC程序	—
4	下载机器人程序	—
5	下载触摸屏程序	—
6	传感器参数设置	—
7	机器人IO设置	—
8	机器人点位示教	—
9	设备复位	—
10	按启动按钮，让设备运行	—
11	检查设备是否按任务运行动作	若有问题，分析原因并排查

任务考核

任务学习结束，请完成表3-1-11中的任务考核项目。

表3-1-11　任务考核表

项目	要求	配分	评分标准	扣分	得分
设备组装	1. 设备部件安装可靠，各部件位置衔接准确； 2. 电路安装正确，接线规范	30分	1. 部件安装位置错误，每处扣2分； 2. 部件衔接不到位、零件松动，每处扣2分； 3. 电路连接错误，每处扣2分； 4. 导线反圈、压皮、松动，每处扣2分； 5. 错、漏编号，每处扣1分； 6. 导线未入线槽、布线零乱，每处扣2分； 7. 漏接地线，每处扣5分		

（续表）

项目	要求	配分	评分标准	扣分	得分
设备功能	1. 设备启停正常； 2. 警示灯动作及报警正常； 3. 筹码检测分拣单元功能正常	60分	1. 设备未按要求启动或停止，每处扣10分； 2. 警示灯未按要求动作，每处扣10分； 3. 驱动转盘的电动机未按要求旋转，扣20分； 4. 送料不准确或未按要求送料，扣10分		
设备附件	资料齐全，归类有序	5分	1. 设备组装图缺少，每份扣2分； 2. 电路图、梯形图缺少，每份扣2分； 3. 技术说明书、工具明细表、元件明细表缺少，每份扣2分		
安全生产	1. 自觉遵守安全文明生产规程； 2. 保持现场干净整洁，工具摆放有序	5分	1. 每违反一项规定，扣3分； 2. 发生安全事故，0分处理； 3. 现场凌乱、乱放工具、乱丢杂物、完成任务后不清理现场，扣5分		
时间	3h	—	1. 提前正确完成，每提前5min加5分； 2. 超过定额时间，每超过5min扣2分		

任务二　包装喷码入库单元的安装与调试

学习目标

1. 能够陈述包装喷码入库单元的硬件结构组成。
2. 能够正确安装和调试喷码机。
3. 能够根据模块装配图，按要求完成喷码和立体仓库等组件安装。
4. 能够根据电气原理图，按工艺要求正确安装和调试电路。
5. 能够根据气路连接图，完成气路的连接和调试。
6. 能够正确配置机器人和PLC的通信。
7. 能够解释PLC程序和机器人程序主要指令的作用。
8. 能够根据工件和运行轨迹变化正确示教和调整程序。

任务描述

公司新研发出一套设备，现在需要进行批量生产，其他小组已经将桌体与挂板接线完成，现在你所在的小组需要根据已有的图纸来完成该单元工作组件的安装与接线工作，并且根据已有的程序对单元进行调试，最终实现如图3-2-1所示的工作流程。

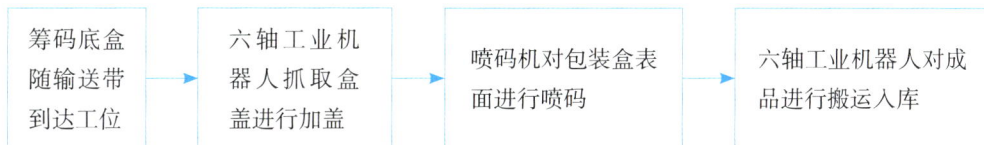

筹码底盒随输送带到达工位	→	六轴工业机器人抓取盒盖进行加盖	→	喷码机对包装盒表面进行喷码	→	六轴工业机器人对成品进行搬运入库

图3-2-1　包装喷码入库单元流程图

一、器材准备

包装喷码入库单元的主要器材清单见表3-2-1。

表3-2-1 包装喷码入库单元器材清单

序号	名称	规格型号	单位	数量
1	六轴工业机器人	埃夫特，ER3B-C30	台	1
2	立体仓库	SX-CSET-JD08-30A-05-01	套	2
3	喷码组件	SX-CSET-JD08-30C-04-02	套	1
4	六轴工业机器人底板	SX-815Q-28-002	套	1
5	平行夹具1	SX-CSET-JD08-30A-04-02	套	1
6	挂板	厂家配套	套	3
7	工具	厂家配套	套	1
8	螺丝	厂家配套	套	1

二、知识技能准备

（一）喷码机安装与接线

喷码机主要对产品进行喷码，喷码组件组合图如图3-2-2所示。

安装支架　　　　喷码机

图3-2-2　喷码组件组合图

喷码机安装与接线步骤如下：

（1）将喷码机安装在支架上，并用螺丝固定在桌面。

（2）将信号输出接口的信号线接到继电器的常开触点上，该继电器由工业机器人直接控制，如图3-2-3所示。

图3-2-3 喷码机信号输出接口

（二）喷码机开机

按下电源开关键开机，此时屏幕上会显示出一个开机画面，如图3-2-4所示。

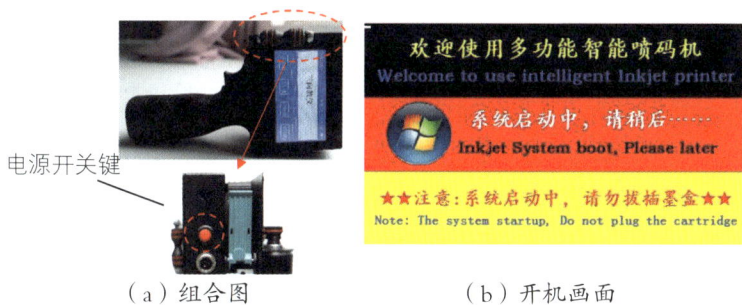

（a）组合图   （b）开机画面

图3-2-4 喷码组件组合图和开机画面

（三）喷码机参数设置

喷码机参数设置参考见表3-2-2。

表3-2-2 喷码机参数设置参考

序号	参数	设定值
1	触发方式	外置电眼
2	喷墨方式	右喷
3	打印速度	100
4	打印延时	38
5	打印灰度	3
6	打印方向	正向
7	打印脉宽	90

（四）喷码测试

（1）编写机器人程序。

在手动模式下，六轴工业机器人抓取包装盒进行喷码测试的参考程序如下：

```
MOVJ,P=1,V=80.00,BL=0.00,VBL=0.00,pose=1        #机器人等待位置
MOVL,P=2,V=50.00,BL=0.00,VBL=0.00,pose=1        #机器人到达喷码位
TIMER,T=500,ms                                  #等待0.5s
DOUT,DO=0.07,VALUE=1                             #将触发喷码信号置为1
TIMER,T=500,ms                                  #等待0.5s
MOVL,P=3,V=20.00,BL=0.00,VBL=0.00,pose=1        #触发喷码信号后，机器人移动
DOUT,DO=0.14,VALUE=0                             #关闭喷码信号
```

（2）自动运行机器人程序，测试喷码效果，若效果较差，可根据实际情况调整机器人运动的速度或者修改喷码机的参数，从而达到所需的效果。

（五）喷码保养

（1）若设备短时间内不需运行，请将喷码机电源关闭，将墨盒取下保管好。

（2）若包装盒表面进行喷码后，需要再次循环利用，可向表面喷洒适量酒精，再用干布轻轻擦拭干净。

三、资料准备

（1）光纤传感器技术手册（FM-31智能型数字光纤传感器）。

（2）机械图与电气图。

（3）六轴机器人操作编程手册（ER3B-C30 机器人编程手册、ER3B-C30 机器人电气手册、ER3B-C30机器人机械维护手册）。

（4）H3U PLC编程手册（汇川PLC H3U编程手册、H3U系列可编程逻辑控制器简易手册）。

（5）触摸屏手册（IT6000系列人机界面用户手册）。

任务实施

一、机械安装

单元装配图是进行零部件安装的依据，请你根据提供的装配图进行各个组件的安装，各个组件装配完成后，则需要根据提供的生产线布局图将每个组件在实训平

台上进行定位安装。

　　安装前请认真阅读机械安装手册，要求部件安装无缺少、遗漏现象，部件安装尺寸符合图纸技术要求，部件安装后紧固、无松动现象，部件安装后运行顺畅，无卡滞或不能运行现象，固定螺栓按规定使用垫片，行线槽转角处和T形分支处按规定进行处理。

　　根据包装箱组件位置放置表将输送带组件、上盖出料组件、喷码组件、光栅组件–左、夹具座组件从相应的包装箱里取出，再从螺丝配件包的零件盒中取出相应规格的螺丝，根据布局图完成筹码检测分拣单元的安装。

　　加盖喷码组件、六轴工业机器人组件与立体仓库组件部分装配图如图3-2-5所示。

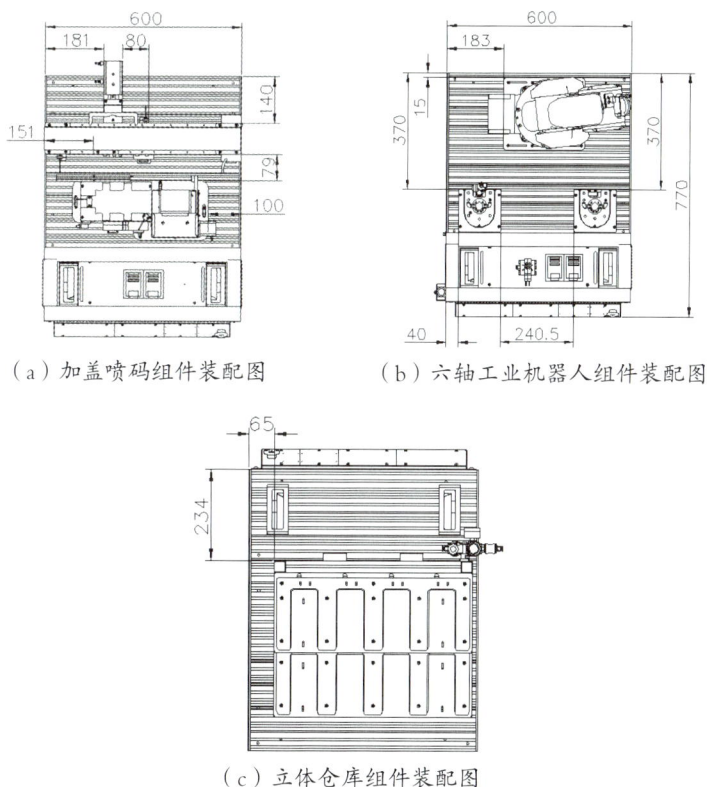

（a）加盖喷码组件装配图　　　　（b）六轴工业机器人组件装配图

（c）立体仓库组件装配图

图3-2-5　组件装配图（单位：mm）

　　筹码分拣包装制造生产线布局图如图3-1-5所示，效果图如图3-1-6所示。准备安装工具：内六角扳手一套、活动扳手（约6.7cm）、十字螺丝刀（约16.7cm）、尖嘴钳、直钢尺（500mm）、卷尺（2m），并按照表3-2-3完成包装喷码入库单元设备的机械安装。

表3-2-3　包装喷码入库单元设备的机械安装步骤

步骤	操作描述	图示	备注
1	安装输送带、定位气缸组件		
2	安装喷码组件、桌面电气接口A2	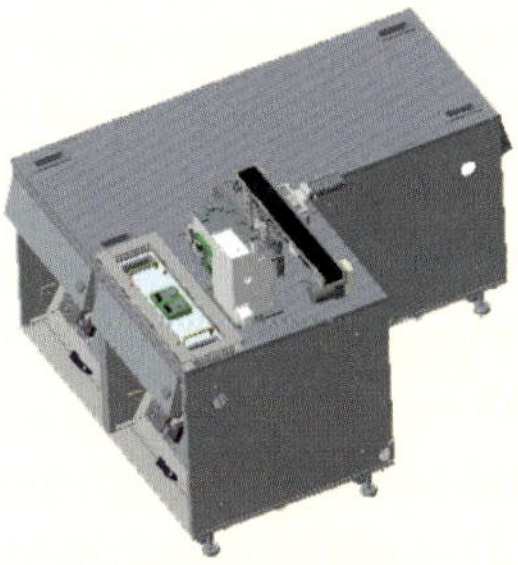	
3	安装六轴工业机器人底板、夹具座组件、平行夹具1	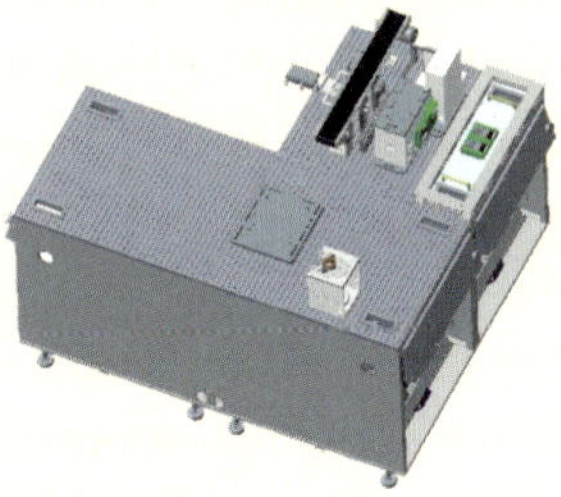	根据图3-2-5尺寸安装
4	安装六轴工业机器人本体	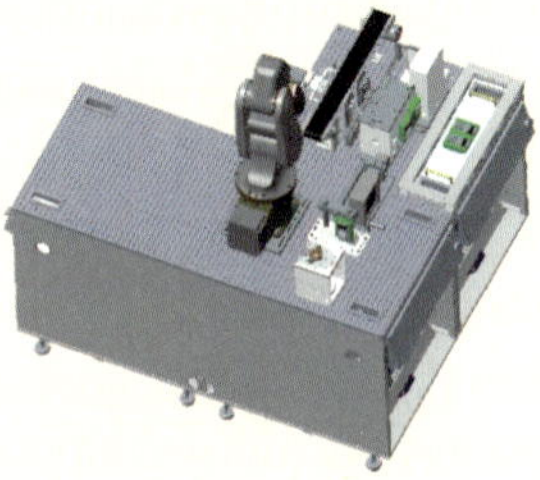	
5	安装桌面电气接口B、光栅组件-左	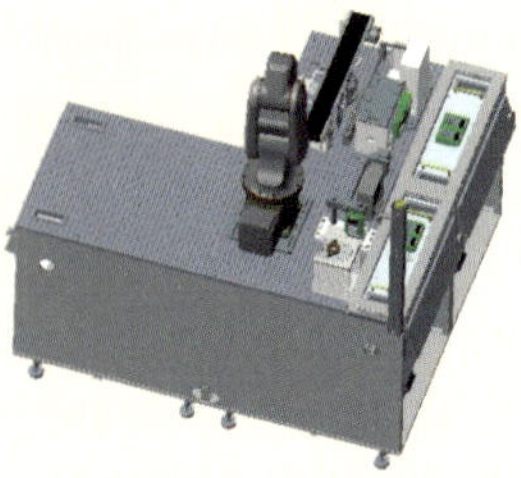	

（续表）

步骤	操作描述	图示	备注
6	安装立体仓库组件		根据图3-2-5尺寸安装

二、电气安装

（一）电路安装

挂板上PLC信号已经通过公头线缆连接到37T接线板上，现在我们需要将每个模块的信号连接到接线板的端子上，即可实现信号对接。电气安装过程中要求符合电气安装工艺，导线按规定进线槽，线槽孔出线合理，电路压接处紧固可靠，线头全部套管并注明编号，线头压接处无露铜过长现象。

1. 桌面电气接口板布局图及接线图

包装喷码入库单元一共用到了两块桌面电气接口板，分别为桌面电气接口板A2和桌面电气接口板B。其布局图、接线图介绍如下：

（1）桌面电气接口板A2布局图及相关接线图。

桌面电气接口板A2布局图如图3-2-6所示，桌面电气接口板A2接线图如图3-2-7所示。桌面电气接口板A2地址分配表见表3-2-4。

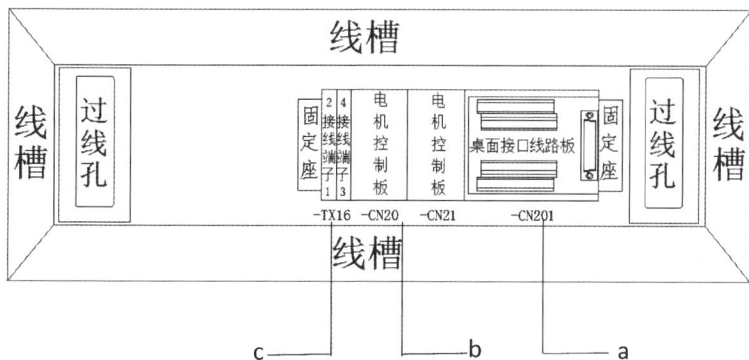

图3-2-6　桌面电气接口板A2布局图

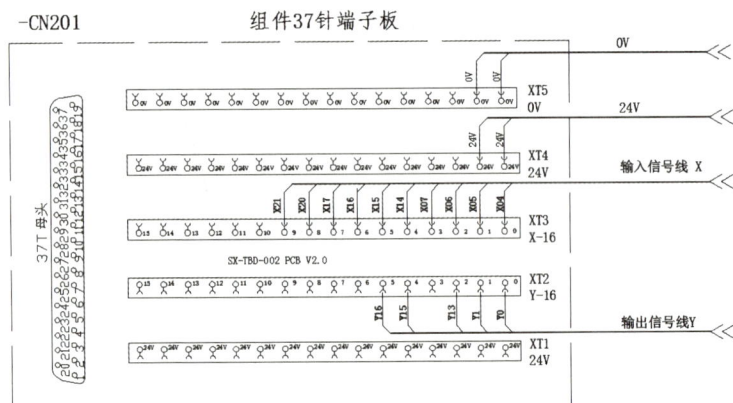

（a）CN201桌面接口线路板接线图

（b）CN20、CN21电机控制板接线图

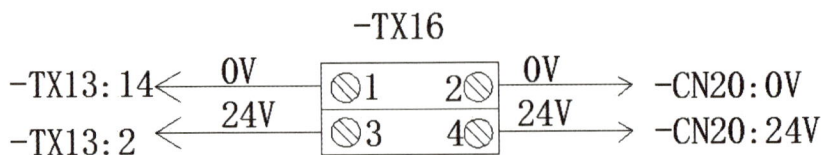

（c）TX16端子排接线图

图3-2-7　桌面电气接口板A2接线图

表3-2-4　桌面电气接口板A2地址分配表

接线端子	线号	模块名称	功能描述
XT3:0	X04	37针端子板	步进电机原点传感器
XT3:1	X05		步进电机上限位
XT3:2	X06		步进电机下限位
XT3:3	X07		检测到位传感器
XT3:4	X14		定位气缸缩回限位
XT3:5	X15		定位气缸伸出限位
XT3:6	X16		料仓到位检测传感器
XT3:7	X17		来料到位检测传感器
XT3:8	X20	37针端子板	来料气缸缩回限位
XT3:9	X21		来料气缸伸出限位
XT2:0	Y00		步进驱动器脉冲
XT2:1	Y01		步进驱动器方向
XT2:2	Y13		输送带电机
XT2:4	Y15		来料气缸电磁阀
XT2:5	Y16		定位气缸电磁阀
XT1/XT4	24V		接24V电源正极
XT5	0V		接24V电源负极
CN20:0V	0V	电机控制板	24V电源负
CN20:24V	24V		24V电源正
CN20:IN2	Y13		输送带电机控制信号
CN20:M+	M+		输送带电机电源正
CN20:M−	M−		输送带电机电源负
CN20:0V	0V		24V电源负
CN20:24V	24V		24V电源正

（续表）

接线端子	线号	模块名称	功能描述
CN21:IN2	Y14		预留
CN21:M+	M+	电机控制板	预留
CN21:M−	M−		预留
TX16:1	0V		24V电源负
TX16:3	24V	TX接线端子	24V电源正

（2）桌面电气接口板B布局图及相关接线图。

桌面电气接口板B布局图及各部分接线图请参考图2-1-20、图2-1-21，六轴工业机器人I/O接线图请参考图2-1-22，桌面电气接口板B地址分配表参考表2-1-21。喷码组件接线图如图3-2-8所示。

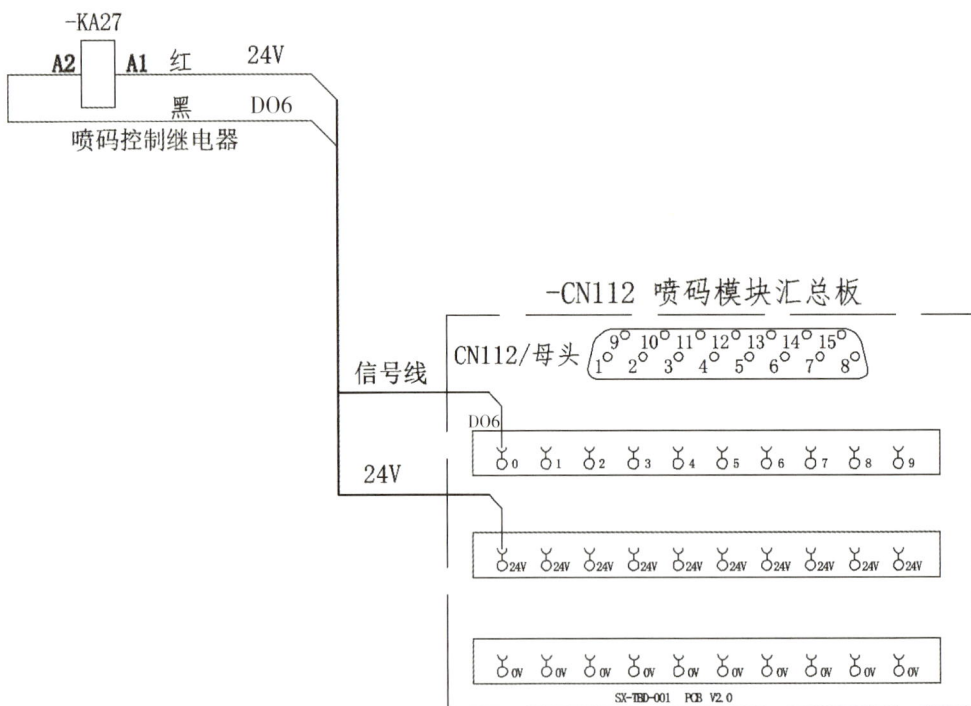

图3-2-8 喷码组件接线图

2. 包装喷码入库单元的电路安装

包装喷码入库单元的电路安装步骤见表3-2-5。

表3-2-5　包装喷码入库单元的电路安装步骤

步骤	操作描述	图示
1	完成输送带组件、桌面电气接口板、输送带电机线的接线	
2	完成夹具座与机器人IO板的接线	

（二）气路连接

根据提供的气路连接图完成该单元的气路连接（气管不宜过长或过短，气管插头处可靠、无漏气现象，气路、电路分开绑扎）。

包装喷码入库单元的气路图如图3-2-9所示。

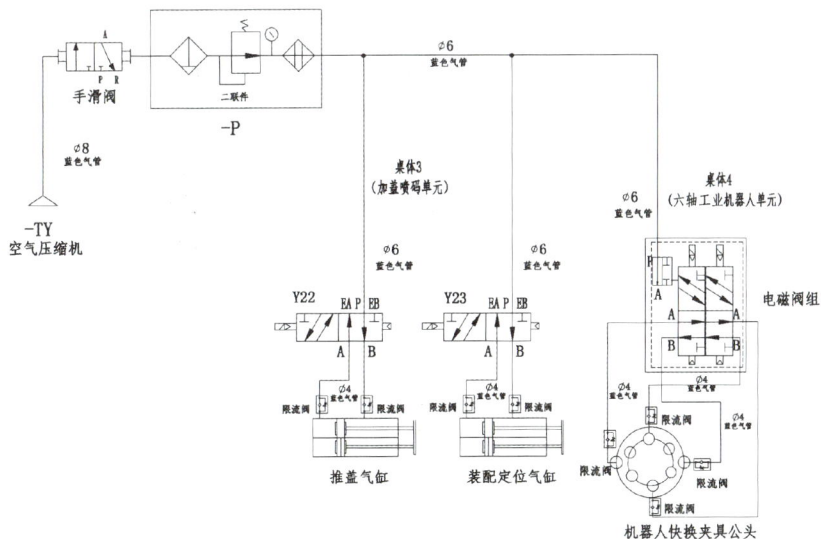

图3-2-9　包装喷码入库单元的气路图

包装喷码入库单元各组件间的气路连接步骤见表3-2-6。

表3-2-6　包装喷码入库单元各组件间的气路连接步骤

步骤	操作描述	图示	备注
1	按照气路图，接好气源		压力调整为0.4MPa
2	按照气路图，接推盖气缸	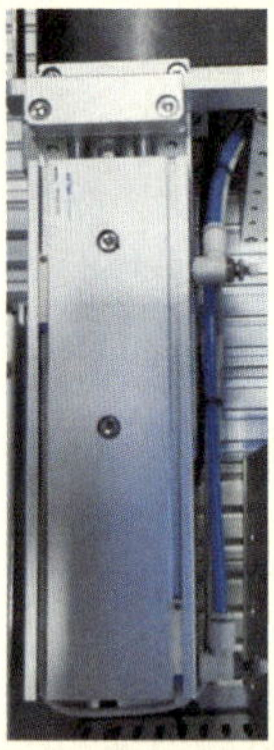	—
3	按照气路图，接装配定位气缸	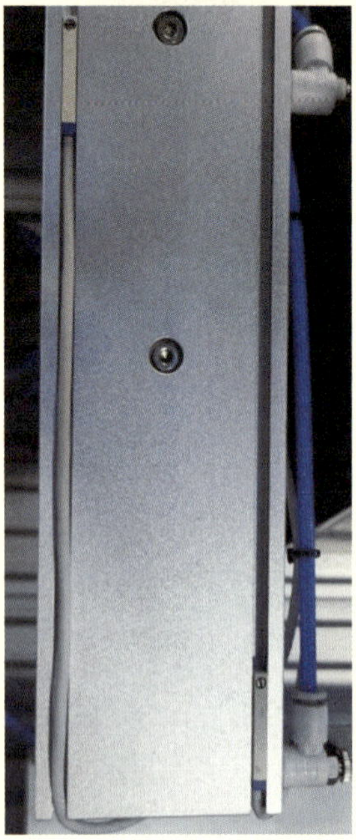	—

（续表）

步骤	操作描述	图示	备注
4	按照气路图，接快换夹具公头	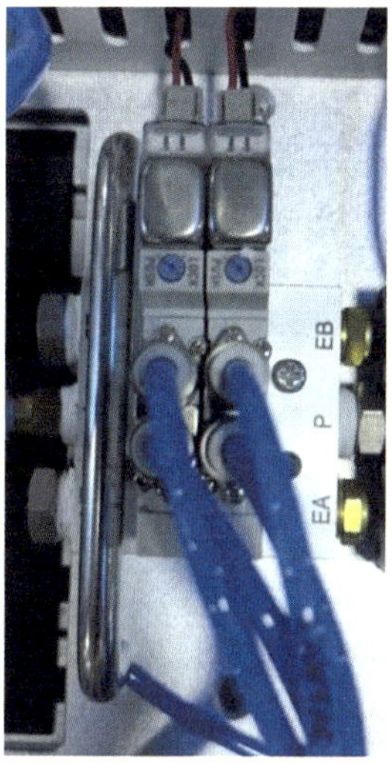	—

三、程序下载与调试

（一）主要说明

1. PLC控制原理图

PLC控制原理图如图3-2-10所示。

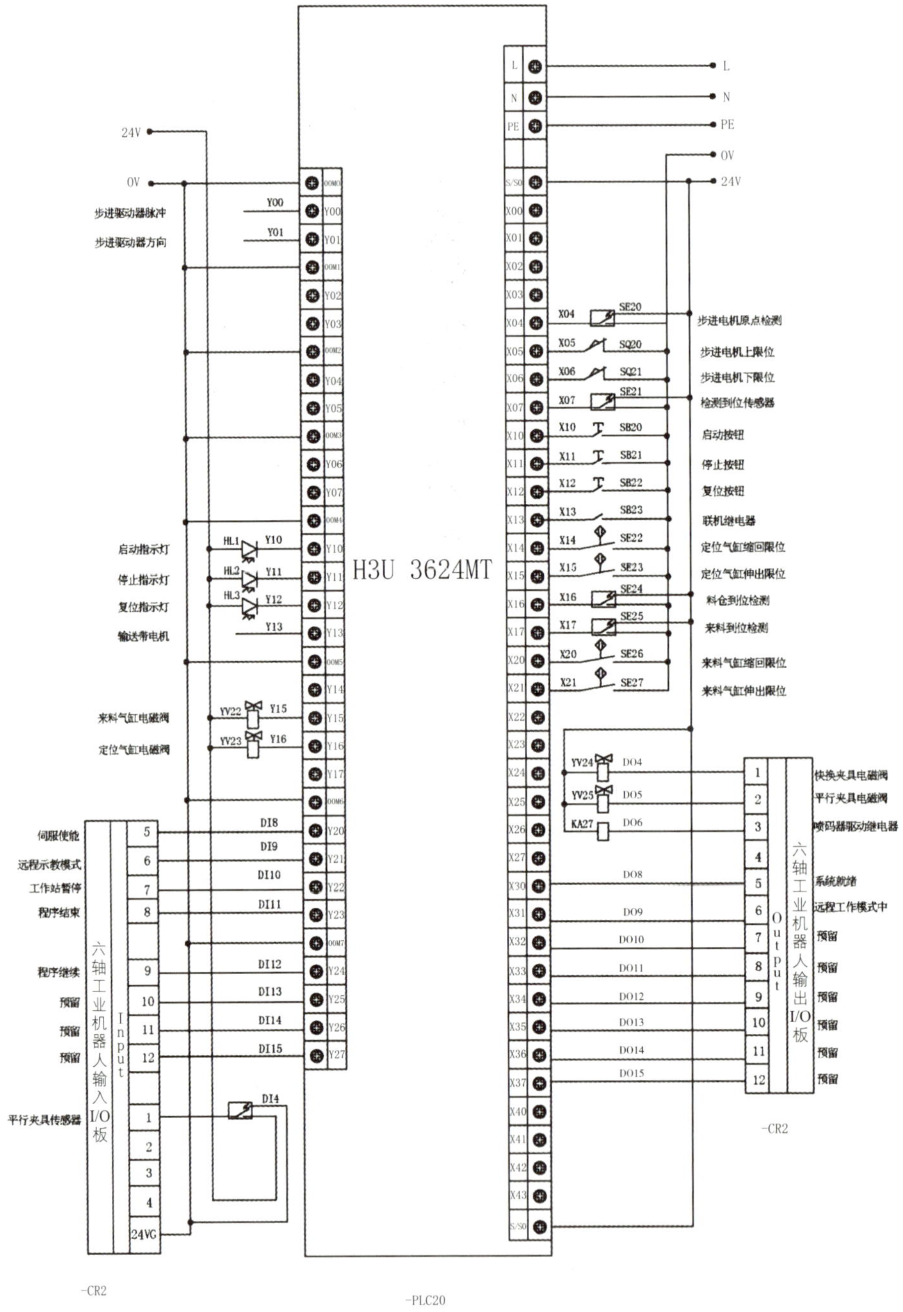

图3-2-10　PLC控制原理图

2. PLC程序结构

PLC程序结构主要包含主程序（main）、六轴工业机器人、上盖机构、输送带、通信五个部分，如图3-2-11所示。

图3-2-11　PLC程序结构

3. PLC部分程序

PLC部分程序如图3-2-12所示。

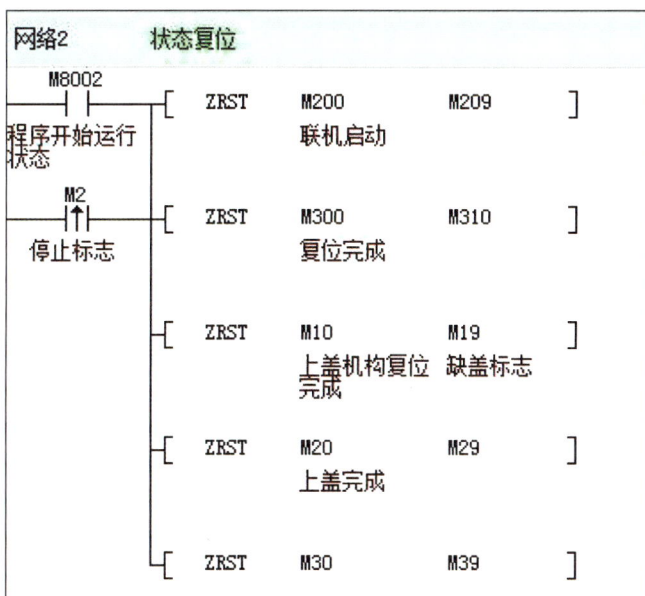

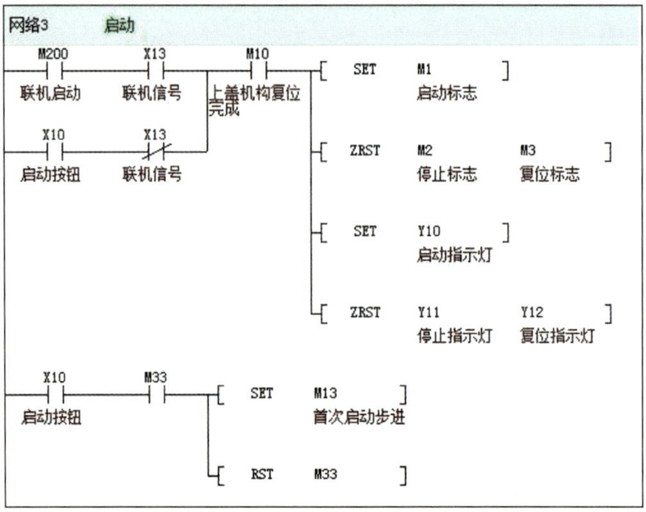

图3-2-12　PLC部分程序

4. 六轴工业机器人程序结构

六轴工业机器人程序主要包含主程序（Main）、装配子程序（chuxi1）、初始化子程序（Initial）、取夹具子程序（PickFT1）、回原点（Rhome）等五个程序，如图3-2-13所示。

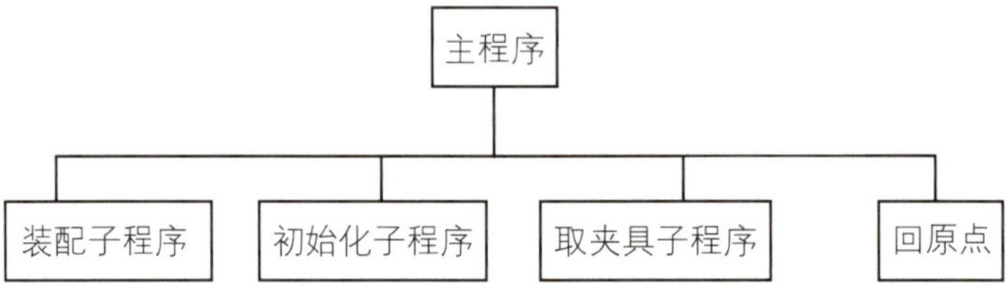

图3-2-13　六轴工业机器人程序结构

5. 六轴工业机器人主要程序及注释

```
START;

IF,STR=4,NE,STR=6,THEN          ##判断如果STR4的值不等于STR6的值

INC,I=52                        ##整型变量I52加1

F,I=52,EQ,VALUE=2,THEN          ##判断如果I52的值不等于2

PAUSE                           ##暂停

END_IF                          ##结束if判断

JUMP,*QW                        ##跳转到标签*QW

END_IF                          ##结束if判断

TIMER,T=2.50,s                  ##延时 2.5s
```

IF,STR=4,EQ,STR=7,THEN	##判断如果STR4的值不等于STR7的值
TIMER,T=500,ms	##延时 500ms
CALL,PROG=z_OK	##调用子程序z_OK
END_IF	##结束if判断
IF,STR=4,EQ,STR=8,THEN	##判断如果STR4的值不等于STR8的值
TIMER,T=500,ms	##延时 500ms
CALL,PROG=z_NG	##调用子程序z_NG
END_IF	##结束if判断

6. 机器人运动轨迹

六轴工业机器人在本项目的操作任务分解为安全点、抓取筹码、分拣入盒。机器人运动的轨迹参考图如图3-2-14所示。

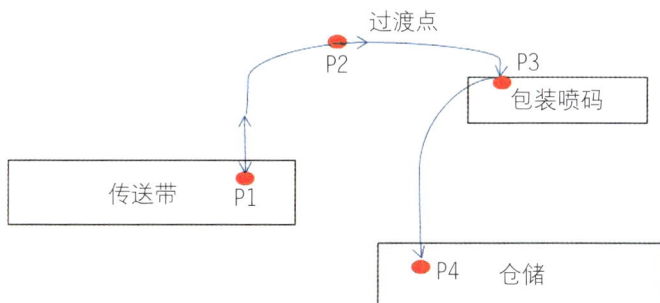

轨迹：P1—P2—P3—P4

图3-2-14　机器人运动的轨迹参考图

（二）操作步骤

程序下载与调试操作步骤见表3-2-7。

表3-2-7　程序下载与调试操作步骤

步骤	操作描述	备注
1	电路检查测试	—
2	上电	—
3	下载PLC程序	—
4	下载机器人程序	—
5	下载触摸屏程序	—
6	传感器参数设置	—
7	机器人IO设置	—
8	机器人点位示教	—

（续表）

步骤	操作描述	备注
9	设备复位	—
10	按启动按钮，让设备运行	—
11	检查设备是否按任务运行动作	若有问题，分析原因并排查

任务考核

任务学习结束，请完成表3-2-8中的任务考核项目。

表3-2-8　任务考核表

项目	要求	配分	评分标准	扣分	得分
设备组装	1. 设备部件安装可靠，各部件位置衔接准确； 2. 电路安装正确，接线规范	30分	1. 部件安装位置错误，每处扣2分； 2. 部件衔接不到位、零件松动，每处扣2分； 3. 电路连接错误，每处扣2分； 4. 导线反圈、压皮、松动，每处扣2分； 5. 错、漏编号，每处扣1分； 6. 导线未入线槽、布线零乱，每处扣2分； 7. 漏接接地线，每处扣5分		
设备功能	1. 设备启停正常； 2. 警示灯动作及报警正常； 3. 包装喷码入库单元功能正常	60分	1. 设备未按要求启动或停止，每处扣10分； 2. 警示灯未按要求动作，每处扣10分； 3. 驱动转盘的电动机未按要求旋转，扣20分； 4. 送料不准确或未按要求送料，扣10分		
设备附件	资料齐全，归类有序	5分	1. 设备组装图缺少，每份扣2分； 2. 电路图、梯形图缺少，每份扣2分； 3. 技术说明书、工具明细表、元件明细表缺少，每份扣2分		
安全生产	1. 自觉遵守安全文明生产规程； 2. 保持现场干净整洁，工具摆放有序	5分	1. 每违反一项规定，扣3分； 2. 发生安全事故，0分处理； 3. 现场凌乱、乱放工具、乱丢杂物、完成任务后不清理现场，扣5分		
时间	3h	—	1. 提前正确完成，每提前5min加5分； 2. 超过定额时间，每超过5min扣2分		

任务三　筹码分拣包装制造生产线的联机调试

学习目标

① 能够陈述筹码分拣包装制造生产线整机的动作流程。

② 能够下载整机的PLC和机器人运行程序。

③ 能够明确整个工作流程中各动作之间的信号联系。

④ 能够根据工件、运行轨迹变化，正确调整程序以及相关元器件的位置和参数。

任务描述

通过任务一和任务二的学习训练，筹码分拣包装制造生产线整机的机械安装和电气安装已全部完成，模块单元已经调试完成。现在小组成员要下载整机的PLC和机器人程序，通过调整相关器件的位置和参数，确保筹码分拣包装制造生产线的检测、分拣、喷码、入库等过程能协调、稳定运行。

学习储备

一、器材准备

筹码分拣包装制造生产线联机调试的主要器材清单见表3-3-1。

表3-3-1　联机调试器材清单

序号	名称	规格型号	单位	数量
1	数字万用表	F15B	个	1

（续表）

序号	名称	规格型号	单位	数量
2	螺丝刀	小一字（3.0mm×75mm）	把	1
3	内六角扳手	M2 M2.5 M3 M4 M5 M6 六件套	套	1
4	钢直尺	500mm	把	1
5	自动剥线钳	B型0.5~3.2	把	1
6	电脑	厂家配套	台	2

二、知识技能准备

（一）筹码分拣包装制造生产线工作流程

筹码分拣包装制造生产线工作流程如图3-3-1所示。

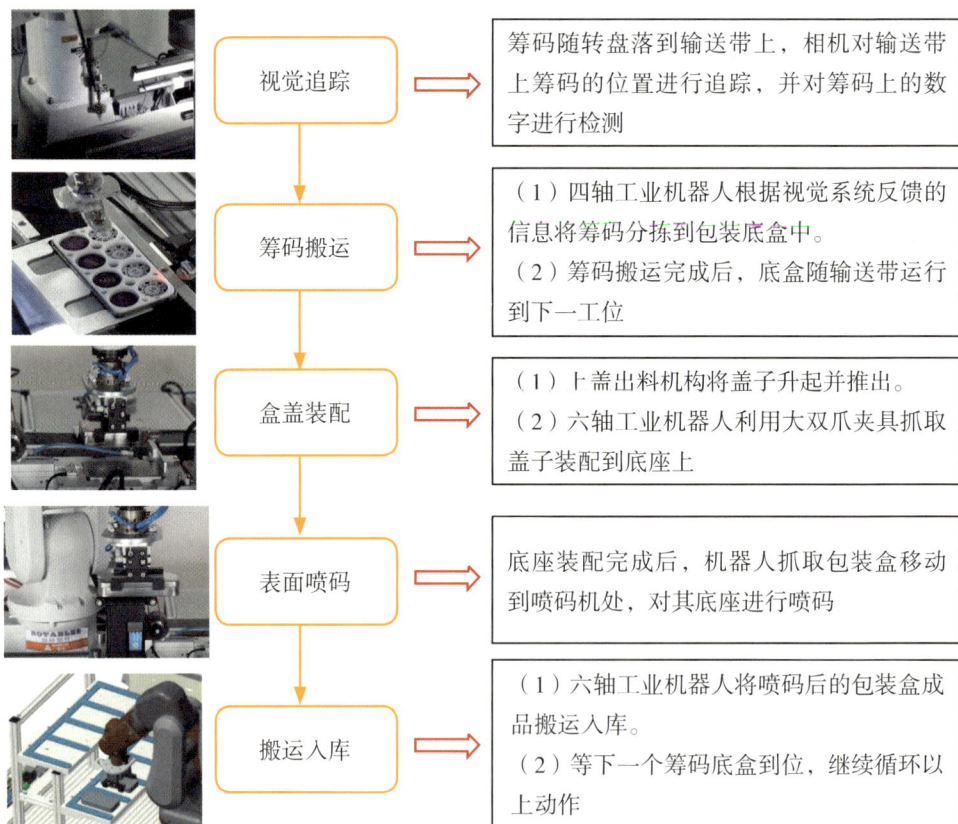

视觉追踪 ⇒ 筹码随转盘落到输送带上，相机对输送带上筹码的位置进行追踪，并对筹码上的数字进行检测

筹码搬运 ⇒ （1）四轴工业机器人根据视觉系统反馈的信息将筹码分拣到包装底盒中。
（2）筹码搬运完成后，底盒随输送带运行到下一工位

盒盖装配 ⇒ （1）十盖出料机构将盖子升起并推出。
（2）六轴工业机器人利用大双爪夹具抓取盖子装配到底座上

表面喷码 ⇒ 底座装配完成后，机器人抓取包装盒移动到喷码机处，对其底座进行喷码

搬运入库 ⇒ （1）六轴工业机器人将喷码后的包装盒成品搬运入库。
（2）等下一个筹码底盒到位，继续循环以上动作

图3-3-1　筹码分拣包装制造生产线工作流程图

（二）筹码分拣包装制造生产线调试的工作要求

（1）明确动作流程各信号之间的联系。

机器人与PLC的数据信号交互表见表3-3-2。

表3-3-2　机器人与PLC的数据信号交互表

序号	名称	功能描述	备注
1	DI4	平行夹具传感器（机器人直接控制）	六轴工业机器人（Intput）
2	DI5	涂胶夹具传感器（机器人直接控制）	
3	Y20	伺服使能（DI8）	
4	Y21	远程示教模式（DI9）	
5	Y22	工作站暂停（DI10）	
6	Y23	程序结束（DI11）	
7	Y24	程序继续（DI12）	
8	D200=1	I1=1盖装配开始	TCP通信地址（PLC-机器人）
9	D201=1	I2=1喷码开始	
10	D210=1	I33=1机器人复位完成	TCP通信地址（机器人-PLC）
11	D211=1	I34=1机器人取盖完成	
12	D211=2	I34=2机器人装盖完成	
13	D211=3	I34=3机器人准备喷码	
14	Y20	启动（DI8）	四轴工业机器人（Intput）
15	Y21	停止（DI9）	
16	Y22	打开程序（DI10）	
17	Y23	清除报警（DI11）	
18	Y24	预留（DI12）	
19	Y25	预留（DI13）	
20	Y26	预留（DI14）	

（2）下载PLC的整机程序。

（3）下载四轴工业机器人与六轴工业机器人程序。

（4）下载触摸屏控制程序。

三、资料准备

（1）光纤传感器技术手册（FM-31智能型数字光纤传感器）。

（2）SX-CSET-JD08-30D-00_玩具车装配智能生产线。

（3）六轴工业机器人操作编程手册（ER3B-C30 机器人编程手册、ER3B-C30机器人电气手册、ER3B-C30机器人机械维护手册）。

（4）H3U PLC编程手册（汇川PLC H3U编程手册、H3U系列可编程逻辑控制器简易手册。

（5）触摸屏手册（IT6000系列人机界面用户手册）。

任务实施

筹码分拣包装制造生产线联机调试步骤见表3-3-3。

表3-3-3 筹码分拣包装制造生产线联机调试步骤

步骤	操作描述	图示
1	调节各单元的脚杯，使五张桌体的台面位于同一水平面；按图拼接并用连接板和螺丝把五张桌体连接成同一整体；拼好后的两段输送带要成一条直线。再根据电器接线图布线调试	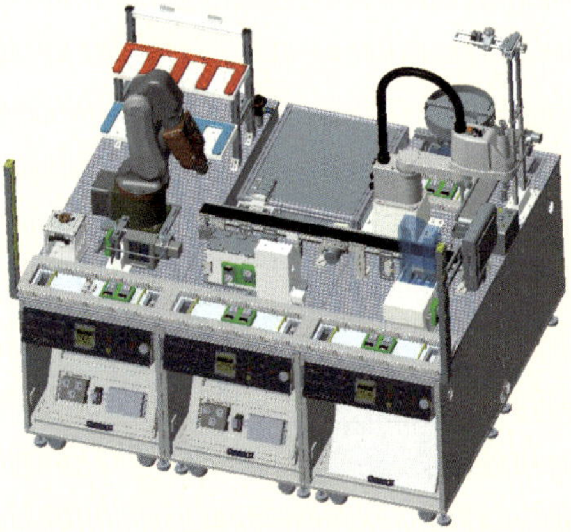
2	按图示位置摆放筹码币盒上盖，然后把桌面清理干净	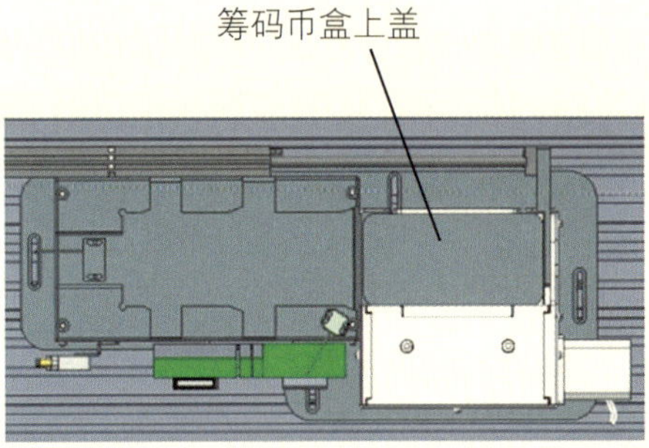 筹码币盒上盖
3	连接电源线	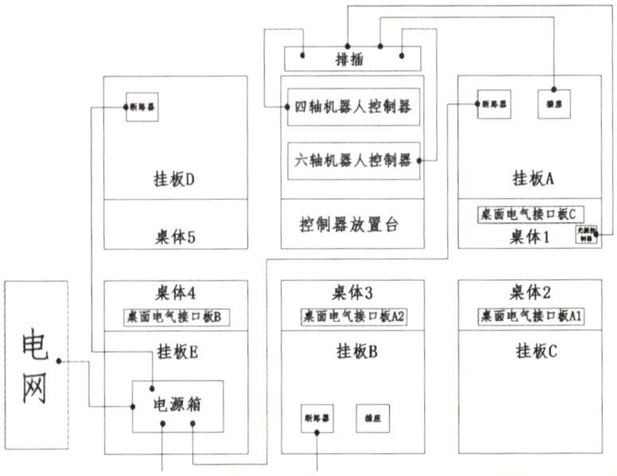

（续表）

步骤	操作描述	图示
4	连接线缆	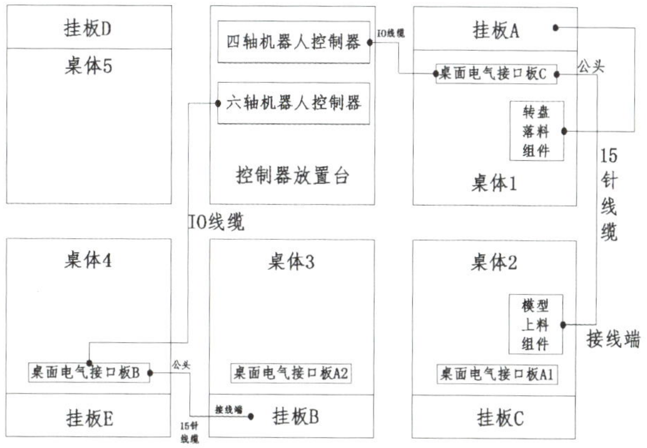
5	在两台PLC之间进行通信测试	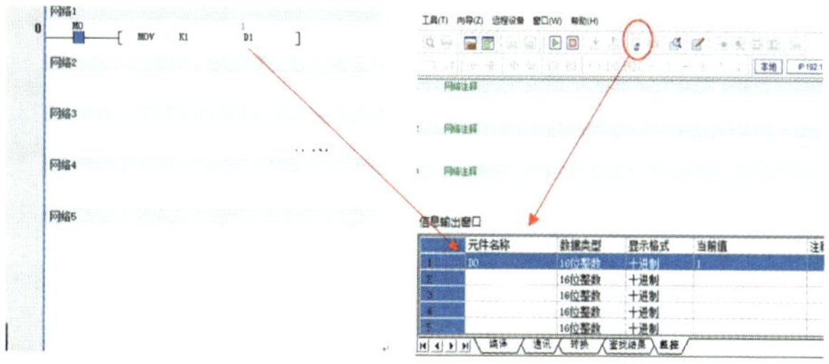
6	下载程序，试运行	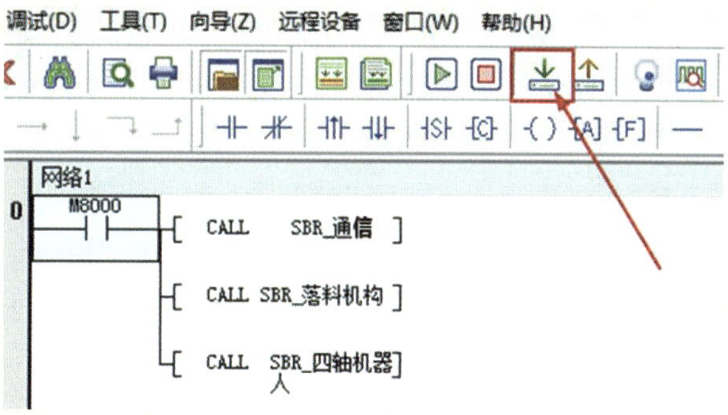
7	调整传感器参数和位置	

联机调试设备上电之前需要做好物料准备，见表3-3-4。

表3-3-4　联机调试设备上电前的物料准备

步骤	操作描述	图示
1	将筹码币放置于落料转盘里,注意不要将其堆叠在一起	
2	将筹码底盒放入上料整列机构,该底盒左右对称,无须注意其摆放方向	 
3	将筹码盖放入升降台,注意盖子的摆放方向	
4	按下喷码机电源开关,开启喷码机	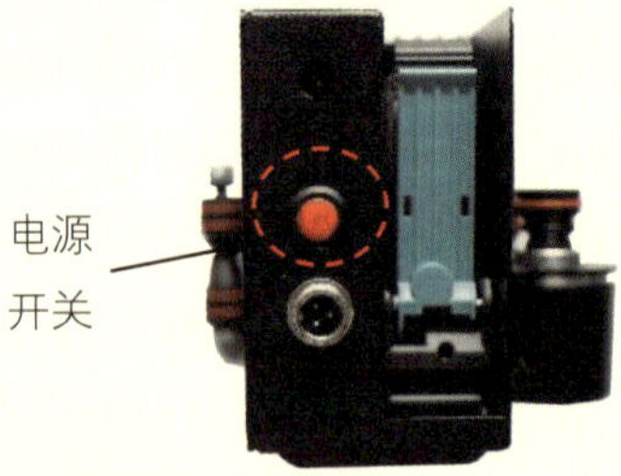 电源开关
5	调整视觉焦距与光圈使得图像清晰后,对四轴工业机器人的追踪工艺进行标定与设置,可参照四轴工业机器人操作手册	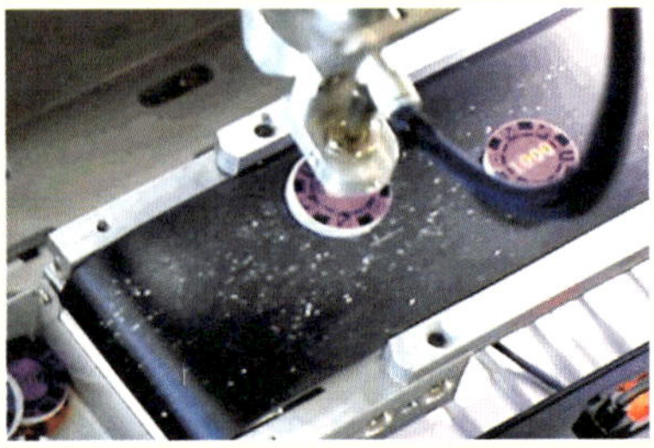

（续表）

步骤	操作描述	图示
6	将筹码分拣输送带的联轴器与编码器连接牢固，手动触发四轴工业机器人的DO6信号，检查视觉硬件触发拍照功能是否正常	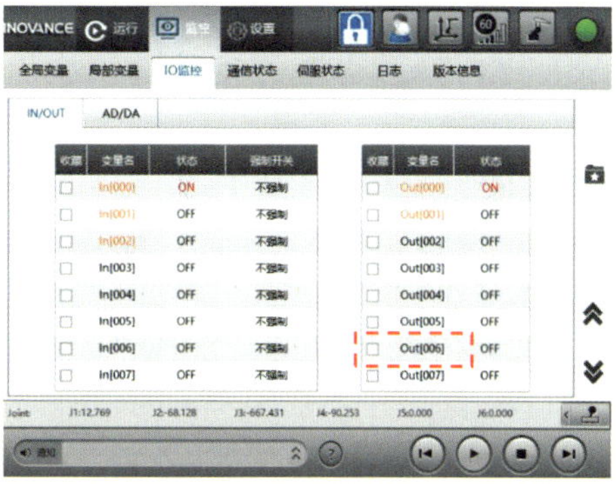

任务考核

任务学习结束，请完成表3-3-5中的任务考核项目。

表3-3-5　任务考核表

项目	要求	配分	评分标准	扣分	得分
联机组装	1. 设备部件安装可靠，各部件位置衔接准确； 2. 电路安装正确，接线规范	20分	1. 部件安装位置错误，每处扣2分； 2. 部件衔接不到位、零件松动，每处扣2分； 3. 电路连接错误，每处扣2分； 4. 导线反圈、压皮、松动，每处扣2分； 5. 错、漏编号，每处扣1分； 6. 导线未入线槽、布线零乱，每处扣2分		
程序下载	1. 正确下载四轴工业机器人程序，并能启动运行； 2. 正确下载六轴工业机器人程序，并能启动运行； 3. 正确下载PLC程序	20分	1. 不能正确启动机器人轨迹程序，扣10分； 2. 不能正确启动PLC程序，扣10分		

（续表）

项目	要求	配分	评分标准	扣分	得分
设备简单调试	1. 熟悉设备的运行流程； 2. 能正确操作设备运行； 3. 熟悉各传感器位置和参数调整方法； 4. 设备协调、稳定运行	50分	1. 不熟悉设备的运行流程，扣5分； 2. 不会操作设备使之运行，扣20分； 3. 不会调整传感器参数，每处扣5分； 4. 整机设备运行出现卡顿，机器人点位不对，每处扣5分		
安全生产	1. 自觉遵守安全文明生产规程； 2. 保持现场干净整洁，工具摆放有序	10分	1. 发生安全事故，0分处理； 2. 现场凌乱、乱放工具、乱丢杂物、完成任务后不清理现场，扣5分		
时间	3h	—	1. 提前正确完成，每提前5min加5分； 2. 超过定额时间，每超过5min扣2分		

任务四　筹码分拣包装制造生产线的维护与保养

学习目标

① 能按要求对传感器、接线板、气缸等元器件进行维护与保养。

② 能按规范对机器人进行维护与保养。

③ 树立智能制造设备的维护与保养意识。

任务描述

设备运行一段时间后，往往会出现一些小问题，比如电机出现异响、传感器信号不稳定等，这会降低设备的生产效率。如果长时间不处理可能会导致器件损坏，需要停机并花费大量的时间去维修，甚至会缩短设备的使用寿命。所以要定期对设备的器件进行检查，并且进行简单的维护与保养处理，延长其使用寿命。

学习储备

一、器材准备

（1）标准工具一套。

（2）干燥毛巾一条。

二、知识技能准备

设备的定期维护与保养可以提高设备的使用率，提高良品率，延长设备的使用寿命，降低备件的损坏次数，减少不必要的损失。因此，设备的定期维护与保养是非常重要的。

（一）保养要求

（1）进行维护与保养时一定要认真阅读维护与保养手册。

（2）若设备需要进行保养，一定要按照关机程序切断设备电源。

（3）设备保养完成后，按照开机程序进行设备试运行。

（二）整机的维护与保养

1. 月维护与保养

每月不少于一次，清扫设备表面灰尘与污物，检查线路端子是否松动，紧固固定螺钉；测试设备运行是否正常，出现异常及时查找原因并排除；检查机器人、PLC等主要器件电池电压是否正常，出现报警异常及时更换。

2. 年维护与保养

每年不少于一次，全面清除设备灰尘、杂物、油脂等；检查所有线路老化状况，必要时更换；去除端子表面氧化层，更换磨损、老化严重的元器件，检测电机绝缘值，添加必要的润滑油；检测系统状态是否正常、可靠；检查机器人、PLC等主要器件电池电压是否正常，出现报警异常及时更换；正常情况下机器人电池要每年更换一次。

3. 实训保养

每次实训前和实训后，清扫设备表面杂物与灰尘，检查运动机构是否正常工作，线路端子是否松动，排除解决异常故障；检查机器人、PLC等主要器件电池电压是否正常，出现报警异常及时更换。

（三）喷码机的维护与保养

1. 日常维护与保养

每天不少于一次，检测喷头表面有无杂物，是否影响喷码的效果，如有杂物请用面巾纸轻轻擦拭干净；每天应清洁喷码机四周，特别是喷码机外壳；保持干净，确保机器上无油墨污点，防止油墨滴在喷码机外壳造成腐蚀。清理用完的溶剂瓶和擦洗过的碎布、碎纸片。

2. 月维护与保养

若喷码机长时间不使用，请将喷码机的墨盒取出放好（墨盒取出前必须关闭喷码机电源）。

三、资料准备

（1）设备维护与保养手册。

（2）设备安全操作手册。

（3）设备故障代码手册。

任务实施

一、定期设备检查单

定期设备检查单见表3-4-1。

表3-4-1　定期设备检查单

周期			检查内容	检修结果	工作人员签名
每天	每周	每月			
	√		断电检查确认转盘落料机构紧固部分是否有松动现象		
	√		断电检查确认模型上料机构紧固部分是否有松动现象		
	√		断电检查确认机器人固定座螺丝是否出现松动现象		
	√		断电检查确认各线路是否接触良好，号码管是否出现模糊、破损现象		
√			上电检查确认各传感器、气缸、夹具是否能够正常工作		
√			通电运行，查看设备能否正常运行		
		√	检查工业机器人伺服电机编码器电池是否有电		
√			检测喷码头表面有无杂物，是否影响喷码的效果		

二、设备维护与保养单

设备维护与保养单见表3-4-2。

表3-4-2 设备维护与保养单

周期			维护与保养内容	保养结果	工作人员签名
每天	每周	每月			
√			用干毛巾擦拭各机构上的灰尘		
	√		用毛巾轻轻擦拭机器人吸盘夹具		
	√		定期用干布轻轻擦拭设备光电传感器		
		√	断电检查确认各线路是否接触良好		
		√	机械部件加润滑油		
√			检查气动二联件压力表，查看显示值、空气过滤器和减压阀是否正常，及时清除过滤筒中的水、油		
		√	将喷码模块电池拔出进行充电，每次通电不少于2h		
√			清理喷码头的灰尘，保持喷码头的清晰度		

任务考核

根据学生在维护与保养过程中的表现，进行综合评分考核，考核项目见表3-4-3。

表3-4-3 维护与保养过程任务考核表

项目	要求	配分	评分标准	扣分	得分
检查单和维护与保养单	1. 持有设备定期检查单； 2. 持有设备维护与保养单	10分	1. 未持有设备定期检查单，扣3分； 2. 未持有设备维护与保养单，扣3分； 3. 没有准备相应的工具，扣4分		

（续表）

项目	要求	配分	评分标准	扣分	得分
设备检查过程	1. 熟悉设备定期检查单； 2. 对照着检查单对设备各器件进行定期检查； 3. 符合设备检查操作规范	50分	1. 对设备定期检查单不熟悉，扣5分； 2. 不能准确找出设备各器件，每处扣5分； 3. 不能使用正确的方法对各器件进行检查，每处扣5分； 3. 不能完成检查任务，扣50分		
设备维护与保养过程	1. 熟悉设备维护与保养单； 2. 对照维护与保养单对设备各器件进行定期维护与保养； 3. 维护与保养过程符合操作规范	30分	1. 对设备维护与保养单不熟悉，扣5分； 2. 不能准确找出设备各器件，每处扣5分； 3. 操作过程不规范，每处扣2分； 4. 不能完成维护与保养任务，扣30分		
安全生产	1. 自觉遵守安全文明生产规程； 2. 保持现场干净整洁，工具摆放有序	10分	1. 不符合文明操作规范，每次扣3分； 2. 发生安全事故，0分处理； 3. 现场凌乱、乱放工具、乱丢杂物、完成任务后不清理现场，扣5分		
时间	20min	—	1. 提前正确完成，每提前5min加5分； 2. 超过定额时间，每超过5min扣2分		

项目四

手机装配打磨制造生产线的安装与调试

项目导入

随着现代社会的发展以及科学技术的进步，手机的使用越来越普遍，手机产量也在逐年提高，手机质量及品质也在不断提升。手机制造企业应努力提高手机的性能要求及质量标准，以满足消费者不断提升的个性化需求。手机装配打磨制造生产线能根据不同产品需求，严格控制手机制造质量，有效提高手机制造企业的产量及产品质量。

综合考虑项目任务难度及工作应用场景，将项目分解为四个具有代表性的任务：

任务一　底座装配单元的安装与调试

任务二　检测打磨入库单元的安装与调试

任务三　手机装配打磨制造生产线的联机调试

任务四　手机装配打磨制造生产线的维护与保养

以上四个任务，包含了基础模块单元的安装与调试、联机调试、维护与保养等技能要求。希望读者学习本项目后，能够独立完成手机装配打磨制造生产线的安装、调试及维护与保养等工作。

手机装配打磨制造生产线系统图如图4-0-1所示，其功能主要是通过机器人对手机模型进行按键装配、加盖装配并搬运入仓。工作过程如下：设备启动后，安全送料组件将需要装配的手机按键送入装配区，手机底座被推送到装配平台，由四轴工业机器人完成按键装配。同时手机盖上料组件把手机盖推送到拾取工位，六轴工业机器人转换双爪夹具抓取手机盖装配到底座上。相机检测手机按键装配是否合格（有无装错或者漏装），如果是不合格的产品，六轴工业机器人抓取不合格品到不良品仓；如果是合格的产品，六轴工业机器人抓取合格品到打磨抛光台进行去毛刺，打磨抛光，把打磨抛光的合格品放到良品仓。

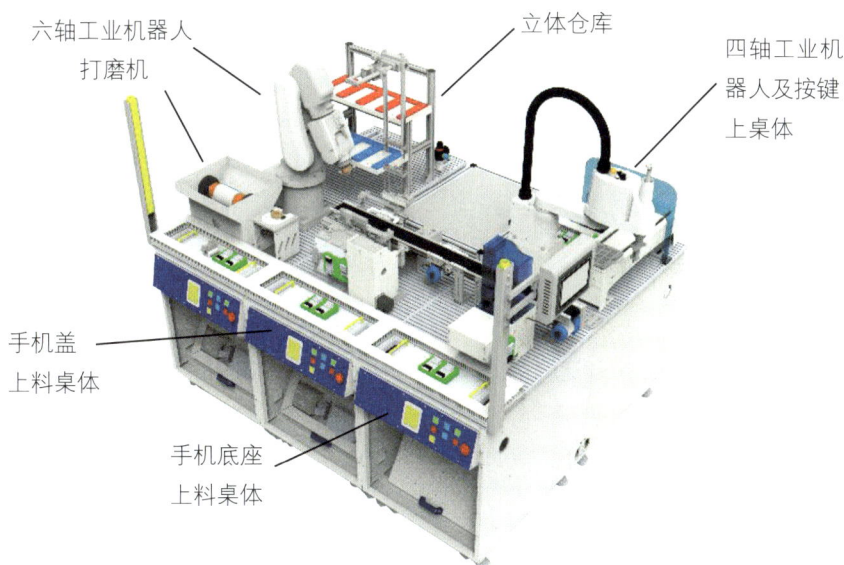

图4-0-1　手机装配打磨制造生产线系统图

任务一　底座装配单元的安装与调试

学习目标

1. 能够陈述底座装配单元的硬件结构组成。
2. 能够概述传感器、气缸的工作原理。
3. 能够解释PLC程序和机器人程序主要指令的作用。
4. 能够正确安装和调试光纤传感器。
5. 能够根据模块装配图，按要求完成底座装配单元等组件安装。
6. 能够根据电气原理图，按工艺要求正确连接和调试电路。
7. 能够根据气路连接图，完成气路的连接和调试。
8. 能够正确配置机器人和PLC的通信。
9. 能够根据工件和运行轨迹变化正确示教和调整程序。

任务描述

公司新研发出一套设备，现在需要进行批量生产，其他小组已经将桌体与挂板接线完成。现在你所在的小组需要根据已有的图纸来完成底座装配单元的安装与接线工作，并且根据已有的程序对单元进行调试，最终实现如图4-1-1所示的工作流程。

```
┌──────────┐    ┌──────────────┐    ┌──────────────┐    ┌──────────────┐
│ 按下启   │ →  │ 送料组件把按 │ →  │ 四轴工业机器人把│ →  │ 摆放好的组件通过输│
│ 动按钮   │    │ 键储藏盒推到 │    │ 按键摆放到手机底│    │ 送带送到下个工序 │
│          │    │ 指定位置     │    │ 壳上指定位置   │    │                │
└──────────┘    └──────────────┘    └──────────────┘    └──────────────┘
                       ↓
                ┌──────────────┐
                │ 上料组件把手 │
                │ 机底壳推到指 │
                │ 定位置       │
                └──────────────┘
```

图4-1-1　底座装配单元流程图

学习储备

一、器材准备

底座装配单元的主要器材清单见表4-1-1。

表4-1-1　底座装配单元器材清单

序号	名称	规格型号	单位	数量
1	四轴工业机器人	汇川，IRS100-3-40Z15-T53	台	1
2	输送带组件	—	套	2
3	安全送料组件	—	套	1
4	模型上料组件	厂家配套	套	1
5	触摸屏组件	厂家配套	台	1
6	光栅组件-右	RCD-NB2220（通用型）	套	1
7	手机底壳及按键	厂家配套	个	3
8	按键储藏盒	厂家配套	套	1
9	气源两联件组件	SX-CSET-JD08-05-16	套	1
10	空气压缩机	TYW-1A 12L	台	1
11	PC机	装有AutoShop、WindowsInstaller3_1软件	台	1
12	工具	厂家配套	套	1
13	螺丝	厂家配套	套	1

二、知识技能准备

（一）按钮控制面板

按钮控制面板主要由五个部分组成，如图4-1-2所示。

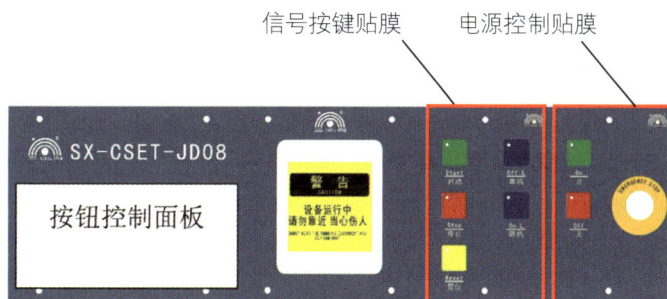

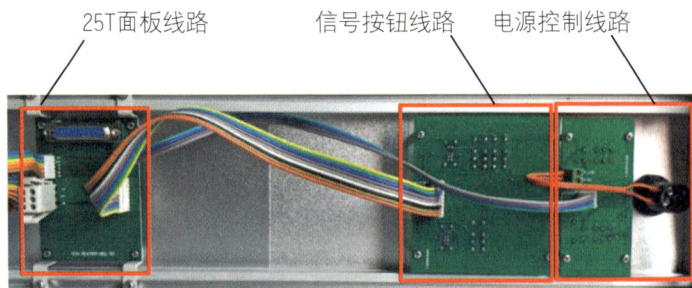

图4-1-2　按钮控制面板组成

各线路板电路连接图如图4-1-3所示。

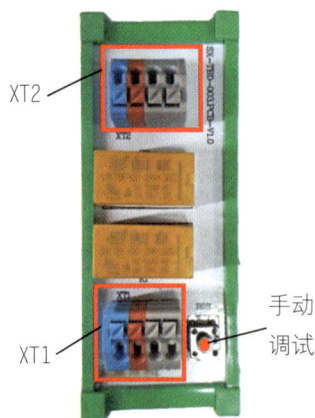

图4-1-3　各线路板电路连接图

（二）直流电机控制板

PLC将信号接到直流电机控制板上，从而控制电机的正反转。图4-1-4为控制板实物图，图4-1-5为控制板电路原理图，接线端子说明见表4-1-2。

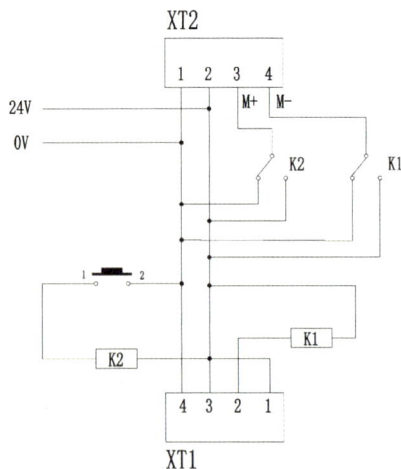

图4-1-4　控制板实物图

图4-1-5　控制板电路原理图

表4-1-2　接线端子说明表

序号	接线端子	说明
1	XT1：4，XT2：1	24V
2	XT1：3，XT2：2	0V
3	XT2：3	M+（直流电机正极）
4	XT2：4	M−（直流电机负极）
5	XT1：1	接信号线（控制电机正转）
6	XT1：2	接信号线（控制电机反转）

三、资料准备

（1）光纤传感器技术手册（FM-31智能型数字光纤传感器）。

（2）机械图和电气图。

（3）四轴机器人操作编程手册（机器人控制系统编程手册V8.692）。

（4）H3U PLC编程手册（汇川PLC H3U编程手册、H3U系列可编程逻辑控制器简易手册）。

（5）触摸屏手册（IT6000系列人机界面用户手册）。

任务实施

一、机械安装

单元装配图是进行零部件安装的依据，请你根据提供的装配图进行各个组件的安装。各个组件装配完成后，则需要根据提供的单元布局图将每个组件在实训平台上进行定位安装。

安装前请认真阅读机械安装手册，要求组件安装无缺少、遗漏现象，组件安装尺寸符合图纸技术要求，组件安装后紧固，无松动现象，组件安装后运行顺畅，无卡滞或不能运行现象，固定螺栓按规定使用垫片，行线槽转角处和T形分支处按规定进行处理。

底座装配单元由两个桌体组成，两个桌体的装配图如图4-1-6所示。

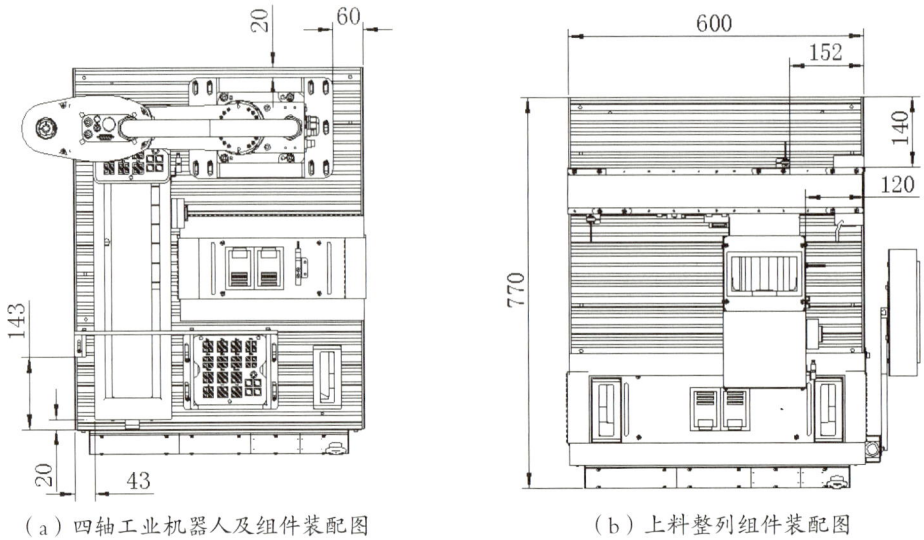

（a）四轴工业机器人及组件装配图　　　　　　（b）上料整列组件装配图

图4-1-6　底座装配单元装配图（单位：mm）

手机装配打磨制造生产线布局图如图4-1-7所示，效果图如图4-1-8所示。准备安装工具：内六角扳手一套、活动扳手（约6.7cm）、十字螺丝刀（约16.7cm）、尖嘴钳、直钢尺（500mm）、卷尺（2m）。

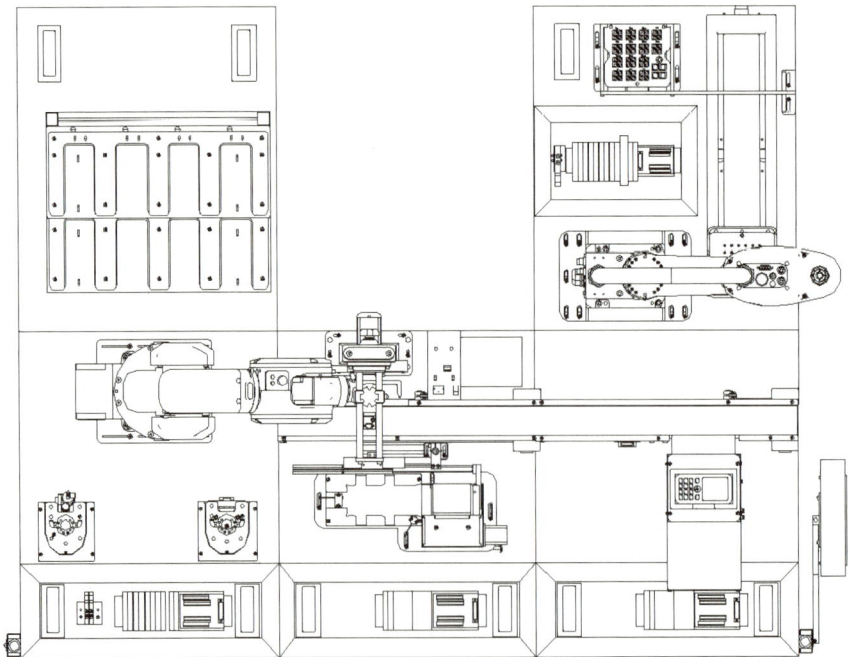

图4-1-7　手机装配打磨制造生产线布局图

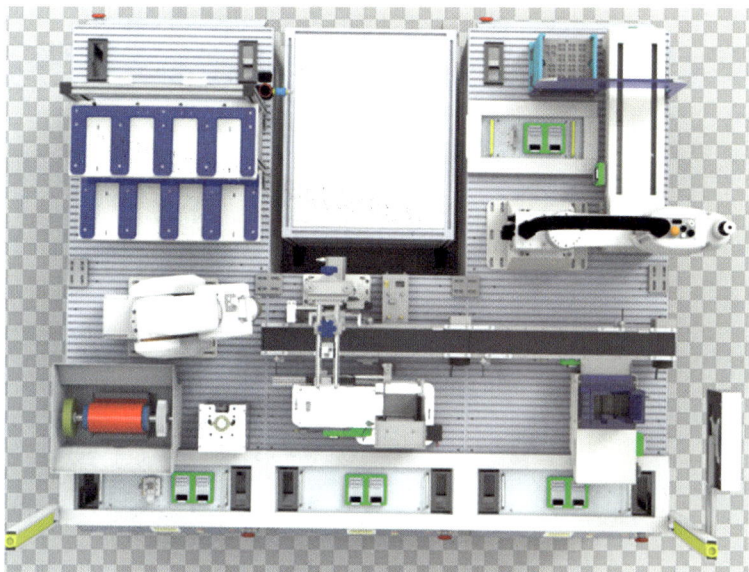

图4-1-8　手机装配打磨制造生产线效果图

　　认真识读装配图，了解每一个组件的安装位置和尺寸要求，能够和实物对应，并按照表4-1-3进行安装。

表4-1-3　手机装配与打磨机械安装步骤

步骤	操作描述	图示	备注
1	安装安全送料组件、安全储料台、桌面电气接口C、按键储藏盒、四轴工业机器人		根据图4-1-6（a）的装配尺寸进行安装
2	安装触摸屏组件、上料组件、桌面电气接口板A1		根据图4-1-6（b）的装配尺寸进行安装

（续表）

步骤	操作描述	图示	备注
3	安装输送带组件	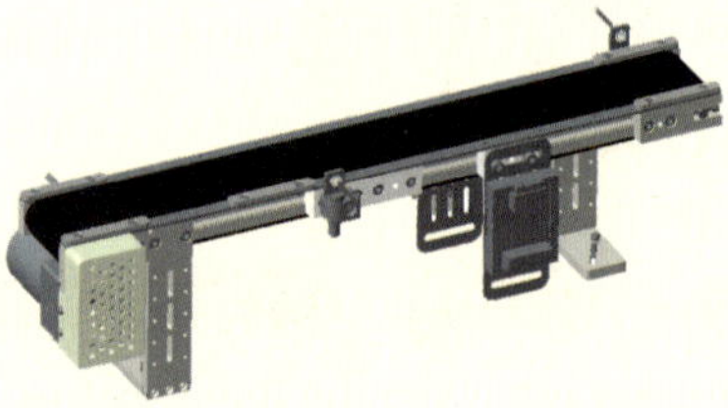	根据图4-1-6（b）的装配尺寸进行安装
4	把输送带组件安装到桌体上	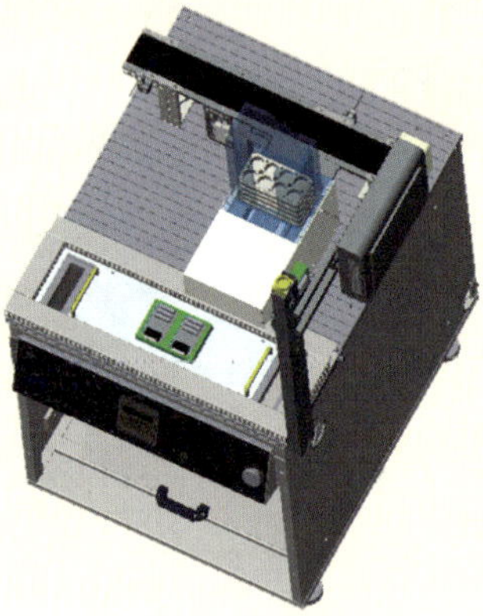	根据图4-1-6（b）的装配尺寸进行安装

二、电气安装

（一）电路安装

挂板上PLC信号已经通过公头线缆连接到37T接线板上，现在需要将每个模块的信号连接到接线板的端子上，即可实现信号对接。电气安装过程中要求符合电气安装工艺，导线按规定进线槽，线槽孔出线合理，电路压接处紧固可靠，线头全部套管并注明编号，线头压接处无露铜过长现象。

1. 桌面电气接口板布局图及接线图

底座装配单元一共用到了两块桌面电气接口板，分别为桌面电气接口板C和桌面电气接口板A1。其整体布局图如图4-1-9所示。

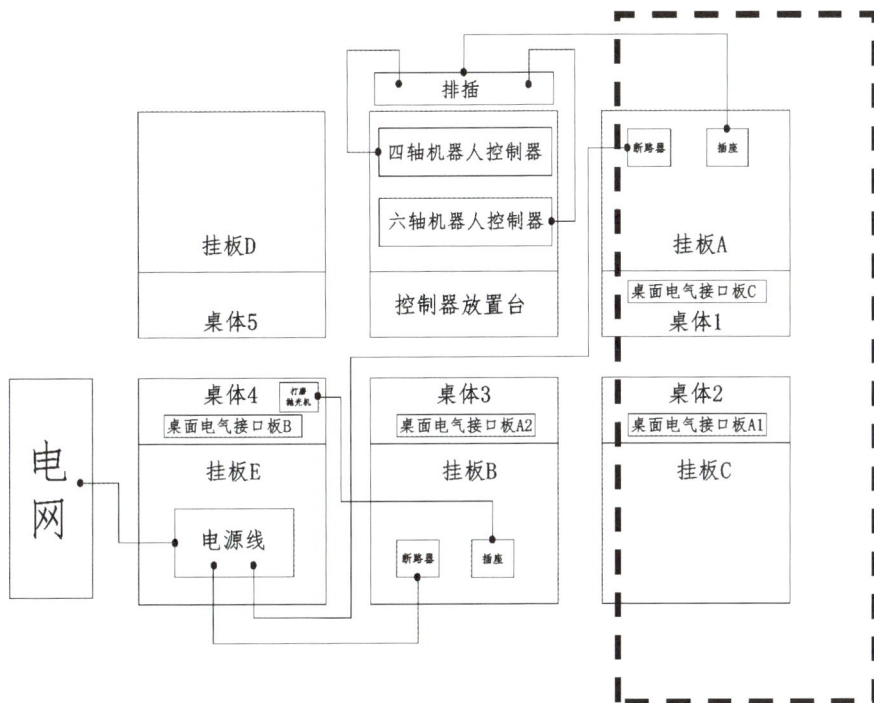

图4-1-9　桌面电气接口板整体布局图

（1）桌面电气接口板C布局图及相关接线图。

桌面电气接口板C布局图及接线图如图4-1-10、图4-1-11所示。桌面电气接口板C地址分配表见表4-1-4。

图4-1-10　桌面电气接口板C布局图

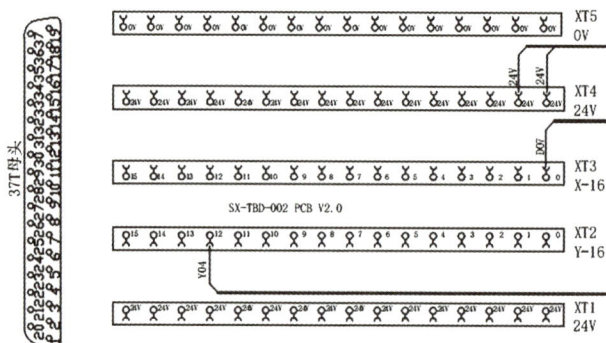

（a）CN100桌面电气接口板C接线图

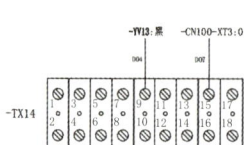

（b）TX15端子接线图

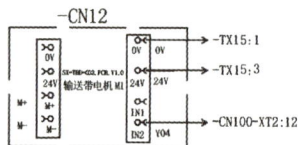

（c）TX14端子接线图　　　　（d）CN12端子接线图

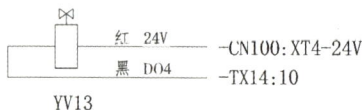

（e）YV13电磁阀接线图

图4-1-11　桌面电气接口板C接线图

表4-1-4　桌面电气接口板C地址分配表

接线端子	线号	功能描述		模块名称
XT3:0	DO7		预留	
XT3:1	X30	四 轴 工 业 机 器 人	DO8 预留	−CN100 37针端子板
XT3:2	X31		DO9 预留	
XT3:3	X32		DO10预留	
XT3:4	X33		DO11预留	
XT3:5	X34		DO12预留	
XT3:6	X35		DO13预留	
XT3:7	X36		DO14预留	

（续表）

接线端子	线号	功能描述		模块名称
XT3:8	X37		DO15预留	
XT3:12	X00		托盘物料到位检测	
XT3:13	X01		托盘气缸缩回限位	
XT3:14	X02		托盘气缸伸出限位	
XT3:15	X03		送料按钮开关	
XT2:0	Y20	四轴工业机器人	DI8 启动	−CN100 37针端子板
XT2:1	Y21		DI9 停止	
XT2:2	Y22		DI10打开程序	
XT2:3	Y23		DI11预留	
XT2:4	Y24		DI12预留	
XT2:5	Y25		DI13预留	
XT2:6	Y26		DI14预留	
XT2:7	Y27		DI15预留	
XT2:10	Y02		预留	
XT2:11	Y03		预留	
XT2:12	Y04		预留	
XT2:13	Y05		预留	
XT2:14	Y06		按键托盘气缸电磁阀	
XT2:15	Y07		预留	
XT1/XT4	24V		24V电源正	
XT5	0V		24V电源负	
CN12:0V	0V		24V电源负	−CN12 电机控制板
CN12:24V	24V		24V电源正	
CN12:IN2	Y04		输送带电机控制I/O	
CN12:M+	M+		输送带电机电源正	
CN12:M−	M−		输送带电机电源负	
TX14:2	DI4	四轴工业机器人I/O	预留	−TX14 接线端子
TX14:4	DI5		预留	
TX14:6	DI6		预留	
TX14:8	DI7		预留	
TX14:9	DO4		吸盘电磁阀	

（续表）

接线端子	线号	功能描述		模块名称
TX14:12	DO5	四轴工业机器人I/O	预留	—
TX14:14	DO6		预留	
TX14:16	DO7		预留	
TX14:18	+24V		预留	
TX15:1	0V	24V电源负		-TX15 接线端子
TX15:3	24V	24V电源正		

（2）桌面电气接口板A1布局图及相关接线图。

桌面电气接口板A1布局图及接线图分别如图4-1-12、图4-1-13所示。桌面电气接口板A1地址分配表见表4-1-5。

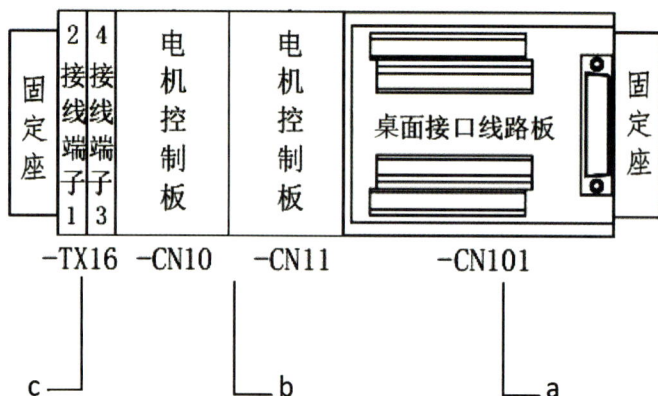

图4-1-12 桌面电气接口板A1布局图

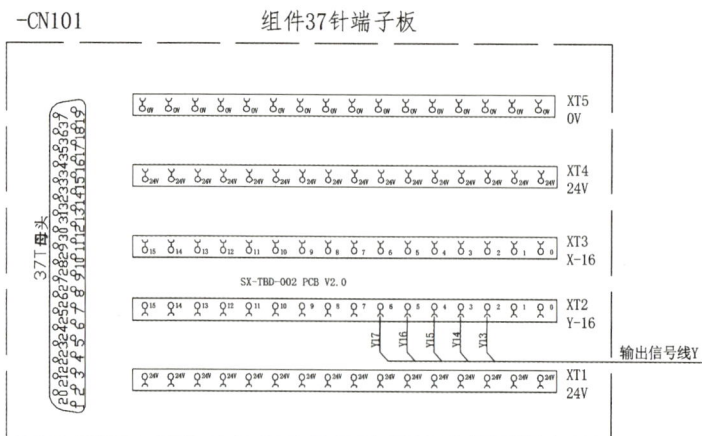

（a）CN101桌面电气接口板A1接线图

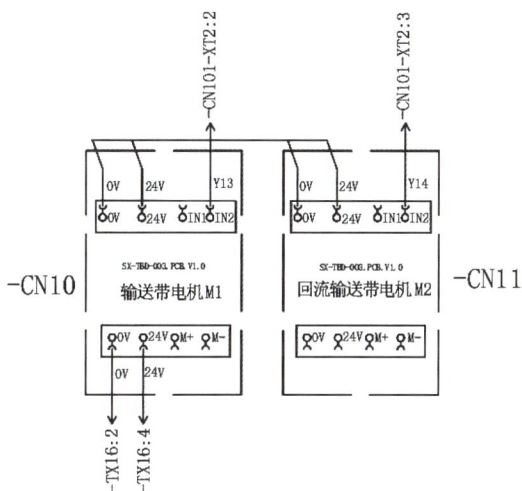

（b）CN10、CN11电机控制板接线图

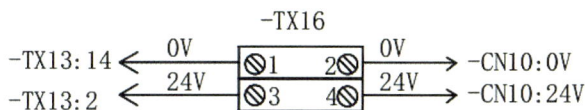

（c）TX16端子接线图

图4-1-13　桌面电气接口板A1接线图

表4-1-5　桌面电气接口板A1地址分配表

接线端子	线号	功能描述	模块名称
XT3:0	X04	上料到位检测	
XT3:1	X05	上料气缸缩回限位检测	
XT3:2	X06	上料气缸伸出限位检测	
XY3:3	X07	输送带物料到位检测	
XT3:4	X14	输送带电机控制I/O	
XT3:5	X15	预留	
XT3:6	X16	预留	
XT3:7	X17	预留	-CN101
XT3:8	X20	预留	37针端子板
XT3:9	X21	预留	
XT3:10	X22	安全光栅传感器	
XT3:11	X23	预留	
XT3:12	X24	预留	
XT3:13	X25	预留	
XT3:14	X26	预留	

（续表）

接线端子	线号	功能描述	模块名称
XT3:15	X27	预留	−CN101 37针端子板
XT2:2	Y13	输送带电机	
XT2:3	Y14	预留	
XT2:4	Y15	上料气缸电磁阀	
XT2:5	Y16	预留	
XT2:6	Y17	预留	
XT1/XT4	24V	24V电源正	
XT5	0V	24V电源负	
CN10:0V	0V	24V电源负	−CN10、−CN11 电机控制板
CN10:24V	24V	24V电源正	
CN10:IN2	Y13	输送带电机控制I/O	
CN10:M+	M+	输送带电机电源正	
CN10:M−	M−	输送带电机电源负	
CN10:0V	0V	24V电源负	
CN10:24V	24V	24V电源正	
CN10:IN2	Y14	预留	
CN10:M+	M+	预留	
CN10:M−	M−	预留	
TX16:1	0V	24V电源负	−TX16接线端子
TX16:3	24V	24V电源正	

2. 底座装配单元的电路安装

底座装配单元的电路安装步骤见表4-1-6。

表4-1-6　底座装配单元的电路安装步骤

步骤	操作描述	图示	备注
1	按照图4-1-11把线接好，然后把37针的C接口公头与37针母头对接		—

（续表）

步骤	操作描述	图示	备注
2	把四轴工业机器人本体上的动力线和编码线分别插入控制柜中对应的接口	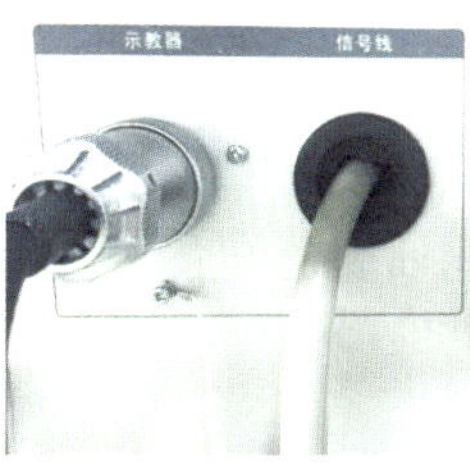 	
3	分别把15针的模型上料组件公头和输送带组件CN210公头与相应接口板母头对接	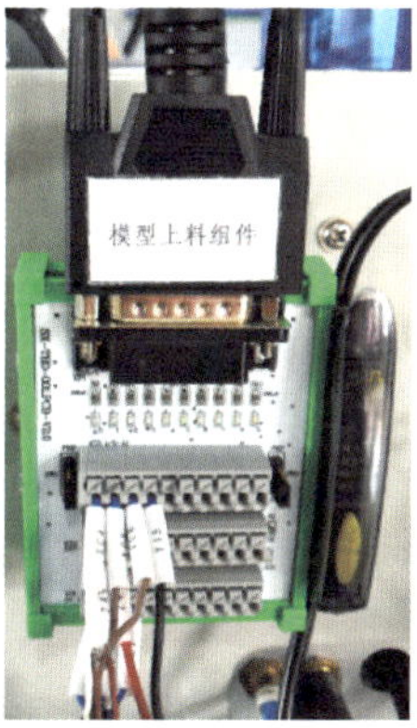 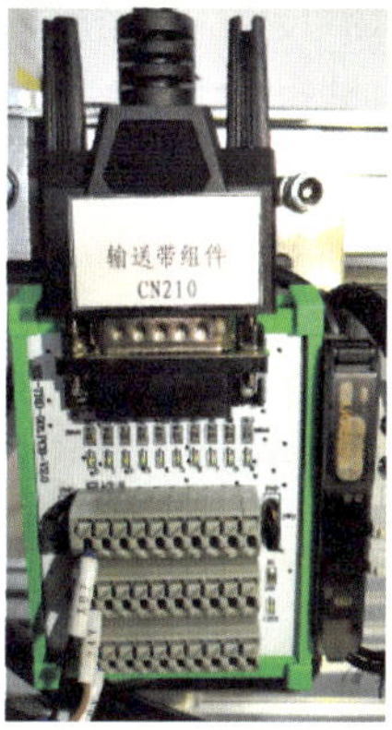	—
4	按照图4-1-12把线接好，然后把37针的A1接口公头与37针母头对接		把CN10输送带组件上的电机信号线Y13接到A1接口板对应的位置
5	把交换机上的网线连好		—

（二）气路安装

根据提供的气路连接图完成该单元的气路连接（气管不宜过长或过短，气管插头处可靠、无漏气现象，气路、电路分开绑扎）。

四轴工业机器人外接气管规格为：∅4、两根、允许最大气压为 0.6MPa。外接信号线为 10 根引线，相应的外接信号线插口已配备在备件中，手机装配打磨制造生产线总气路图如图4-1-14所示。

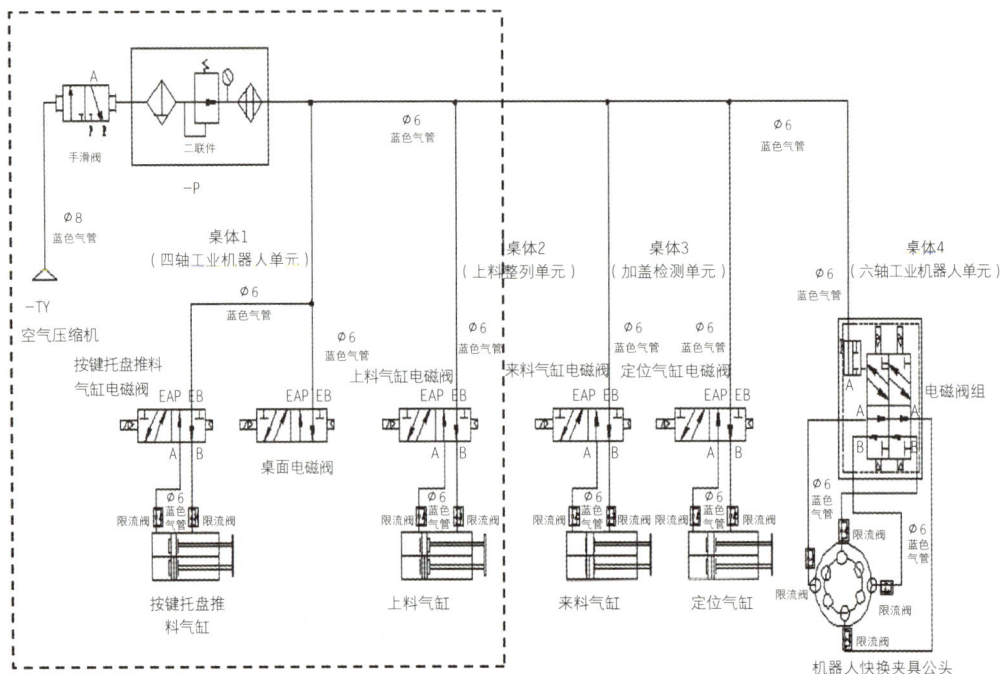

图4-1-14　手机装配打磨制造生产线总气路图

底座装配各模块组件间的气路连接步骤见表4-1-7。

表4-1-7　底座装配各模块组件间的气路连接步骤

步骤	操作描述	图示	备注
1	按照气路图，接好气源		压力调整为0.4MPa

（续表）

步骤	操作描述	图示	备注
2	按照气路图，把桌面电气接口板C上的气路连接好	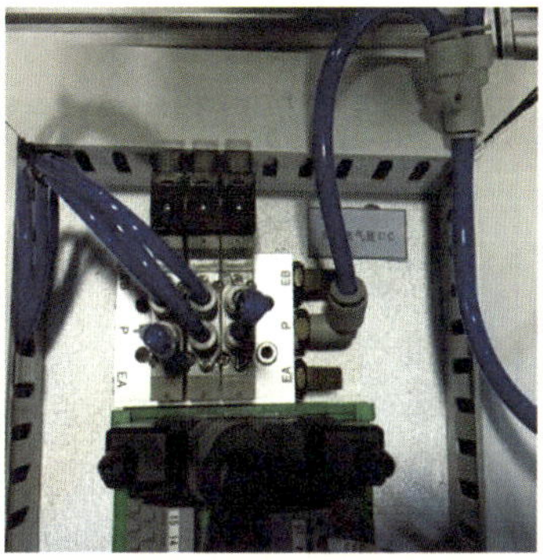	—
3	按照气路图，把四轴工业机器人上臂的气路连接好	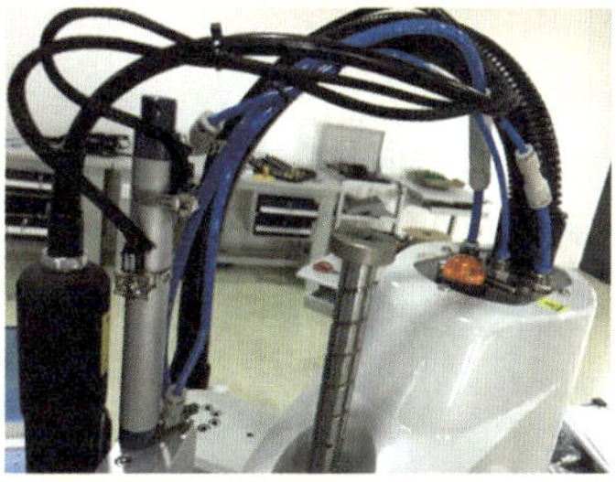	—
4	按照气路图，把四轴工业机器人底座上的气路连接好	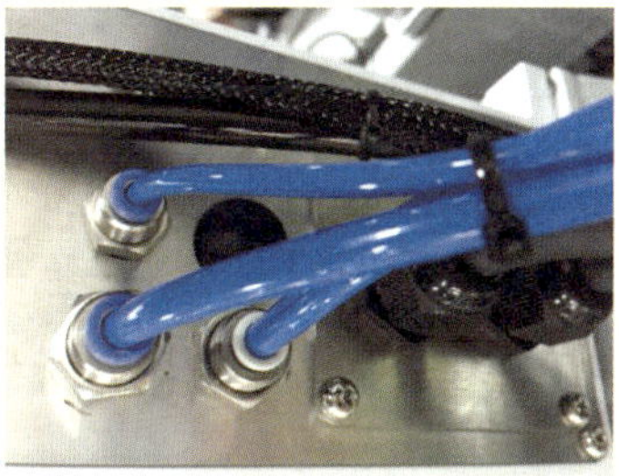	—
5	按照气路图，把安全上料组件上的气路连接好	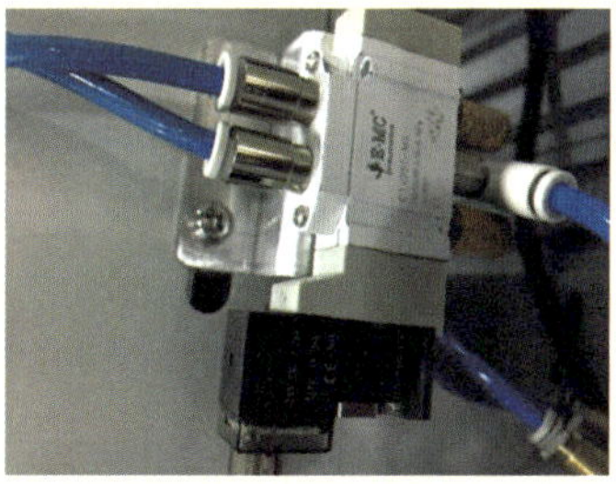	—

三、程序下载与调试

（一）主要说明

1. PLC1 I/O接线图

四轴工业机器人桌体与上料整列桌体PLC1 I/O接线图如图4-1-15所示。

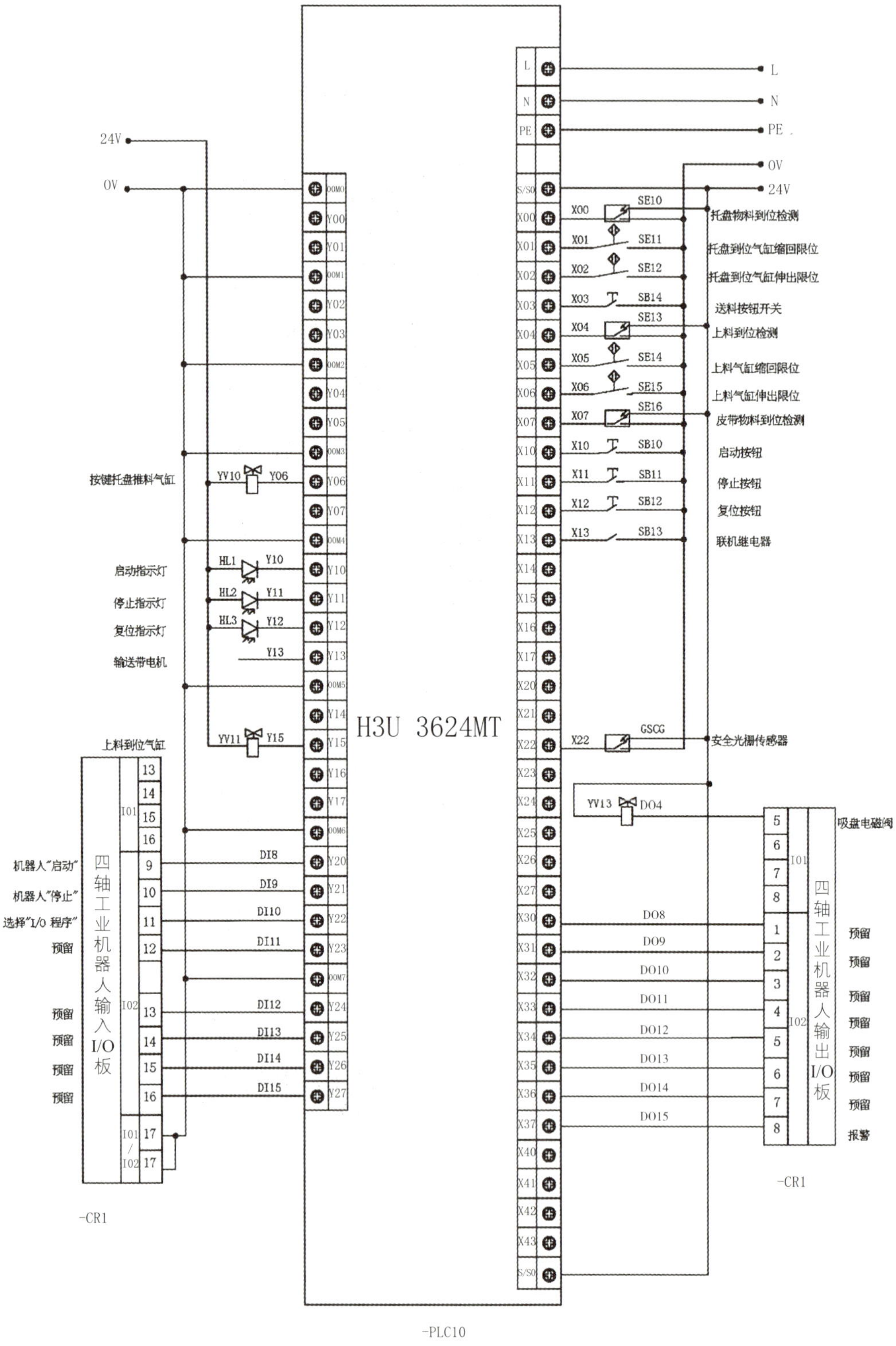

图4-1-15　PLC1 I/O接线图

2. PLC程序结构

PLC程序主要包含Main（主程序）、四轴机器人、料盘机构、通信四个部分，如图4-1-16所示。

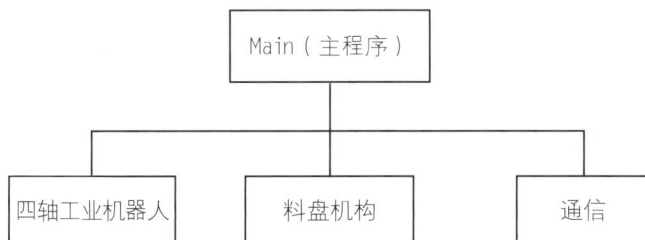

图4-1-16　程序模块图

3. PLC部分程序

PLC部分程序如图4-1-17所示。

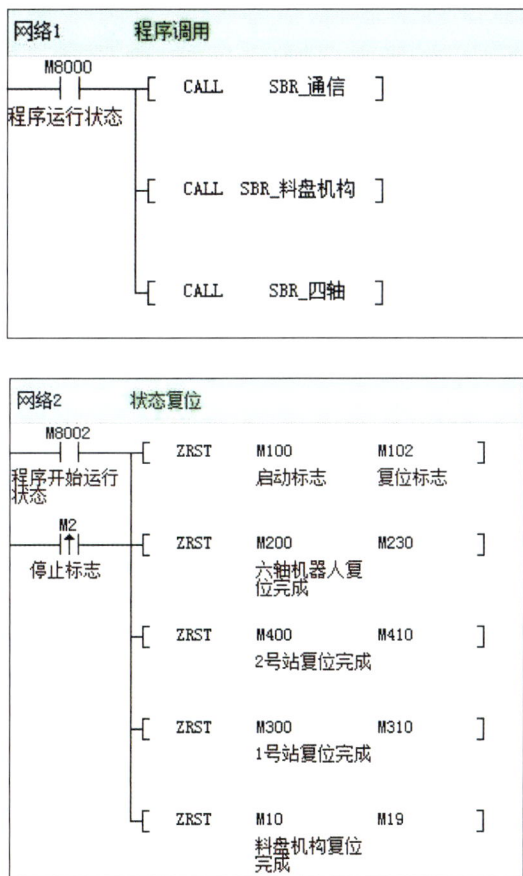

图4-1-17　PLC部分程序

4. 四轴工业机器人程序结构

四轴工业机器人程序主要包含主程序（Main）、初始化子程序（Initali）、回原点子程序（Rhome）、装配子程序（Assembly）等四个程序，如图4-1-18所示。

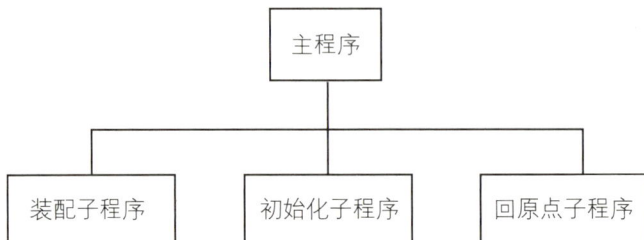

```
              ┌──────────┐
              │  主程序   │
              └──────────┘
        ┌──────────┼──────────┐
  ┌──────────┐ ┌──────────┐ ┌──────────┐
  │装配子程序│ │初始化子程序│ │回原点子程序│
  └──────────┘ └──────────┘ └──────────┘
```

图4-1-18 四轴工业机器人程序结构

5. 四轴工业机器人部分程序及注释

部分程序及注释如下：

START;	程序开始
Call "Initali.pro";	调用初始化子程序
Call "Rhome.pro";	调用回原点子程序
While B4 == 0	
If B2 == 1	
Delay T[2];	
GetModBusReg (37120,R20,1,1);	判断开始装配信号是否为1
While R20 == 0	
GetModBusReg (37120,R20,1,1);	
EndWhile;	
EndIf;	
Call "Assembly.pro";	调用按键装配子程序
EndWhile;	
END;	

（二）操作步骤

程序下载与调试操作步骤见表4-1-8。

表4-1-8　程序下载与调试操作步骤

步骤	操作描述	备注
1	电路检查测试	—
2	上电	见表1-3-2
3	下载PLC程序	见表2-1-9和表2-1-10
4	装入机器人程序	六轴见表2-1-8 四轴见表2-2-6
5	伺服驱动器、传感器参数设置	见表2-1-13
6	机器人IO设置	六轴见表2-1-6 四轴见表2-2-5
7	机器人点位示教	图2-1-25~图2-1-29，以及图2-2-11
8	设备复位	见表1-3-3
9	按启动按钮，让设备运行	见表1-3-3，人工将物料放入上料箱
10	检查设备是否按任务运行动作	若有问题，分析原因并排查

任务考核

任务学习结束，请完成表4-1-9中的任务考核项目。

表4-1-9　任务考核表

项目	要求	配分	评分标准	扣分	得分
设备组装	1. 设备部件安装可靠，各部件位置衔接准确； 2. 电路安装正确，接线规范	30分	1. 部件安装位置错误，每处扣2分； 2. 部件衔接不到位、零件松动，每处扣2分； 3. 电路连接错误，每处扣2分； 4. 导线反圈、压皮、松动，每处扣2分； 5. 错、漏编号，每处扣1分； 6. 导线未入线槽、布线零乱，每处扣2分； 7. 漏接接地线，每处扣5分		
设备功能	1. 设备启停正常； 2. 警示灯显示及报警正常； 3. 底座装配单元功能正常	60分	1. 设备未按要求启动或停止，每处扣10分； 2. 警示灯未按要求显示，每处扣10分； 3. 驱动转盘的电动机未按要求旋转，扣20分； 4. 送料不准确或未按要求送料，扣10分		

（续表）

项目	要求	配分	评分标准	扣分	得分
设备附件	资料齐全，归类有序	5分	1. 设备组装图缺少，每份扣2分； 2. 电路图、梯形图缺少，每份扣2分； 3. 技术说明书、工具明细表、元件明细表缺少，每份扣2分		
安全生产	1.自觉遵守安全文明生产规程； 2.保持现场干净整洁，工具摆放有序	5分	1. 每违反一项规定，扣3分； 2. 发生安全事故，0分处理； 3. 现场凌乱、乱放工具、乱丢杂物、完成任务后不清理现场，扣5分		
时间	3h	—	1. 提前正确完成，每提前5min加5分； 2. 超过定额时间，每超过5min扣2分		

任务二　检测打磨入库单元的安装与调试

学习目标

① 能够陈述检测打磨入库单元的硬件结构组成。

② 能够概述传感器、气缸的工作原理。

③ 能够解释PLC程序和机器人程序主要指令的作用。

④ 能够正确安装和调试光纤传感器。

⑤ 能够根据模块装配图，按要求完成检测打磨入库单元等组件安装。

⑥ 能够根据电气原理图，按工艺要求正确安装和调试电路。

⑦ 能够根据气路连接图，完成气路的连接和调试。

⑧ 能够正确配置机器人和PLC的通信。

⑨ 能够根据工件和运行轨迹变化正确示教和调整程序。

任务描述

任务一中已经完成手机装配打磨制造系统中的底座装配单元安装与调试。现在你所在的小组需要根据已有的图纸来完成检测打磨入库单元的安装与接线工作，并且根据已有的程序对单元进行调试，最终实现以下流程：传送带将手机底座送到指定位置；六轴工业机器人把手机顶盖装配到手机底座上；视觉传感器对手机按键进行检测；检测完成后，六轴工业机器人对检测完的成品进行入库，分成合格与不合格产品，并放到仓库中指定的位置。整个流程如图4-2-1所示。

图4-2-1 检测打磨入库单元流程图

学习储备

一、器材准备

检测打磨入库单元的主要器材清单见表4-2-1。

表4-2-1 检测打磨入库单元器材清单

序号	名称	规格型号	单位	数量
1	六轴工业机器人	埃夫特，ER3B-C30	台	1
2	条形光源组件	厂家配套	套	2
3	视觉模块	厂家配套	套	1
4	光栅组件	RCD-NB2220（通用型）	套	1
5	快换夹具	大双爪夹具	套	1
6	挂板	厂家配套	套	1
7	手机顶盖	厂家配套	个	3
8	上盖出料组件	厂家配套	套	1
9	光栅组件-左	厂家配套	套	1
10	PC机	装有AutoShop、WindowsInstaller3_1软件	台	1
11	工具	厂家配套	套	1
12	螺丝	厂家配套	套	1

二、知识技能准备

（一）视觉系统介绍及应用

1. 硬件连接

视觉系统实物连接图如图4-2-2所示，接线图如图4-2-3所示。

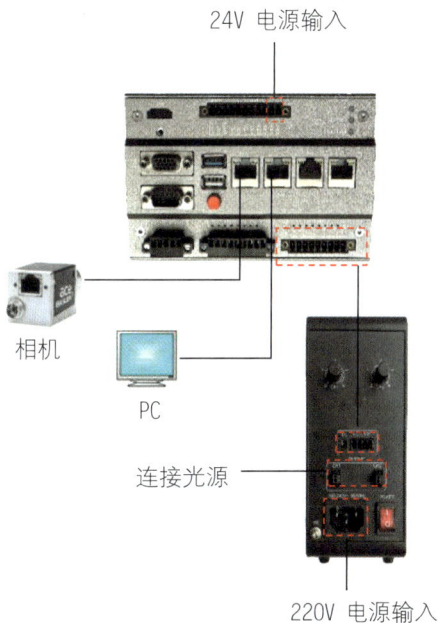

图4-2-2　视觉系统实物连接图

图4-2-3　视觉系统接线图

2. 软件应用

视觉程序下载与调试步骤见表4-2-2。

表4-2-2　视觉程序下载与调试步骤

步骤	操作描述	图示
1	使用笔记本电脑"远程桌面连接"功能连接视觉工控机	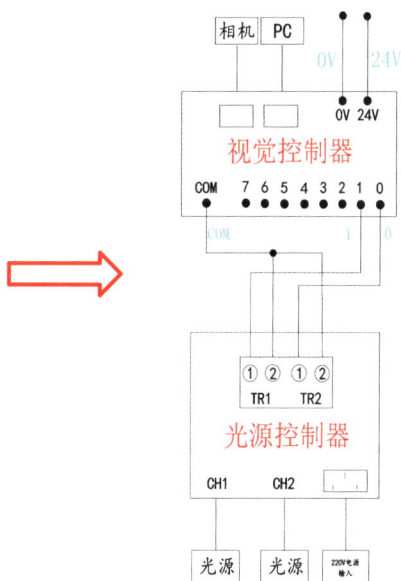

（续表）

步骤	操作描述	图示
2	打开软件"pylon IP Configu-rator"，点击"Refresh"，确保工业相机与控制器正确连接	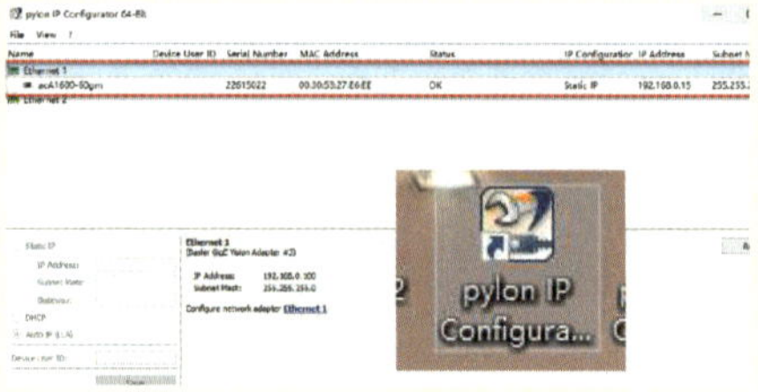
3	打开视觉配置软件"Hardware"，配置相机的硬件组态	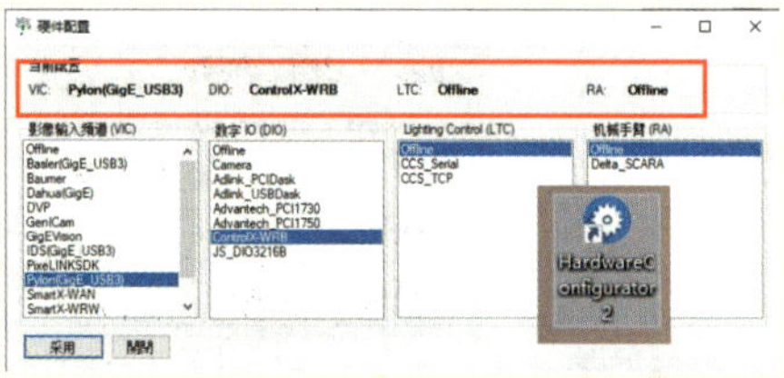
4	打开视觉编程软件"PVSsolf"，点击"Viewer"，选择"用户名称"，输入密码，点击"登入"，修改软件操作权限并进入配置模式（密码"2222"），再点击"配置模式"进入编程界面	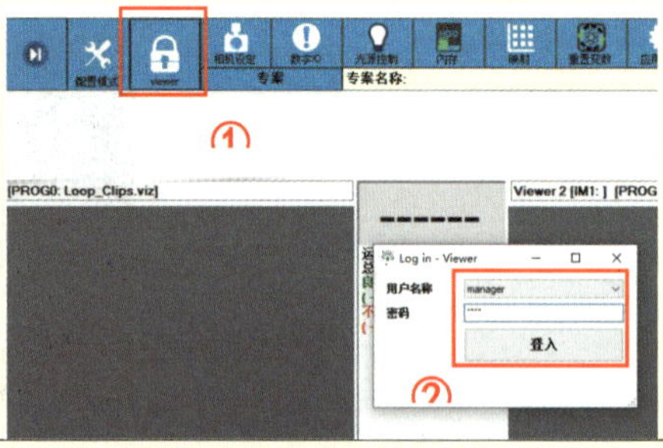
5	点击"开启"，选择视觉程序，将程序上传到软件中去	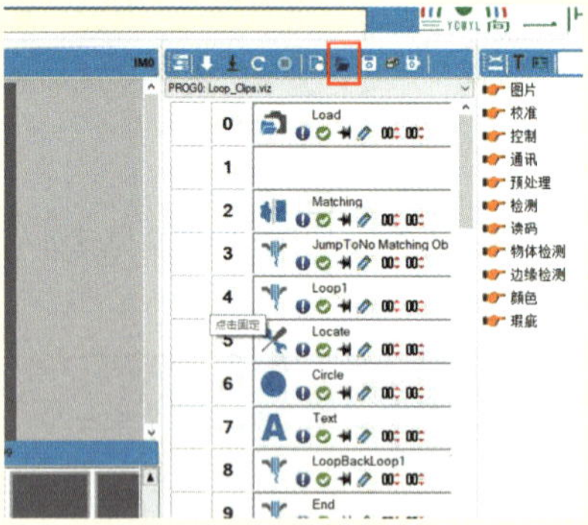
6	手动放置一部装好的手机在视觉系统下面，点击图像功能区的"连续采集"功能按钮，根据实际情况调节相机的焦距和光圈大小，使得图像显示清晰、特征点明显	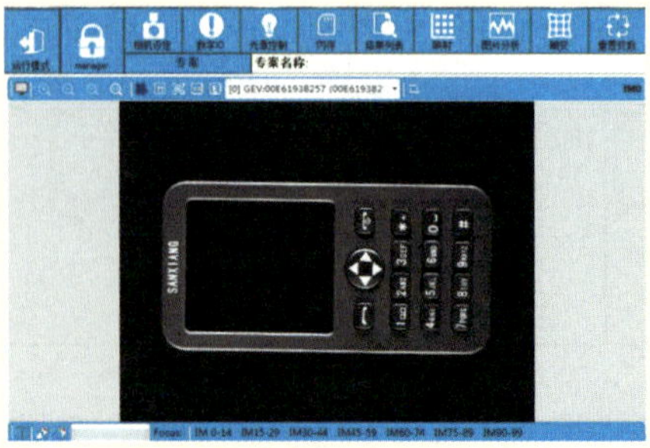

（续表）

步骤	操作描述	图示
7	对15个手机按键进行模型匹配（参照螺丝）	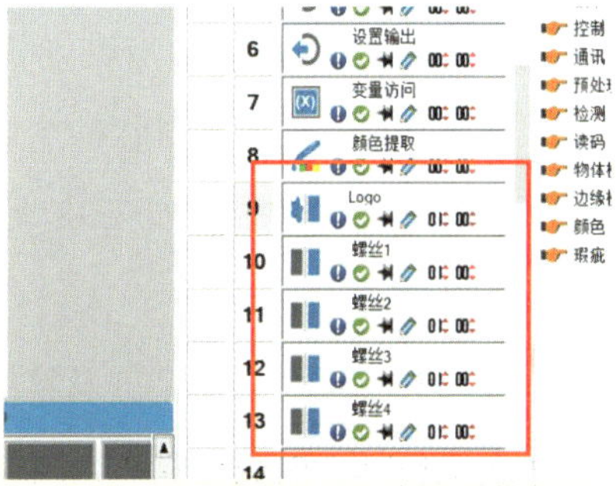
8	点击"模型1"，设置匹配模板；点击"参数"，再点击"新建"，在检测区域中寻找特征点	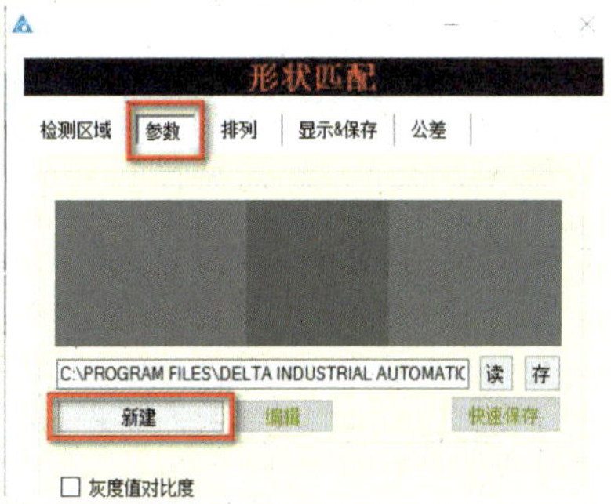
9	设置完特征模板后，需要将模板保存。选择保存路径后点击"存"功能保存。下次修改这个模板后可以直接点击"快速保存"	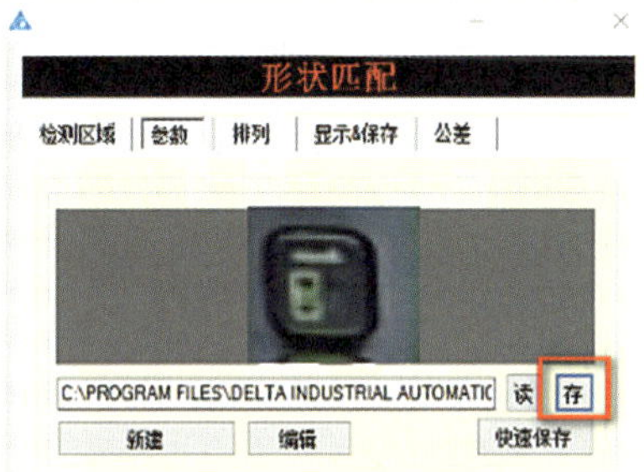
10	检测功能设置完成后可以通过测试功能检测模板的功能是否正常；点击"测试"，观察"测试"按钮隔壁状态显示区和图像区的变化，若为1，则测试成功（另外几个的匹配方法与模型1方法一致）	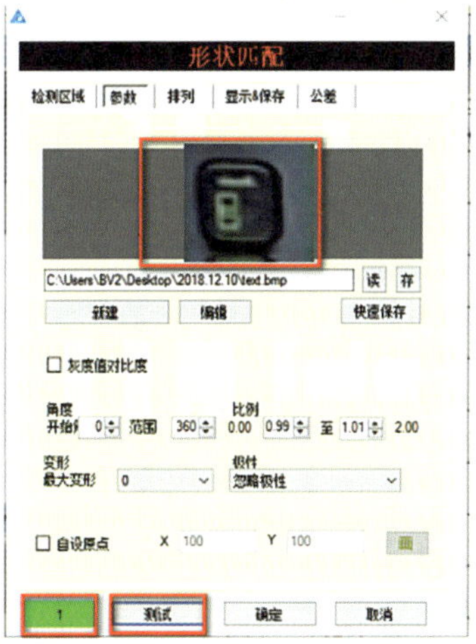

（二）步进电机驱动器

步进电机驱动器是一种将电脉冲转化为角位移的执行机构。当步进驱动器接收到一个脉冲信号，它就驱动步进电机按设定的方向转动一个固定的角度(称为"步距角")。我们可以通过控制脉冲个数来控制角位移度数，从而达到准确定位的目的；同时也可以通过控制脉冲频率来控制电机转动的速度和加速度，从而达到调速的目的。

步进电机驱动器外观、型号及接线图如图4-2-4所示。

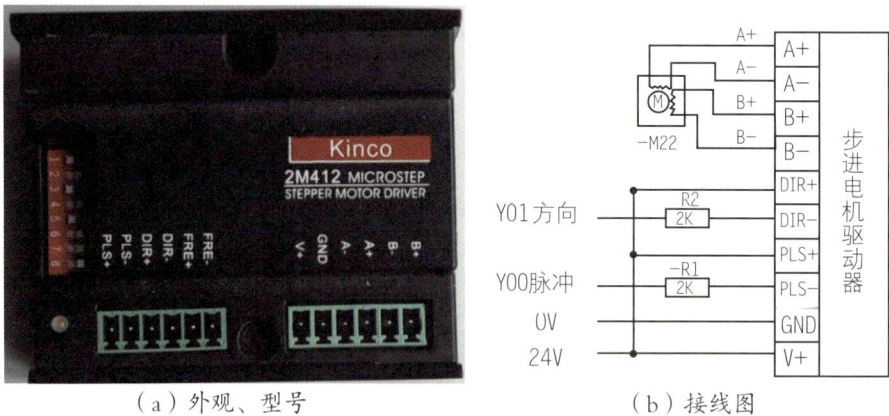

（a）外观、型号　　　　　　　　（b）接线图

图4-2-4　步进电机驱动器外观、型号及接线图

步进电机驱动器DIP开关功能说明如图4-2-5所示。

图4-2-5　步进电机驱动器DIP开关功能说明

三、资料准备

（1）光纤传感器技术手册（FM-31智能型数字光纤传感器）。

（2）机械图和电气图。

（3）四轴机器人操作编程手册（机器人控制系统编程手册V8.692）。

（4）H3U PLC编程手册（汇川PLC H3U编程手册、H3U系列可编程逻辑控制器简易手册）。

（5）触摸屏手册（IT6000系列人机界面用户手册）。

任务实施

一、机械安装

单元装配图是单元进行零部件安装的依据，请你根据提供的装配图进行各个组件的安装。各个组件装配完成后，则需要根据提供的单元布局图将每个组件在实训平台上进行定位安装。

安装前请认真阅读机械安装手册，要求组件安装无缺少、遗漏现象，组件安装尺寸符合图纸技术要求，组件安装后紧固，无松动现象，组件安装后运行顺畅，无卡滞或不能运行现象，固定螺栓按规定使用垫片，行线槽转角处和T形分支处按规定进行处理。

上盖出料桌体、六轴工业机器人桌体、立体仓库桌体装配图如图4-2-6所示。

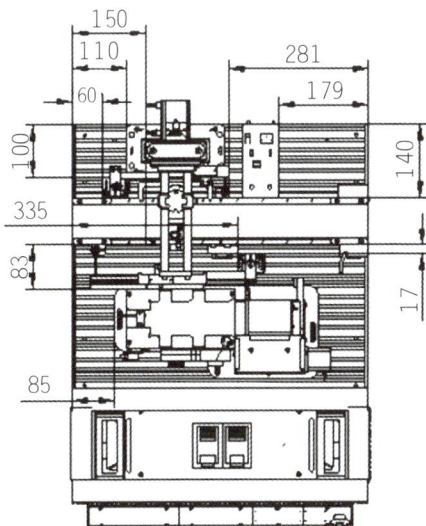

（a）上盖出料桌体装配图

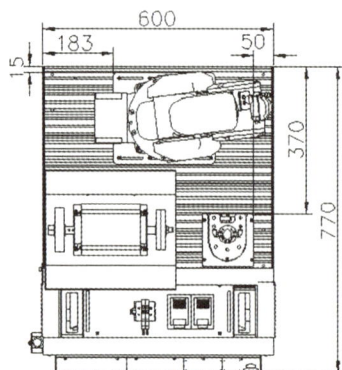

（b）六轴工业机器人桌体装配图　　（c）立体仓库桌体装配图

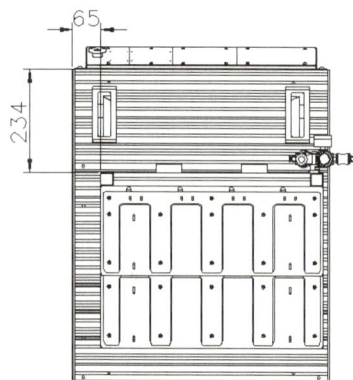

图4-2-6　上盖出料桌体、六轴工业机器人桌体、立体仓库桌体装配图（单位：mm）

检测打磨入库单元可参照图4-1-7中的手机装配打磨制造生产线布局图进行布局，按照表4-2-3的安装步骤完成设备的机械安装。

表4-2-3　检测打磨入库单元设备的机械安装步骤

步骤	操作描述	图示
1	安装输送带组件、上盖出料组件、桌面电气接口A2、条形光源组件、视觉模块1、光源与视觉控制器	
2	安装光栅组件-左、夹具座组件、打磨抛光组件、六轴工业机器人、桌面电气接口板B	

（续表）

步骤	操作描述	图示
3	安装立体仓库组件	

二、电气安装

（一）电路安装

挂板上PLC信号已经通过公头线缆连接到37T接线板上,现在我们需要将每个模块的信号连接到接线板的端子上，即可实现信号对接。电气安装过程中要求符合电气安装工艺，导线按规定进线槽，线槽孔出线合理，电路压接处紧固可靠，线头全部套管并注明编号，线头压接处无露铜过长现象。

1. 桌面电气接口板布局图及接线图

检测打磨入库单元一共用到了两块桌面电气接口板，分别为桌面电气接口板A2和桌面电气接口板B。其整体布局图如图4-2-7所示。

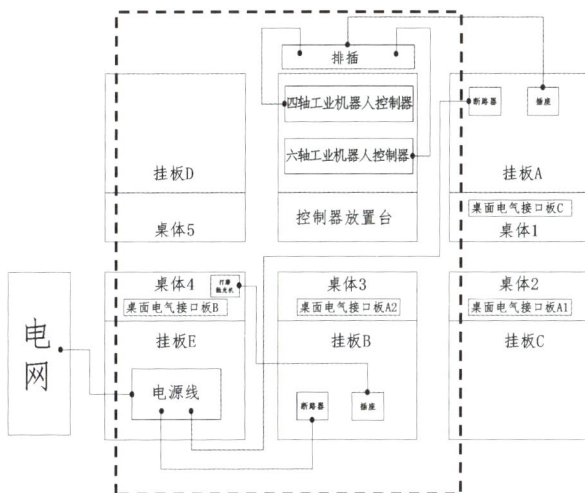

图4-2-7　桌面电气接口板整体布局图

（1）桌面电气接口板A2布局图及相关接线图。

桌面电气接口板A2布局图及接线图分别如图4-2-8、图4-2-9所示。桌面电气接口板A2地址分配表见表4-2-4。

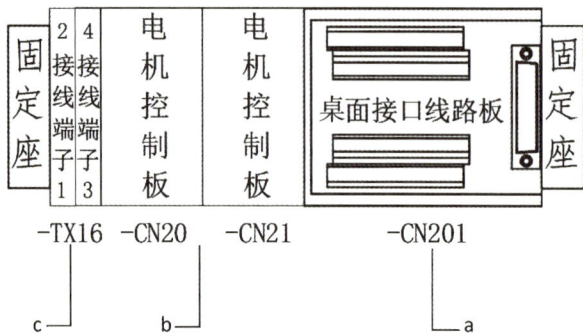

图4-2-8　桌面电气接口板A2布局图

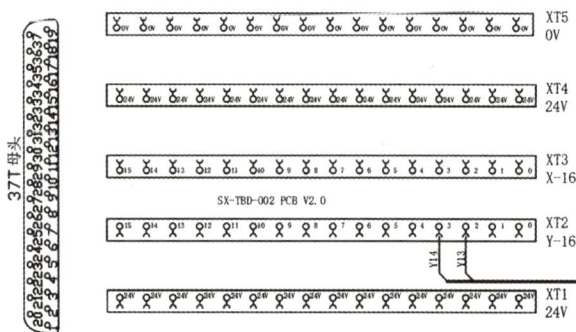

（a）CN201桌面接口线路板A2接线图

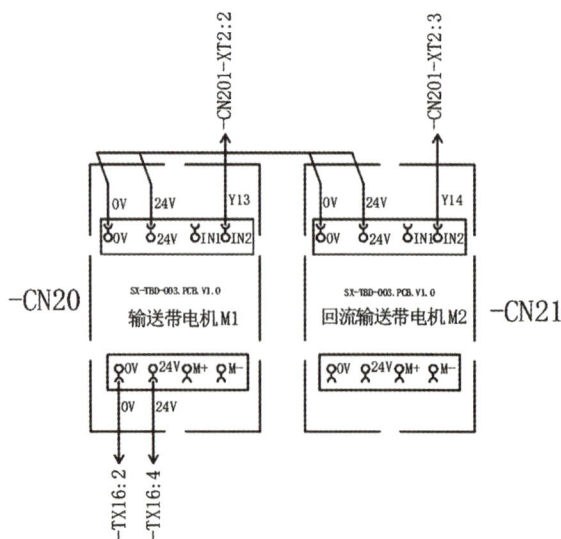

（b）CN20、CN21电机控制板接线图

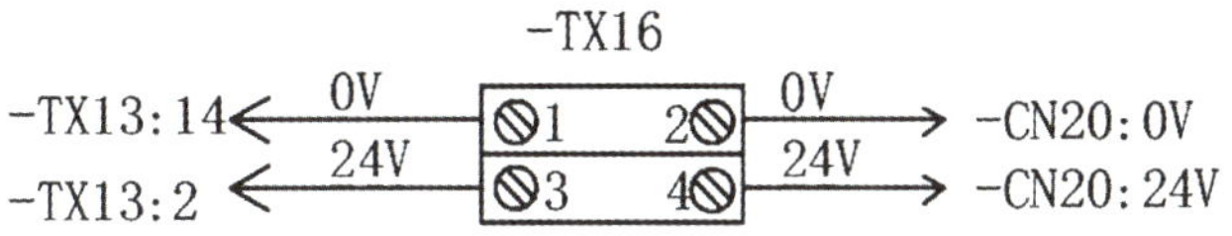

（c）TX16端子排接线图

图4-2-9　桌面电气接口板A2接线图

表4-2-4　桌面电气接口板A2地址分配表

接线端子	线号	功能描述	模块名称
XT2:0	Y00	步进驱动器脉冲	
XT2:1	Y01	步进驱动器方向	
XT2:2	Y13	输送带电机	
XT2:3	Y14	预留	
XT2:4	Y15	来料气缸电磁阀	
XT2:5	Y16	定位气缸电磁阀	
XT3:0	X04	步进电机原点传感器	
XT3:1	X05	步进电机上限位	
XT3:2	X06	步进电机下限位	
XT3:3	X07	检测定位传感器	-CN201 37针端子板
XT3:4	X14	定位气缸缩回限位	
XT3:5	X15	定位气缸伸出限位	
XT3:6	X16	料仓到位检测传感器	
XT3:7	X17	来料到位检测传感器	
XT3:8	X20	来料气缸缩回限位	
XT3:9	X21	来料气缸伸出限位	
XT3:10	X22	预留	
XT1/XT4	24V	24V电源正	
XT5:0	0V	24V电源负	

（2）桌面电气接口板B布局图及相关接线图。

桌面电气接口板B布局图及接线图分别如图4-2-10、图4-2-11所示。桌面电气接口板B地址分配表见表4-2-5。

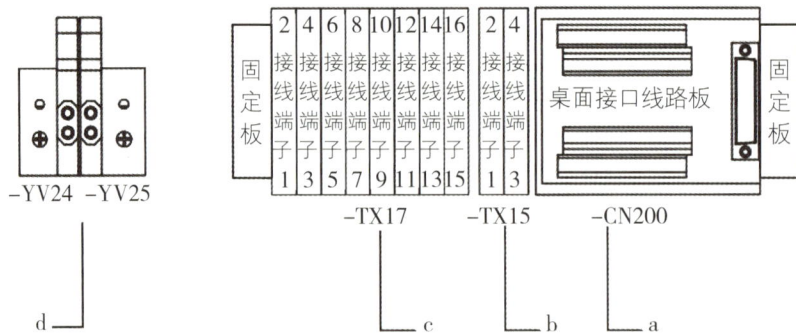

图4-2-10 桌面电气接口板B布局图

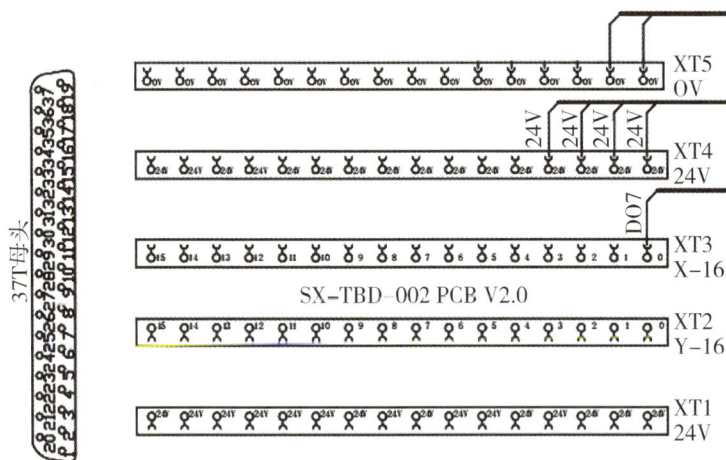

（a）CN200桌面电气接口板B接线图

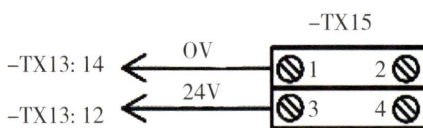

（b）TX15端子接线图

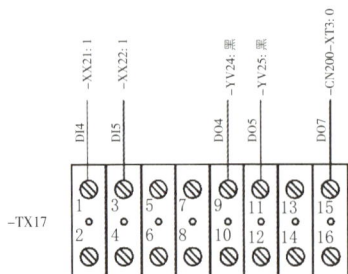

（c）TX17端子接线图

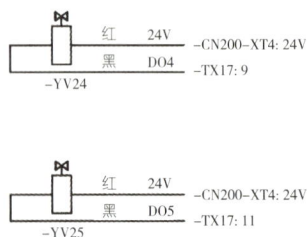

（d）YV24、YV25电磁阀接线图

图4-2-11 桌面电气接口板B接线图

表4-2-5　桌面电气接口板B地址分配表

接线端子	线号	功能描述		模块名称
XT2:0	Y20	DI8 伺服使能	六轴工业机器人输入信号	−CN200 37针端子板 XT2端子
XT2:1	Y21	DI9 远程示教模式		
XT2:2	Y22	DI10 工作站暂停		
XT2:3	Y23	DI11 程序结束		
XT2:4	Y24	DI12 程序继续		
XT2:5	Y25	DI13 预留		
XT2:6	Y26	DI14 预留		
XT2:7	Y27	DI15 预留		
XT3:0	DO7	打磨驱动继电器	六轴工业机器人输出信号	−CN200 37针端子板 XT3端子
XT3:1	X30	DO8 系统就绪		
XT3:2	X31	DO9远程工作模式中		
XT3:3	X32	DO10远程模式状态		
XT3:4	X33	DO11 预留		
XT3:5	X34	DO12 预留		
XT3:6	X35	DO13预留		
XT3:7	X36	DO14 预留		
XT3:8	X37	DO15 预留		
YV24	DO4	快换夹具电磁阀		TX17端子
YV25	DO5	平行夹具电磁阀		
XT1/XT4	24V	24V电源正		37针端子板
XT5	0V	24V电源负		

2. 检测打磨入库单元的电路安装

检测打磨入库单元的电路安装步骤见表4-2-6。

表4-2-6　检测打磨入库单元的电路安装步骤

步骤	操作描述	图示	备注
1	按照图4-2-9把15针的输送带组件CN214公头与安装在输送带旁的接口板母头对接	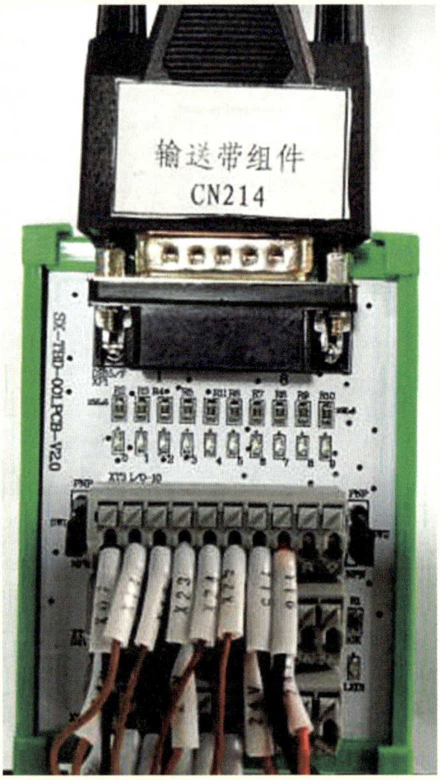	—
2	按照图4-2-9把线接好，然后把37针的A2接口公头与37针母头对接	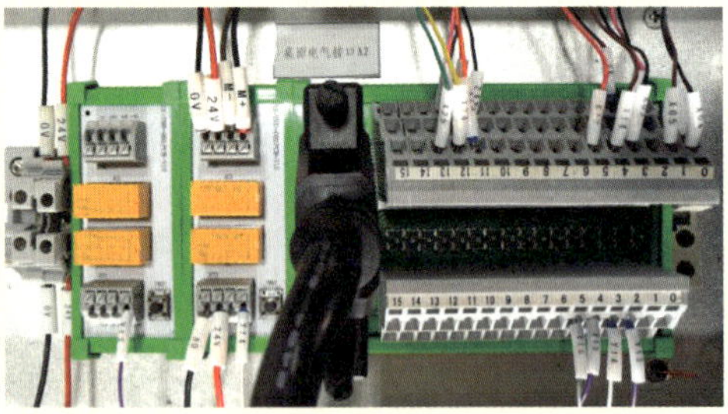	—
3	按照图4-2-11把15针的抛光打磨组件公头与安装在输送带旁的接口板母头对接		—

（续表）

步骤	操作描述	图示	备注
4	按照图4-2-11把线接好，然后把37针的B接口公头与37针母头对接		—
5	把六轴工业机器人的动力线和编码器线与机器人底座接口对接	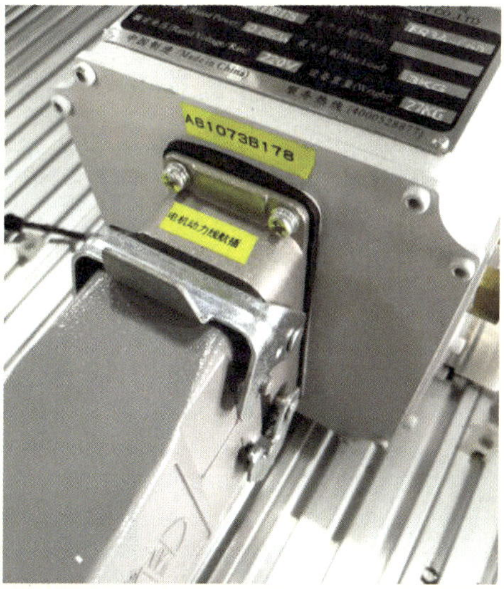	
6	把六轴工业机器人动力线、编码器线、电源线、示教器线、I/O线分别与控制柜背面的相应位置接口对接		

（二）气路连接

根据提供的气路连接图完成该单元的气路连接（气管不宜过长或过短，气管插头处可靠、无漏气现象，气路、电路分开绑扎），气路图参考前文图4-1-14手机装配打磨制造生产线总气路图。

检测打磨入库单元各组件间的气路连接步骤见表4-2-7。

表4-2-7　检测打磨入库单元各组件间的气路连接步骤

步骤	操作描述	图示
1	按照图4-2-12接好气源	
2	按照图4-2-12把桌面电气接口板B上的气路连接好	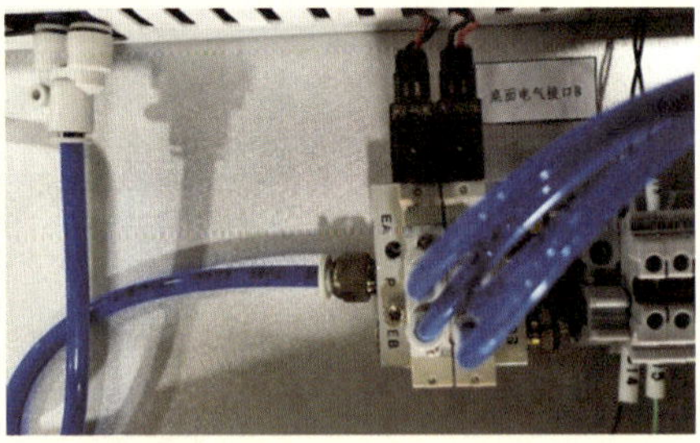
3	按照图4-2-12把六轴工业机器人上的气路连接好	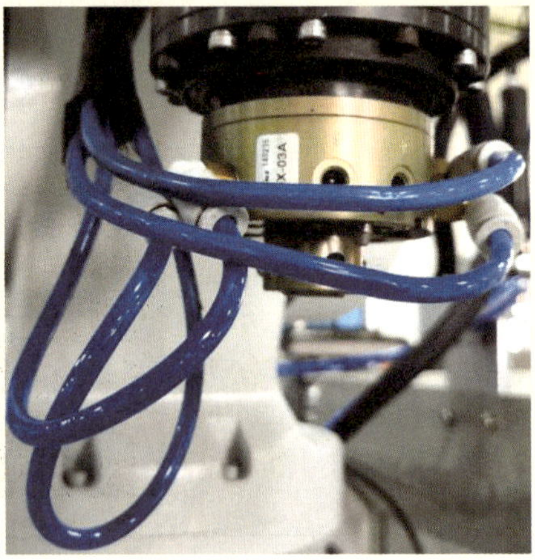

三、程序下载与调试

（一）主要说明

1. 检测打磨入库单元I/O接线图

检测打磨入库单元I/O接线图如图4-2-12所示。

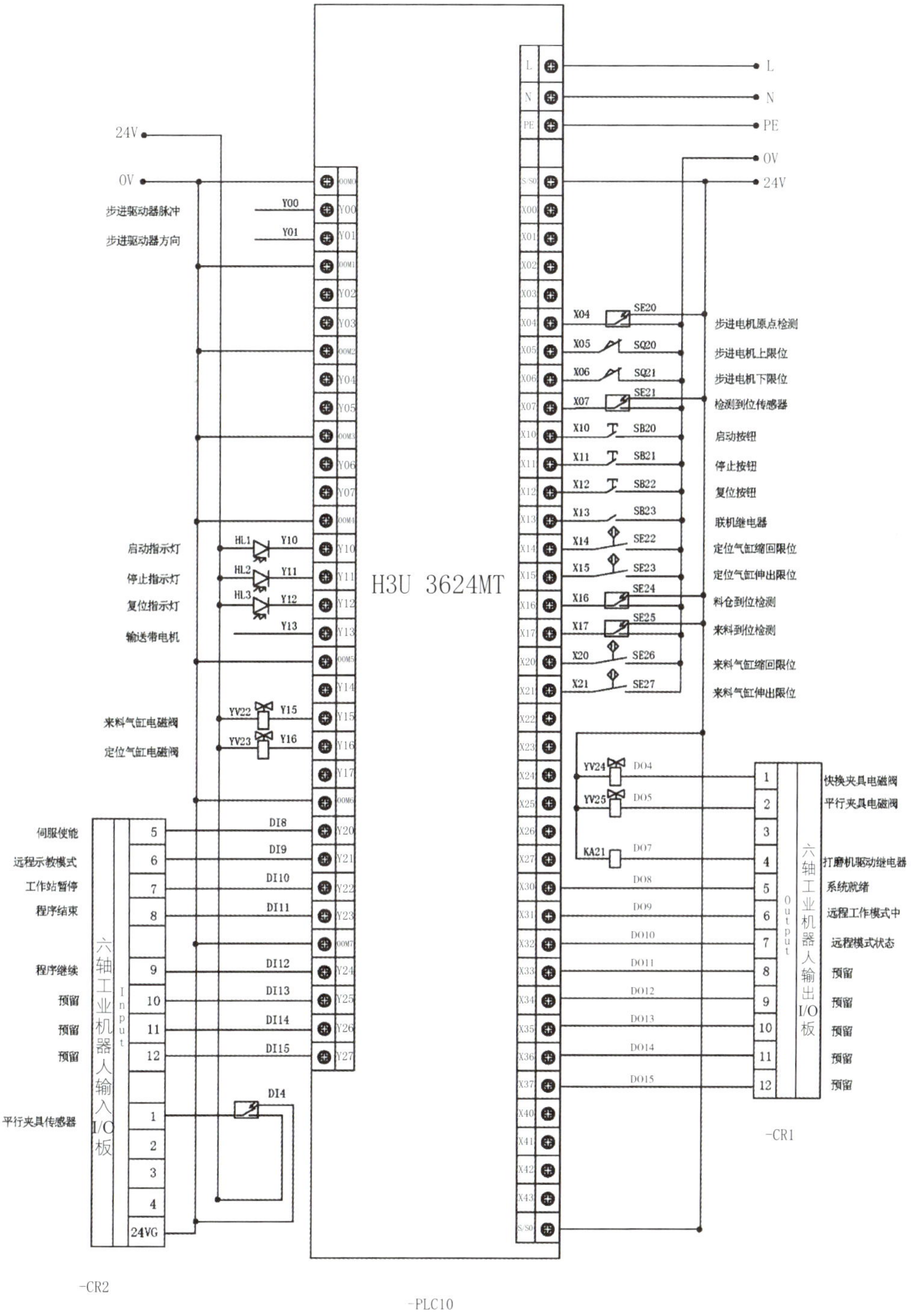
H3U 3624MT
L
N
PE
0V
24V
24V
0V
步进驱动器脉冲
步进驱动器方向
Y00
Y01
启动指示灯
停止指示灯
复位指示灯
输送带电机
HL1
HL2
HL3
Y10
Y11
Y12
Y13
来料气缸电磁阀
定位气缸电磁阀
YV22
YV23
Y15
Y16
伺服使能
远程示教模式
工作站暂停
程序结束
程序继续
预留
预留
预留
平行夹具传感器
DI8
DI9
DI10
DI11
DI12
DI13
DI14
DI15
DI4
六轴工业机器人输入I/O板
Input
24VG
-CR2
-PLC10
X04
X05
X06
X07
X10
X11
X12
X13
X14
X15
X16
X17
X20
X21
SE20
SQ20
SQ21
SE21
SB20
SB21
SB22
SB23
SE22
SE23
SE24
SE25
SE26
SE27
步进电机原点检测
步进电机上限位
步进电机下限位
检测到位传感器
启动按钮
停止按钮
复位按钮
联机继电器
定位气缸缩回限位
定位气缸伸出限位
料仓到位检测
来料到位检测
来料气缸缩回限位
来料气缸伸出限位
YV24
YV25
KA21
DO4
DO5
DO7
DO8
DO9
DO10
DO11
DO12
DO13
DO14
DO15
快换夹具电磁阀
平行夹具电磁阀
打磨机驱动继电器
系统就绪
远程工作模式中
远程模式状态
预留
预留
预留
预留
预留
六轴工业机器人输出I/O板
Output
-CR1

图4-2-12 I/O接线图

2. PLC程序结构

PLC程序主要包含Main（主程序）、上盖机构、上料机构、通信以及六轴工业机器人五个部分，如图4-2-13所示。

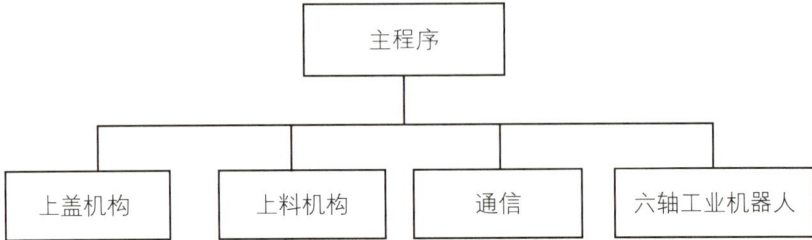

图4-2-13　PLC程序结构

3. PLC部分程序

PLC部分程序如图4-2-14所示。

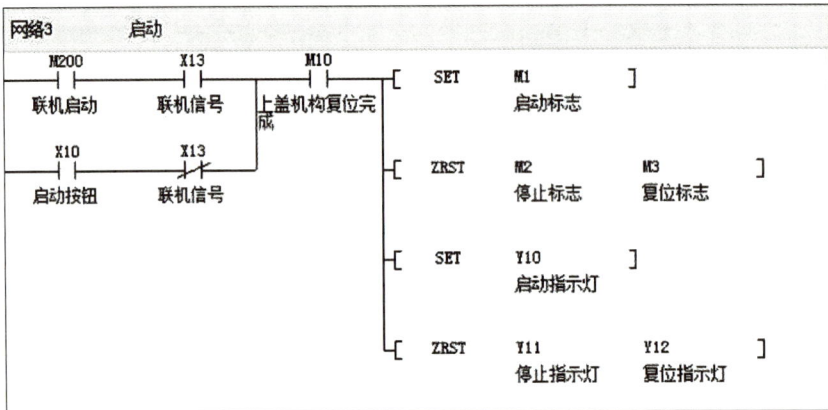

图4-2-14　PLC部分程序

4. 六轴工业机器人程序结构

六轴工业机器人程序主要包含主程序（Main）、初始化子程序（Initialization）、装配子程序（Assembly）、抓夹具子程序（PickScrew）、放夹具子程序（PlaceScrew）、回原点子程序（Rhome）等六个程序，如图4-2-15所示。

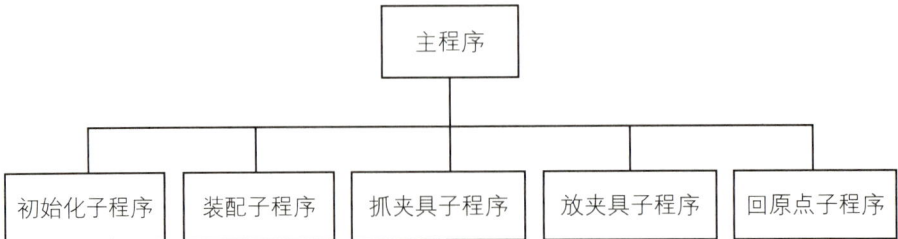

图4-2-15　六轴工业机器人程序结构

5. 六轴工业机器人主要程序及注释

START;

SOCKSEND,str=1,str=3,B=1　　　　##把Socket名称str1要发送的字符串，存在字符型变量S003里面

SOCKRECV,str=1,str=4,B=1　　　　##把Socket名称str1接收到的字符数据，存储在字符串型变量S004里面

IF,STR=4,NE,STR=6,THEN　　　　##判断STR4的值是否不等于STR6的值

INC,I=52　　　　##整型变量I52加1

F,I=52,EQ,VALUE=2,THEN　　　　##判断I52的值是否不等于2

PAUSE　　　　##暂停

END_IF　　　　##结束if判断

JUMP,*QW　　　　##跳转到标签*QW

END_IF　　　　##结束if判断

TIMER,T=2.50,s　　　　##延时 2.5s

SOCKRECV,str=1,str=4,B=1　　　　##把Socket名称str1接收到的字符数据，存储在字符串型变量S004里面

IF,STR=4,EQ,STR=7,THEN　　　　##判断STR4的值是否不等于STR7的值

TIMER,T=500,ms　　　　##延时 500ms

CALL,PROG=z_OK　　　　##调用子程序z_OK

END_IF　　　　##结束if判断

IF,STR=4,EQ,STR=8,THEN　　　　##判断STR4的值是否不等于STR8的值

TIMER,T=500,ms　　　　##延时 500ms

CALL,PROG=z_NG　　　　##调用子程序z_NG

END_IF　　　　##结束if判断

（二）操作步骤

程序下载与调试操作步骤见表2-1-24。

任务考核

任务学习结束，请完成表4-2-8中的任务考核项目。

表4-2-8 任务考核表

项目	要求	配分	评分标准	扣分	得分
设备组装	1.设备部件安装可靠，各部件位置衔接准确； 2.电路安装正确，接线规范	30分	1. 部件安装位置错误，每处扣2分； 2. 部件衔接不到位、零件松动，每处扣2分； 3. 电路连接错误，每处扣2分； 4. 导线反圈、压皮、松动，每处扣2分； 5. 错、漏编号，每处扣1分； 6. 导线未入线槽、布线零乱，每处扣2分； 7. 漏连接地线，每处扣5分		
设备功能	1.设备启停正常； 2.警示灯动作及报警正常； 3.检测打磨入库单元功能正常	60分	1. 设备未按要求启动或停止，每处扣10分； 2. 警示灯未按要求动作，每处扣10分； 3. 驱动转盘的电动机未按要求旋转，扣20分； 4. 送料不准确或未按要求送料，扣10分		
设备附件	资料齐全，归类有序	5分	1. 设备组装图缺少，每份扣2分； 2. 电路图、梯形图缺少，每份扣2分； 3. 技术说明书、工具明细表、元件明细表缺少，每份扣2分		
安全生产	1.自觉遵守安全文明生产规程； 2.保持现场干净整洁，工具摆放有序	5分	1. 每违反一项规定，扣3分； 2. 发生安全事故，0分处理； 3. 现场凌乱、乱放工具、乱丢杂物、完成任务后不清理现场，扣5分		
时间	3h	—	1. 提前正确完成，每提前5min加5分； 2. 超过定额时间，每超过5min扣2分		

任务三　手机装配打磨制造生产线的联机调试

学习目标

1. 能够陈述手机装配打磨制造生产线整机的动作流程。

2. 能够下载整机的PLC和机器人运行程序。

3. 能够明确整个工作流程中各动作之间的信号联系。

4. 能够根据工件、运行轨迹变化，正确调整程序以及相关元器件的位置和参数。

任务描述

通过任务一和任务二的学习训练，手机装配打磨制造生产线整机的机械安装和电气安装已全部完成，模块单元已经调试完成。现在小组成员要下载整机的PLC和机器人程序，通过调整相关器件的位置和参数，确保手机装配打磨制造生产线的上料、运送、打磨、装配、检测、入库等过程能协调、稳定运行。

学习储备

一、器材准备

手机装配打磨制造生产线联机调试的主要器材清单见表4-3-1。

表4-3-1　联机调试器材清单

序号	名称	规格型号	单位	数量
1	万用表	厂家配套	个	1

（续表）

序号	名称	规格型号	单位	数量
2	内六角工具	厂家配套	套	1
3	小一字螺丝刀	厂家配套	套	1
4	小十字螺丝刀	厂家配套	套	1
5	螺丝	厂家配套	套	1
6	电脑	厂家配套	台	2

二、知识技能准备

（1）手机装配打磨制造生产线工作流程。

手机装配打磨制造生产线工作流程如图4-3-1所示。

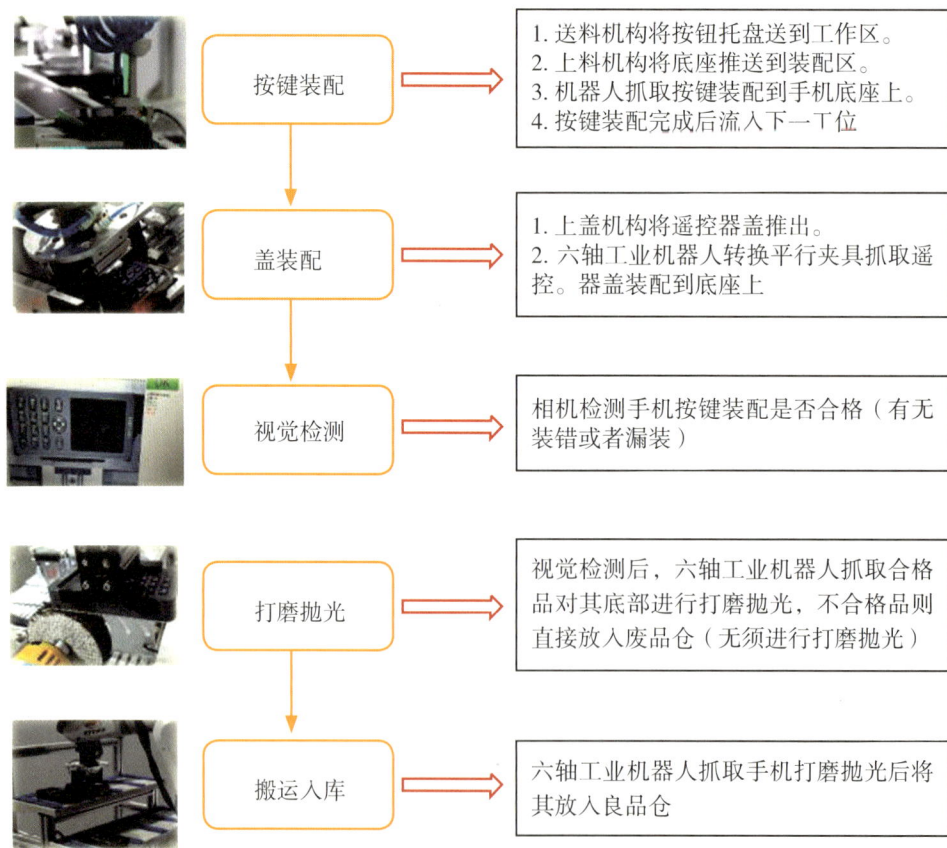

按键装配 → 1.送料机构将按钮托盘送到工作区。
2.上料机构将底座推送到装配区。
3.机器人抓取按键装配到手机底座上。
4.按键装配完成后流入下一工位

盖装配 → 1.上盖机构将遥控器盖推出。
2.六轴工业机器人转换平行夹具抓取遥控器盖装配到底座上

视觉检测 → 相机检测手机按键装配是否合格（有无装错或者漏装）

打磨抛光 → 视觉检测后，六轴工业机器人抓取合格品对其底部进行打磨抛光，不合格品则直接放入废品仓（无须进行打磨抛光）

搬运入库 → 六轴工业机器人抓取手机打磨抛光后将其放入良品仓

图4-3-1　手机装配打磨制造生产线工作流程图

明确动作流程各信号之间的联系，如表4-3-2、表4-3-3所示。

表4-3-2　I/O功能表

序号	PLC	机器人	功能描述	备注
1	Y20	DI8	机器人"启动"	I/O通信地址（机器人–PLC）
2	Y21	DI9	机器人"停止"	
3	Y22	DI10	选择"I/O程序"	
4	X30	DO8	系统就绪	I/O通信地址（PLC–机器人）
5	X31	DO9	远程模式工作中	
6	X32	DO10	远程模式状态	
7	Y20	DI8	伺服使能	
8	Y21	DI9	远程示教模式	
9	Y22	DI10	工作站暂停	TCP通信地址（PLC–机器人）
10	Y23	DI11	程序结束	
11	Y24	DI12	程序继续	

表4-3-3　IO/TCP通信交互信号

序号	PLC	机器人	功能描述	备注
1	D300=1	00*9100（R3=1）	按键装配开始	I/O通信地址（机器人–PLC）
2	D310=1	00*2100（R0=1）	机器人复位完成	
3	D311=1	00*2101（R1=1）	按键装配完成	
4	D311=2	00*2101（R1=2）	料盘缺料	I/O通信地址（PLC–机器人）
5	D200=1	I1=1	盖装配开始	
6	D201=1	I2=1	开始入库	
7	D210=1	I33=1	机器人复位完成	
8	D211=1	I34=1	机器人取盖完成	
9	D211=2	I34=2	机器人加盖完成	TCP通信地址（PLC–机器人）
10	D211=3	I34=3	机器人准备入库	

（2）分别下载挂板A、B上H3U-3624MT PLC的整机程序。

用汇川PLC编程软件AutoShop到电脑指定位置下载指定的PLC整机程序文件。

（3）分别下载四轴汇川机器人、六轴埃夫特机器人程序。

（4）下载触摸屏控制程序。

用触摸屏软件下载指定的程序文件。

三、资料准备

（1）光纤传感器技术手册（FM-31智能型数字光纤传感器）。

（2）SX-CSET-JD08-30B-00_手机装配智能生产线。

（3）六轴机器人操作编程手册（ER3B-C30 机器人编程手册、ER3B-C30 机器人电气手册、ER3B-C30机器人机械维护手册）。

（4）H3U PLC编程手册（汇川PLC H3U编程手册、H3U系列可编程逻辑控制器简易手册）。

（5）触摸屏手册（IT6000系列人机界面用户手册）。

任务实施

手机装配打磨制造生产线联机调试步骤见表4-3-4。

表4-3-4　手机装配打磨制造生产线联机调试步骤

步骤	操作描述	图示	备注
1	根据SX-CSET-JD08-30B-00_手机装配智能生产线图纸的要求，先调节各单元的脚杯，使5张桌体的台面位于同一水平面；然后按图拼接并用连接板和螺丝把5张桌体连接成同一整体，再根据电气接线图把所有接口板信号线连接好	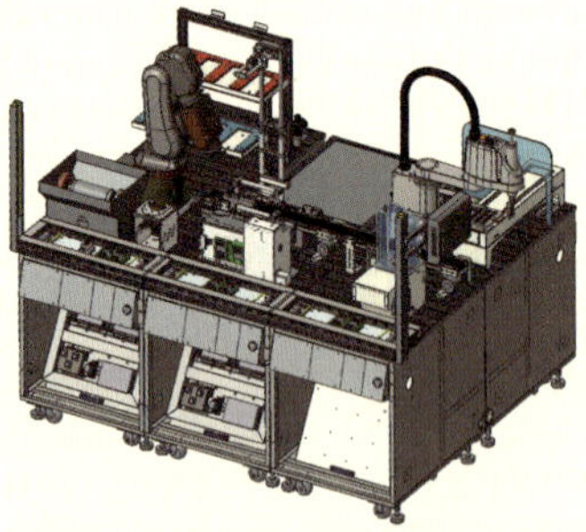	—
2	按图示方向摆放手机底壳，上抛光蜡打磨抛光轮	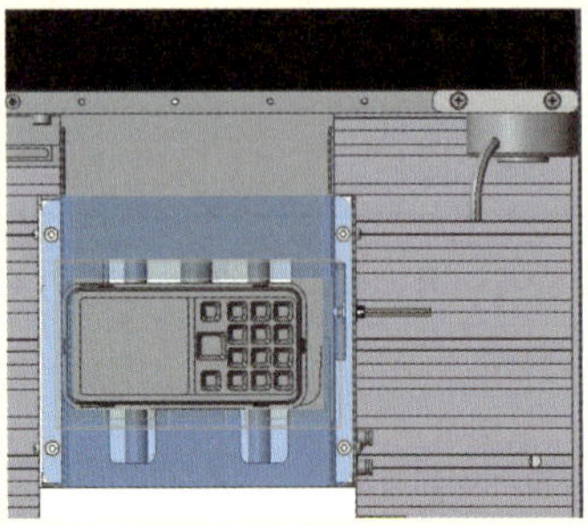	需要工件做镜面抛光处理时，在设备运行前应对抛光轮上抛光蜡，且上抛光蜡时应用纸张遮挡抛光轮上方，防止蜡体飞溅

（续表）

步骤	操作描述	图示	备注
3	按图示方向摆放手机上盖		—
4	在两台PLC之间进行通信测试		—
5	下载程序，试运行		—
6	调整传感器参数和位置		—

任务考核

任务学习结束，请完成表4-3-5中的任务考核项目。

表4-3-5　任务考核表

项目	要求	配分	评分标准	扣分	得分
联机组装	1.设备部件安装可靠，各部件位置衔接准确； 2.电路安装正确，接线规范	20分	1.部件安装位置错误，每处扣2分； 2.部件衔接不到位、零件松动，每处扣2分； 3.电路连接错误，每处扣2分； 4.导线反圈、压皮、松动，每处扣2分； 5.错、漏编号，每处扣1分； 6.导线未入线槽、布线零乱，每处扣2分		

（续表）

项目	要求	配分	评分标准	扣分	得分
程序下载	1. 正确下载四轴工业机器人程序，并能启动运行； 2. 正确下载六轴工业机器人程序，并能启动运行； 3. 正确下载PLC程序	20分	1. 不能正常启动机器人轨迹程序，扣10分； 2. 不能正常启动PLC程序，扣10分		
设备简单调试	1. 熟悉设备的运行流程； 2. 能正确操作设备运行； 3. 熟悉各传感器位置和参数调整方法； 4. 设备协调、稳定运行	50分	1. 不熟悉设备的运行流程，扣5分； 2. 不会操作设备使之运行，扣20分； 3. 不会调整传感器参数，每处扣5分； 4. 整机设备运行出现卡顿，机器人点位不对，每处扣5分		
安全生产	1. 自觉遵守安全文明生产规程； 2. 保持现场干净整洁，工具摆放有序	10分	1. 发生安全事故，0分处理； 2. 现场凌乱、乱放工具、乱丢杂物、完成任务后不清理现场，扣5分		
时间	3h	—	1. 提前正确完成，每提前5min加5分； 2. 超过定额时间，每超过5min扣2分		

任务四　手机装配打磨制造生产线的维护与保养

学习目标

1. 掌握传感器的维护与保养的方法。
2. 掌握接线板的维护与保养的方法。
3. 掌握打磨电机的维护与保养的方法。
4. 掌握气缸的维护与保养的方法。
5. 掌握机器人维护与保养的方法。
6. 树立智能制造设备的维护与保养意识。

任务描述

设备运行一段时间后，往往会出现一些小问题，比如电机出现异响、传感器信号不稳定等，这会降低设备的生产效率。如果长时间不处理可能会导致器件损坏，需要停机并花费大量的时间去维修，甚至会缩短设备的使用寿命。所以需定期对设备的器件进行检查，并且进行简单的维护与保养处理，延长其使用寿命。

学习储备

一、器材准备

（1）标准工具一套。

（2）干燥毛巾一条。

二、知识技能准备

（1）进行维护与保养时一定要认真阅读维护与保养手册。

（2）若设备需要进行保养，一定要按照关机程序切断设备电源。

（3）设备保养完成后，按照开机程序进行设备试运行。

（4）光电传感器的维护与保养。

定期检查光电传感器安装是否牢固，是否有物体遮挡，检测灵敏度是否正常，定期擦洗或者清除一些污垢。

三、资料准备

（1）设备维护与保养手册。

（2）设备安全操作手册。

任务实施

一、定期设备检查单

定期设备检查单见表4-4-1。

表4-4-1　定期设备检查单

周期			检查内容	检修结果	工作人员签名
每天	每周	每月			
	√		断电检查确认安全送料机构紧固部分是否有松动现象		
	√		断电检查确认模型上料机构紧固部分是否有松动现象		
	√		断电检查确认机器人固定座螺丝是否出现松动现象		
	√		断电检查确认各线路是否接触良好		
√			上电检查确认各传感器、气缸、夹具是否能够正常工作		
√	√		通电运行，查看设备能否正常运行		
		√	检查工业机器人伺服电机编码器电池是否有电		

二、设备维护与保养单

设备维护与保养单见表4-4-2。

表4-4-2　设备维护与保养单

周期			维护保养内容	保养结果	工作人员签名
每天	每周	每月			
√			用干毛巾擦拭各机构上的灰尘		
	√		用毛巾轻轻擦拭机器人吸盘夹具		
	√		定期用干布轻轻擦拭设备光电传感器		
		√	断电检查确认各线路是否接触良好		
		√	给机械部件加润滑油		
		√	清除空压机三联件过滤器中的水和油		

任务考核

根据学生在维护与保养过程中的表现，进行综合考核，任务考核项目见表4-4-3。

表4-4-3　维护与保养过程任务考核表

项目及要求		配分	评分标准	扣分	得分
检查单和维护与保养单	1.持有设备定期检查单； 2.持有设备维护保养单	10分	1.未持有设备定期检查单，扣3分； 2.未持有设备维护保养单，扣3分； 3.没有准备相应的工具，扣4分		
设备检查过程	1.熟悉设备定期检查单； 2.对照着检查单对设备各器件进行定期检查； 3.符合设备检查操作规范	50分	1.对设备定期检查单不熟悉，扣5分； 2.不能准确找出设备各器件，每处扣5分； 3.不能使用正确的方法对各器件进行检查，每处扣5分； 4.不能完成检查任务，扣50分		

（续表）

项目及要求		配分	评分标准	扣分	得分
设备维护与保养过程	1. 熟悉设备维护与保养单； 2. 对照维护与保养单对设备各器件进行定期保养与维护； 3. 维护与保养过程符合操作规范	30分	1. 对设备维护与保养单不熟悉，扣5分； 2. 不能准确找出设备各器件，每处扣5分； 3. 操作过程不规范，每处扣2分； 4. 不能完成维护与保养任务，扣30分		
安全生产	1. 自觉遵守安全文明生产规程； 2. 保持现场干净整洁，工具摆放有序	10分	1. 不符合文明操作规范，每次扣3分； 2. 发生安全事故，0分处理； 3. 现场凌乱、乱放工具、乱丢杂物、完成任务后不清理现场，扣5分		
时间	20min	—	1. 提前正确完成，每提前5min加5分； 2. 超过定额时间，每超过5min扣2分		

项目五

遥控器涂胶装配制造生产线的安装与调试

项目导入

在传统的家电遥控器生产行业，遥控器组装采用人工贴标签、人工安装电池盖、扫描、包装的方式。这种组装方式落后，存在人工劳动强度大、标签条码漏贴、电池盖没盖好等问题，生产线需进行自动化升级改造。

综合考虑项目任务难度及工作应用场景，将项目分解为四个任务：

任务一　底座按键装配单元的安装与调试

任务二　装配检测入库单元的安装与调试

任务三　遥控器涂胶装配制造生产线的联机调试

任务四　遥控器涂胶装配制造生产线的维护与保养

以上四个任务，包含了底座按键装配及装配检测入库单元的安装与调试，遥控器涂胶装配制造生产线的联机调试、维护与保养等技能要求。希望读者学习本项目后，能够独立掌握相应技能。

遥控器涂胶装配制造生产线主要是通过四轴工业机器人和六轴工业机器人对遥控器模型进行按键装配、加盖装配并搬运入仓。具体工作过程：设备启动后，安全送料机构将需要装配的遥控器按键送入装配区，遥控器底座被推送到装配平台，由四轴工业机器人完成按键装配；同时遥控器盖上料机构把遥控器盖推送到拾取工位，六轴工业机器人抓取涂胶夹具对底座四周进行涂胶处理，然后转换大双爪夹具抓取遥控器盖装配到底座上；相机检测遥控器按键装配是否合格（有无错装或者漏装）；六轴工业机器人接收到相机反馈的数据后，将合格品放置到良品仓，将不合格品放置到废品仓。遥控器涂胶装配制造生产线系统图如图5-0-1所示。

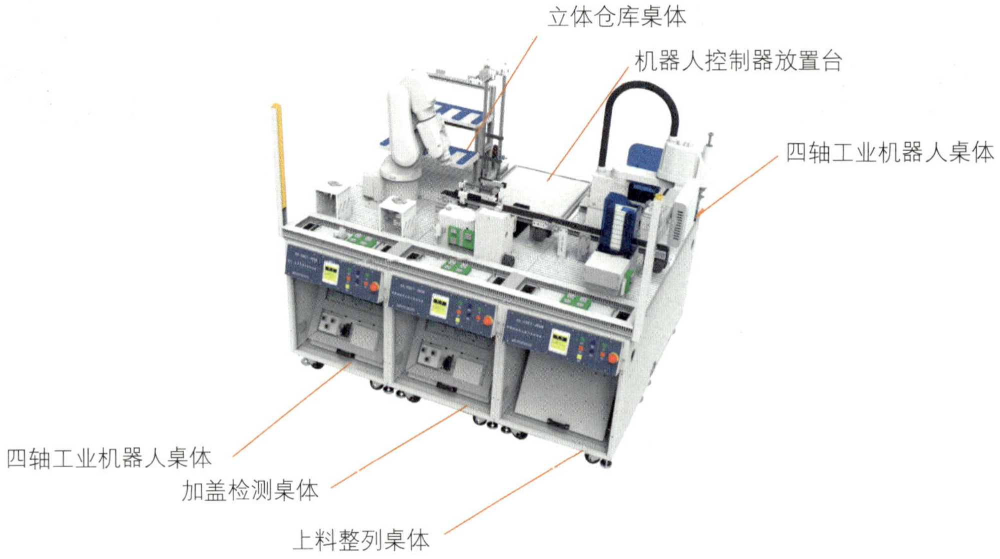

图5-0-1 遥控器涂胶装配制造生产线系统图

任务一　底座按键装配单元的安装与调试

学习目标

1. 能够陈述底座按键装配单元的硬件结构组成。
2. 能够概述传感器、气缸的工作原理。
3. 能够解释PLC程序和机器人程序主要指令的作用。
4. 能够正确安装和调试光纤传感器。
5. 能够根据单元装配图，按要求完成底座按键装配单元的组件安装。
6. 能够根据电气原理图，按工艺要求正确连接和调试电路。
7. 能够根据气路连接图，完成气路的连接和调试。
8. 能够正确配置机器人和PLC的通信。
9. 能够根据工件和运行轨迹变化正确示教和调整程序。

任务描述

本套设备已完成了桌体与挂板的连接，本任务需根据图纸来完成该单元工作组件的安装与接线工作，并对单元进行调试，最终实现如图5-1-1所示的工作流程。

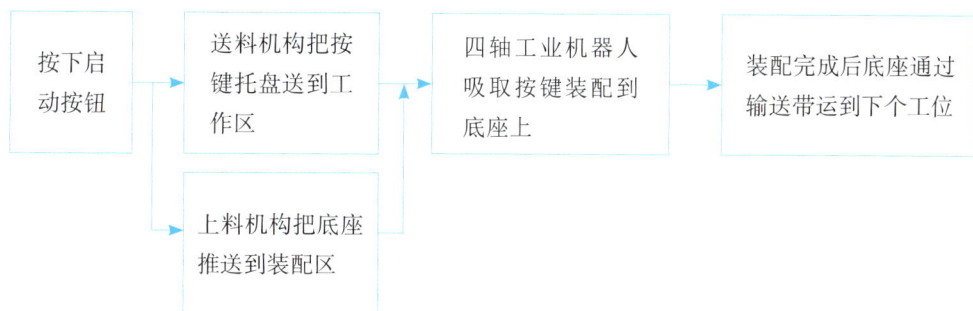

图5-1-1　底座按键装配单元流程图

学习准备

一、器材准备

底座按键装配单元的主要器材清单见表5-1-1。

表5-1-1　底座按键装配单元器材清单

序号	名称	规格型号	单位	数量
1	四轴工业机器人	汇川，IRS100-3-40Z15-T53	台	1
2	输送带组件	约600mm×60mm×180mm，材料为铝型材骨架	套	2
3	模型上料组件	约446mm×343mm×168mm，铝型材骨架、优质冷轧板做外壳表面喷涂	套	1
4	触摸屏组件	厂家配套	台	1
5	光栅组件	RCD-NB2220（通用型）	套	1
6	安全送料组件	厂家配套	套	1
7	遥控器按键	厂家配套	套	4
8	按键底座	厂家配套	个	4
9	气源两联件组件	SX-CSET-JD08-05-16	套	1
10	空气压缩机	TYW-1A 12L	台	1
11	PC机	装有AutoShop、WindowsInstaller3_1软件	台	1
12	工具	厂家配套	套	1
13	螺丝	厂家配套	套	1

二、知识技能准备

1. 光纤传感器调试

光纤传感器调试操作见本书项目二任务一中的知识技能准备。

2. 气缸调试

气缸调试操作见本书项目二任务一中的知识技能准备。

3. 四轴工业机器人和六轴工业机器人操作

四轴工业机器人和六轴工业机器人操作见本书项目二任务一中的知识技能准备。

4. 触摸屏的使用

触摸屏的使用见本书项目三任务一中的知识技能准备。

三、资料准备

（1）光纤传感器技术手册（FM-31智能型数字光纤传感器）。

（2）机械图和电气图。

（3）四轴机器人操作编程手册（机器人控制系统编程手册V8.692）。

（4）H3U PLC编程手册（汇川PLC H3U编程手册、H3U系列可编程逻辑控制器简易手册）。

（5）触摸屏手册（IT6000系列人机界面用户手册）。

任务实施

一、机械安装

请你根据提供的单元布局图将每个组件在实训平台上进行定位安装。

安装前请认真检查组件及安装工具套件是否齐全，准备完成后，根据安装步骤进行各组件安装。

底座按键装配单元由两个桌体组成，两个桌体的装配图如图5-1-2所示。

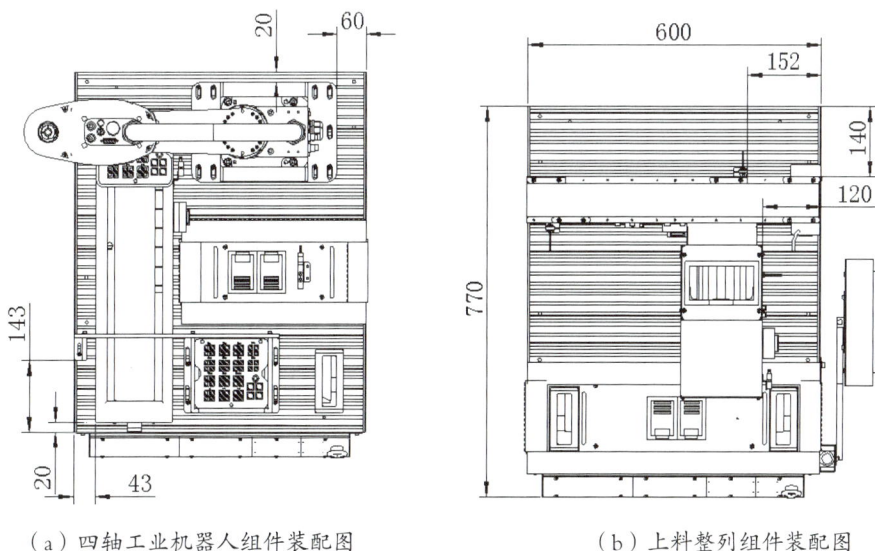

（a）四轴工业机器人组件装配图　　　　　（b）上料整列组件装配图

图5-1-2　底座按键装配单元装配图（单位：mm）

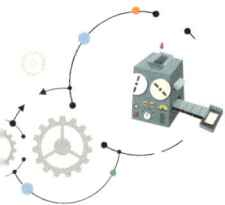

遥控器涂胶装配制造生产线布局图如图5-1-3所示，效果图如图5-1-4所示。

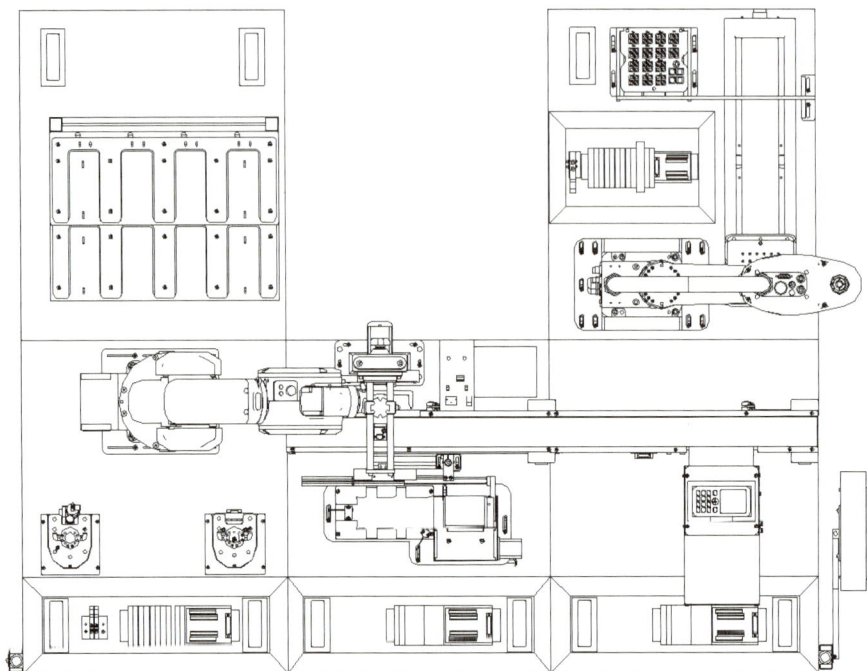

图5-1-3　遥控器涂胶装配制造生产线布局图

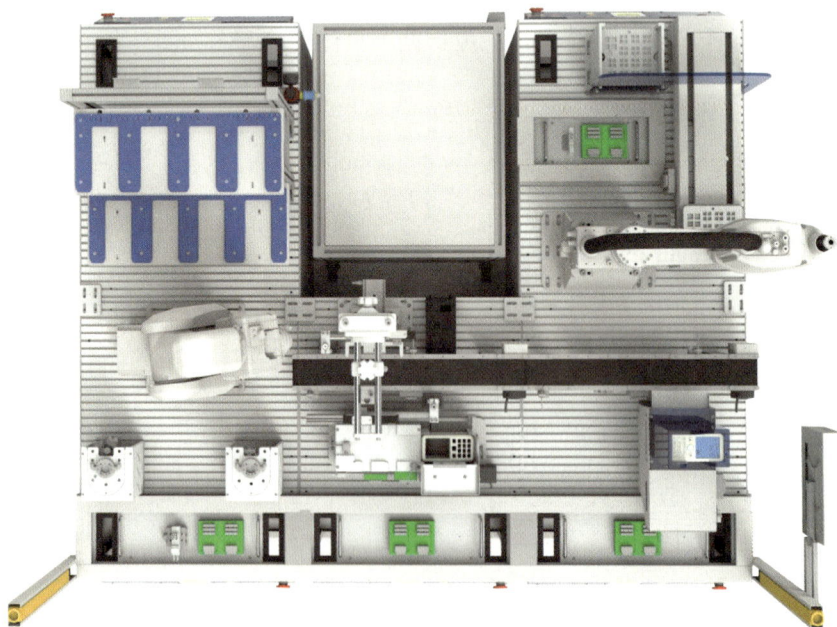

图5-1-4　遥控器涂胶装配制造生产线效果图

底座按键装配单元可按照表5-1-2的安装步骤完成设备的机械安装。

表5-1-2　底座按键装配单元设备的机械安装步骤

步骤	操作描述	图示	备注
1	安装四轴工业机器人底板、输送带组件、模型上料组件		根据图5-1-2的装配尺寸进行安装
2	安装光栅组件-右、显示屏安装支架、桌面电气接口板A1	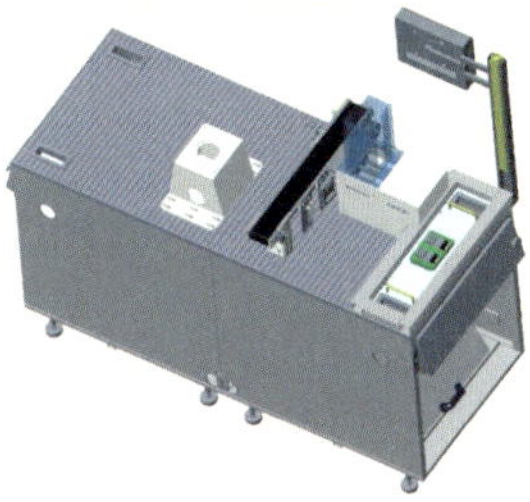	根据图5-1-2的装配尺寸进行安装
3	安装四轴工业机器人、全送料组件	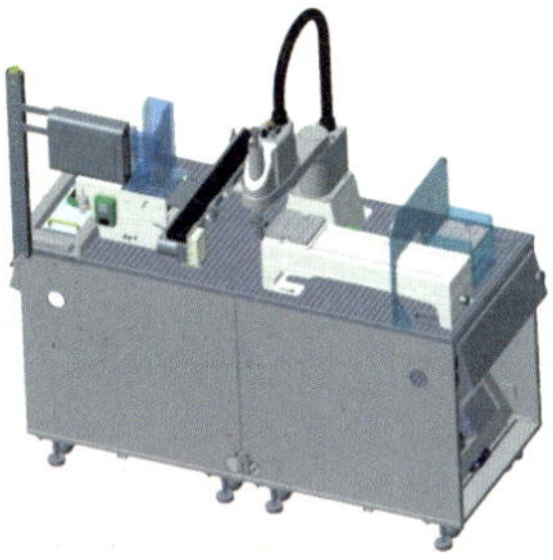	根据图5-1-2的装配尺寸进行安装
4	安装桌面电气接口板C	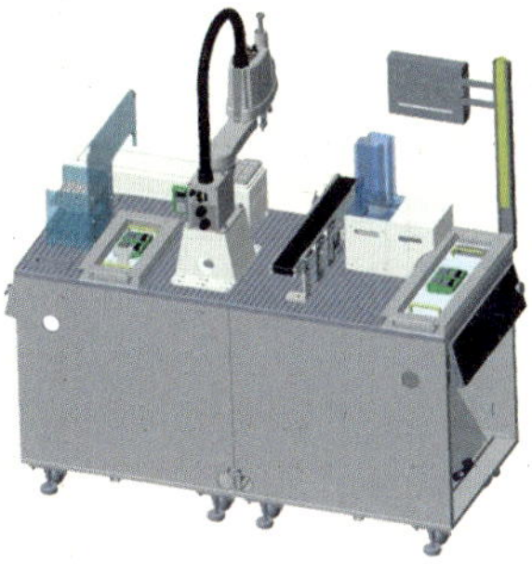	根据图5-1-2的装配尺寸进行安装

二、电气安装

（一）电路安装

挂板上PLC信号已经通过公头线缆连接到37T接线板上，现在我们需要将每个组件的信号连接到接线板的端子上，即可实现信号对接。电气安装过程中要求符合电気安装工艺，导线按规定进线槽，线槽孔出线合理，电路压接处紧固可靠，线头全部套管并注明编号，线头压接处无露铜过长现象。线缆连接图如图5-1-5所示。

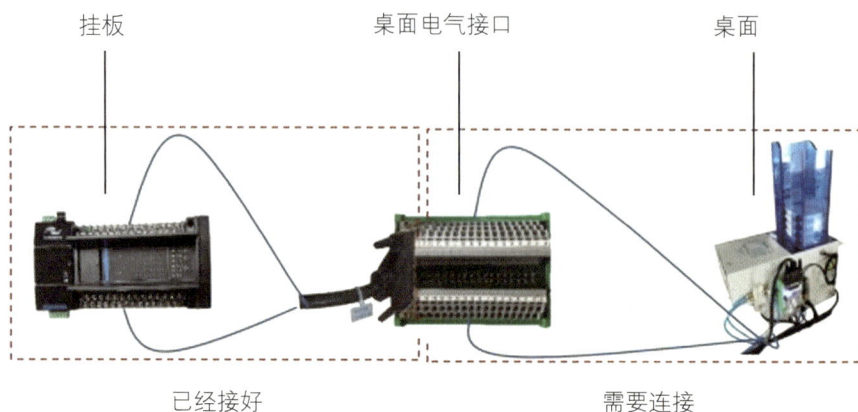

图5-1-5　线缆连接图

1. 桌面电气接口板布局图及接线图

底座按键装配单元一共用到了两块桌面电气接口板，分别为桌面电气接口板C和桌面电气接口板A1，如图5-1-6所示。

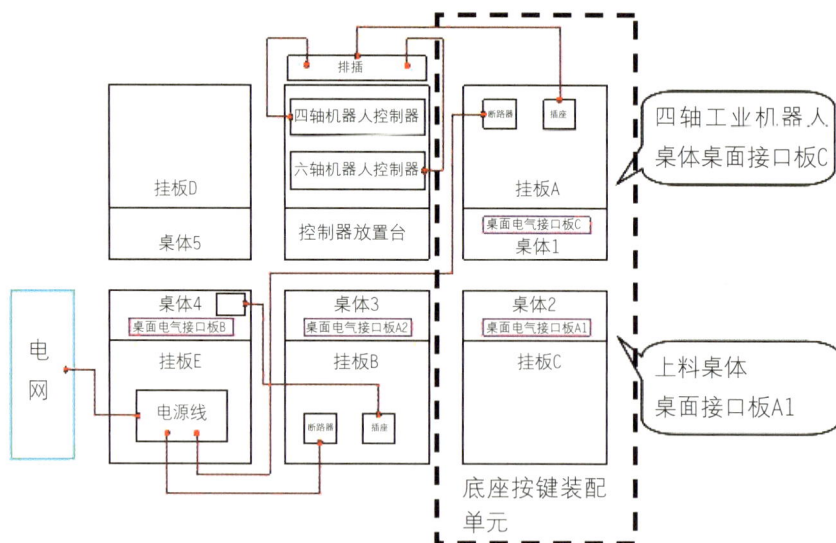

图5-1-6　底座按键装配单元布局图

（1）桌面电气接口板C布局图及相关接线图。

桌面电气接口板C布局图及接线图分别如图5-1-7、图5-1-8所示。桌面电气接口板C地址分配表见表5-1-3。

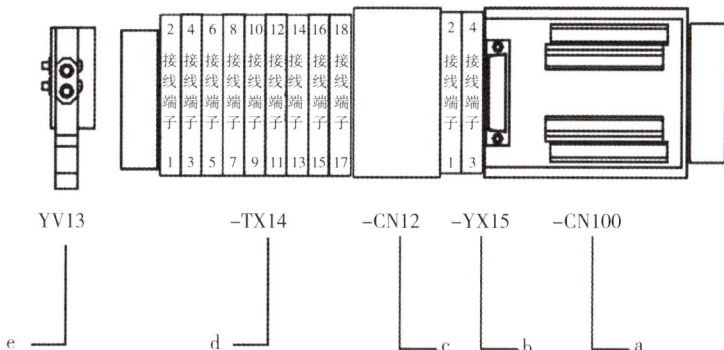

图5-1-7　桌面电气接口板C布局图

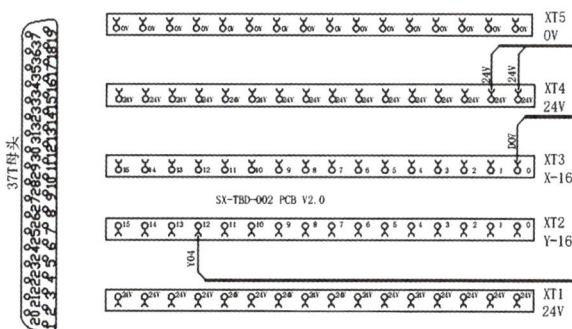

（a）CN100桌面电气接口板C接线图

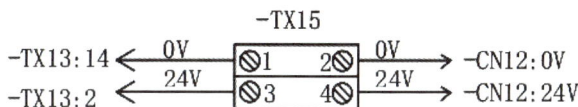

（b）TX15端子接线图

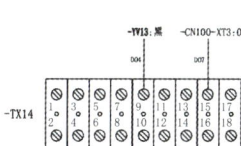

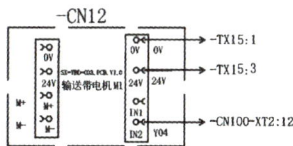

（c）TX14端子接线图　　　　（d）CN12端子接线图

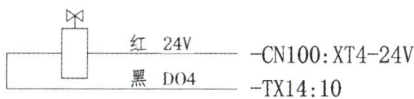

（e）YV13电磁阀接线图

图5-1-8　桌面电气接口板C接线图

表5-1-3 桌面电气接口板C地址分配表

接线端子	线号	功能描述		模块名称
XT3:0	D07		预留	
XT3:1	X30		DO8 预留	
XT3:2	X31		DO9 预留	
XT3:3	X32	四	DO10预留	
XT3:4	X33	轴	DO11预留	
XT3:5	X34	工	DO12预留	
XT3:6	X35	业	DO13预留	
XT3:7	X36	机	DO14预留	
XT3:8	X37	器人	DO15预留	
XT3:12	X00		托盘物料到位检测	
XT3:13	X01		托盘气缸缩回限位	
XT3:14	X02		托盘气缸伸出限位	
XT3:15	X03		送料按钮开关	
XT2:0	Y20		DI8 启动	-CN100
XT2:1	Y21	四	DI9 停止	37针端子板
XT2:2	Y22	轴	DI10打开程序	
XT2:3	Y23	工	DI11预留	
XT2:4	Y24	业	DI12预留	
XT2:5	Y25	机	DI13预留	
XT2:6	Y26	器	DI14预留	
XT2:7	Y27	人	DI15预留	
XT2:10	Y02		预留	
XT2:11	Y03		预留	
XT2:12	Y04		预留	
XT2:13	Y05		预留	
XT2:14	Y06		按键托盘气缸电磁阀	
XT2:15	Y07		预留	
XT1/XT4	24V		24V电源正	
XT5	0V		24V电源负	

（续表）

接线端子	线号	功能描述		模块名称
CN12:0V	0V	24V电源负		–CN12 电机控制板
CN12:24V	24V	24V电源正		
CN12:IN2	Y04	输送带电机控制I/O		
CN12:M+	M+	输送带电机电源正		
CN12:M–	M–	输送带电机电源负		
TX14:2	DI4	四轴工业机器人I/O	预留	TX14 接线端子
TX14:4	DI5		预留	
TX14:6	DI6		预留	
TX14:8	DI7		预留	
TX14:10	DO4		吸盘电磁阀	
TX14:12	DO5		预留	
TX14:14	DO6		预留	
TX14:16	DO7		预留	
TX14:18	+24V		预留	
TX15:1	0V	24V电源负		TX15 接线端子
TX15:3	24V	24V电源正		

（2）桌面电气接口板A1布局图及相关接线图。

桌面电气接口板A1布局图及接线图详见图2-1-16、图2-1-17。桌面电气接口板A1地址分配表见表2-1-19。

2. 底座按键装配单元的电路安装

底座按键装配单元的电路安装步骤见表5-1-4。

表5-1-4　底座按键装配单元的电路安装步骤

步骤	操作描述	图示	备注
1	接头：分别把15针模型上料组件公头和输送带组件CN210公头与相应接口板母头对接	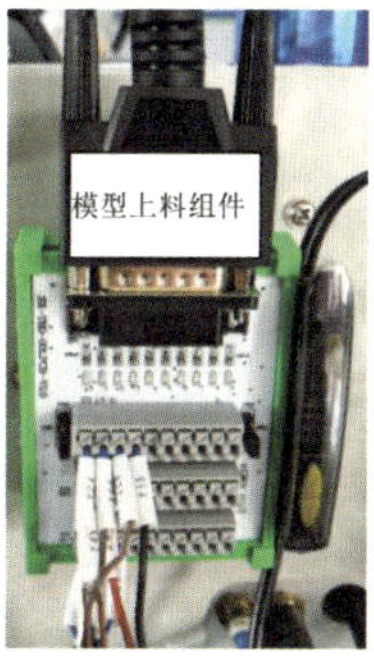 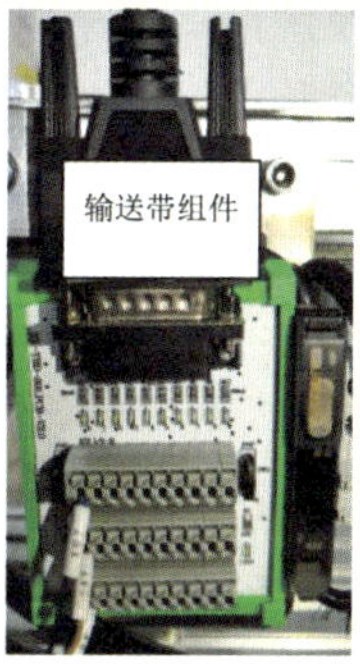	桌面电气接口板A1布局及接线图详见图2-1-16、图2-1-17

（续表）

步骤	操作描述	图示	备注
2	接头：按桌面电气接口板A1电路接线图把线接好，然后把37针的A1接口公头与37针母头对接	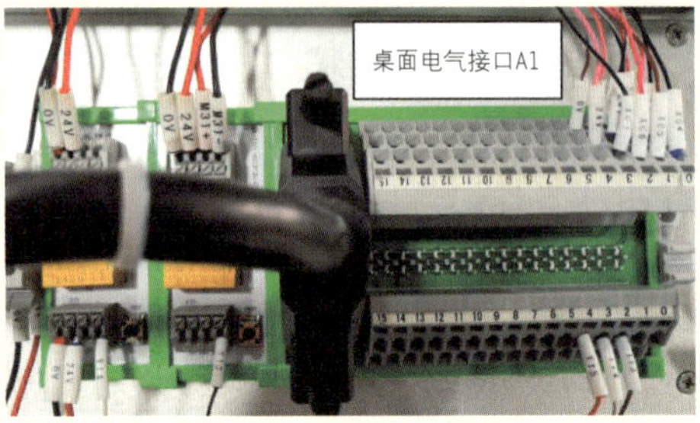	把CN210输送带组件上的电机信号线Y13接到A1接口板对应的位置
3	接头：把15针的输送带组件CN214公头与安装在输送带旁的接口板母头对接	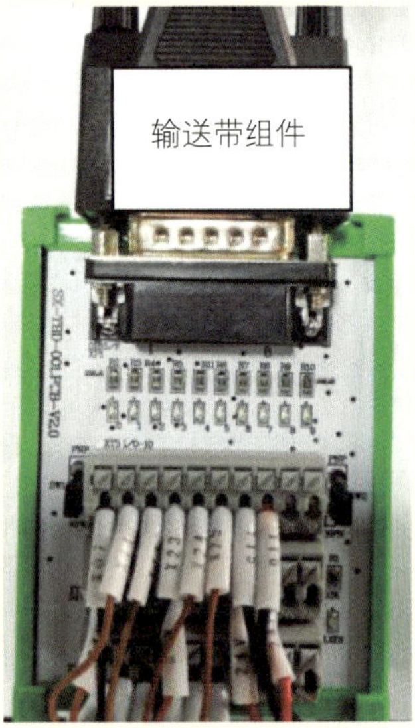	—
4	接头：把15针的模型上料组件公头与安装在模型上料带旁的接口板母头对接	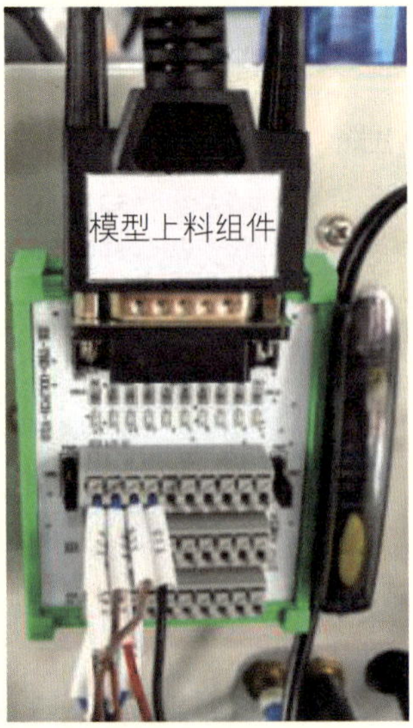	—

（续表）

步骤	操作描述	图示	备注
5	按桌面电气接口板C电路接线图把线接好，然后把37针的A2接口公头与37针母头对接	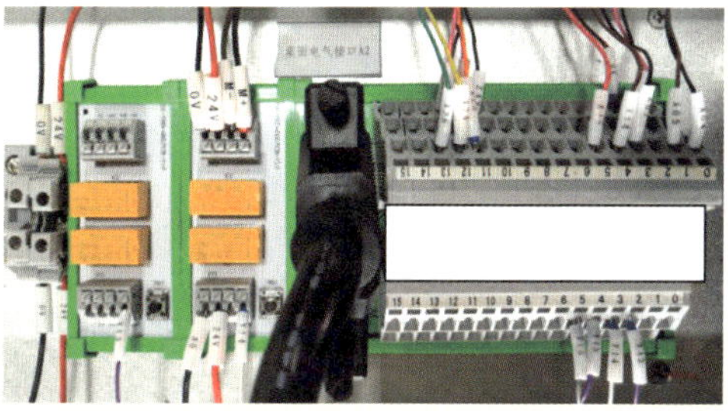	
6	将四轴工业机器人本体上的动力线和编码线分别插入控制柜中对应的接口	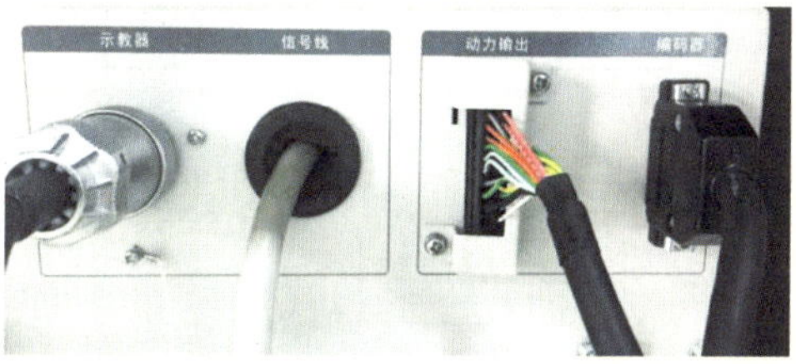	
7	把交换机上的网线连好	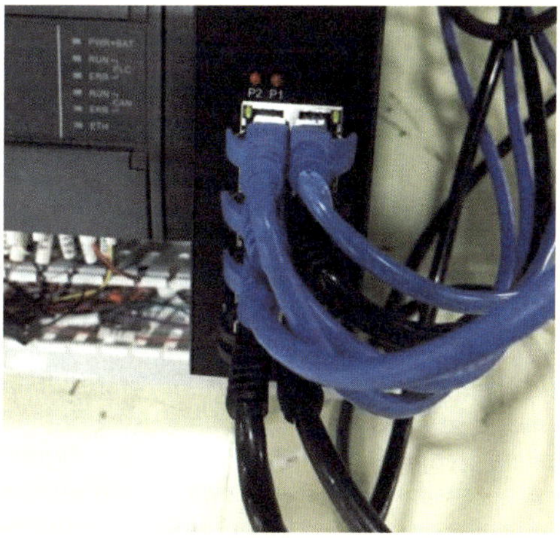	—

（二）气路连接

根据提供的气路连接图完成该单元的气路连接（气管不宜过长或过短，气管插头处可靠、无漏气现象，气路、电路分开绑扎）。

四轴工业机器人外接气管规格为：$\varnothing 4$、两根、允许最大气压为 0.6MPa。外接信号线为 10 根引线，相应的外接信号线插口已配备在备件中，底座按键装配单元的气路图如图5-1-9所示。

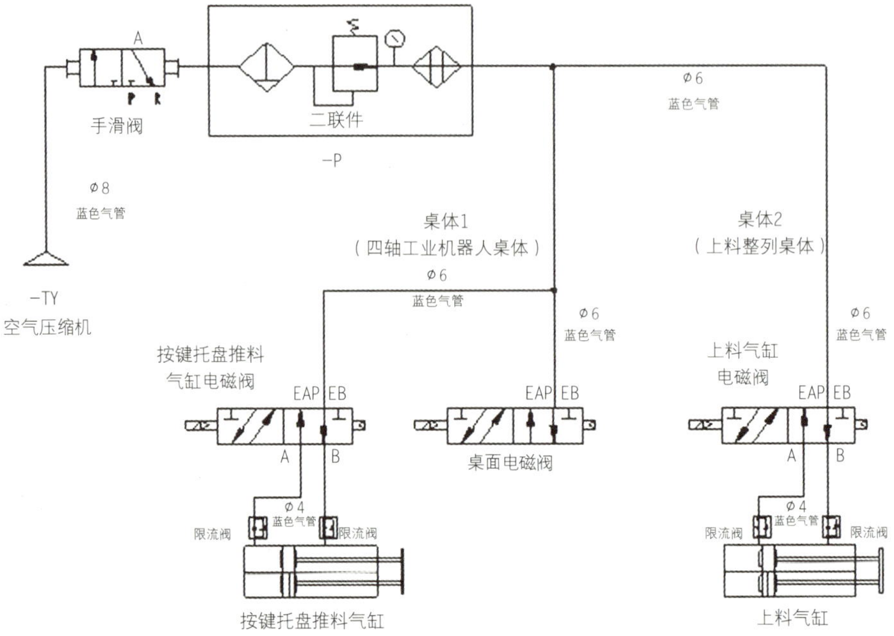

图5-1-9　底座按键装配单元的气路图

底座按键装配单元组件间的气路连接步骤见表5-1-5。

表5-1-5　底座按键装配单元组件间的气路连接步骤

步骤	操作描述	图示	备注
1	按照气路图，接好气源		压力调整为0.4MPa
2	把桌面电气接口板A1及桌面电气接口板C上的气路连接好	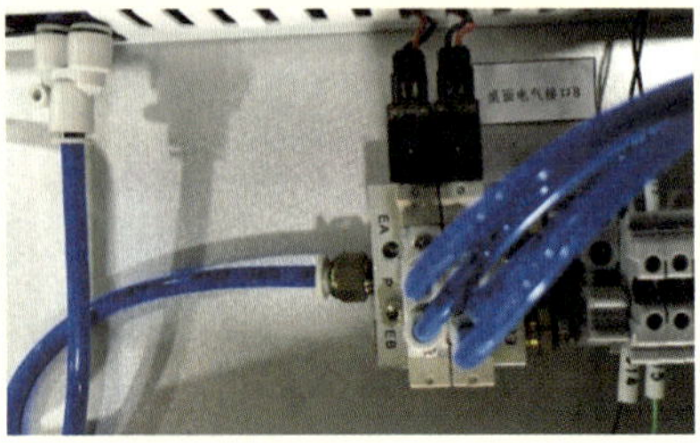	—

（续表）

步骤	操作描述	图示	备注
3	把输送带CN40上的气路连接好	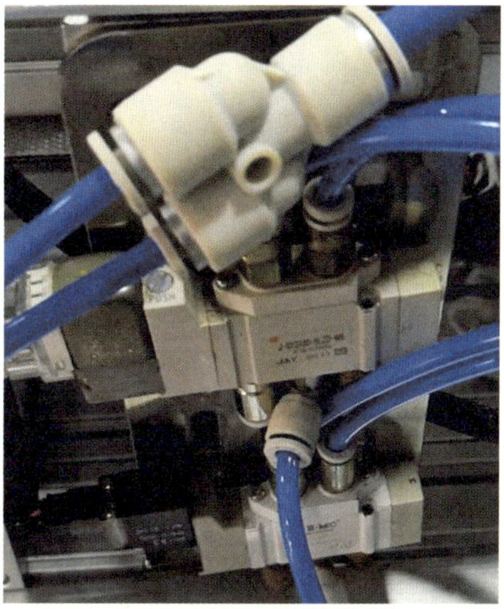	—
4	把模型上料组件上的气路连接好	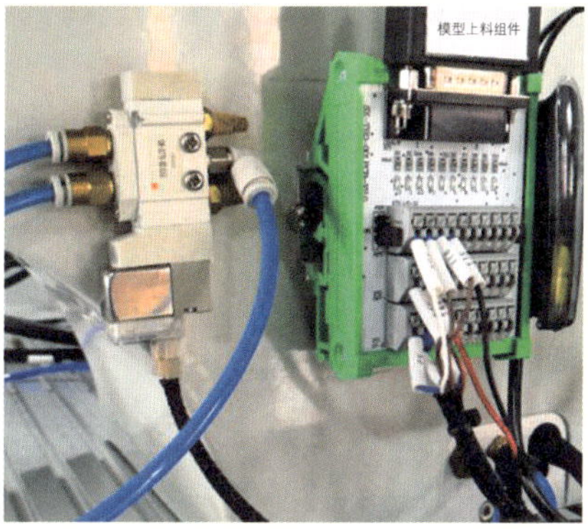	—

三、程序下载与调试

（一）主要说明

1. I/O原理图

底座按键装配单元的I/O原理图如图5-1-10所示。

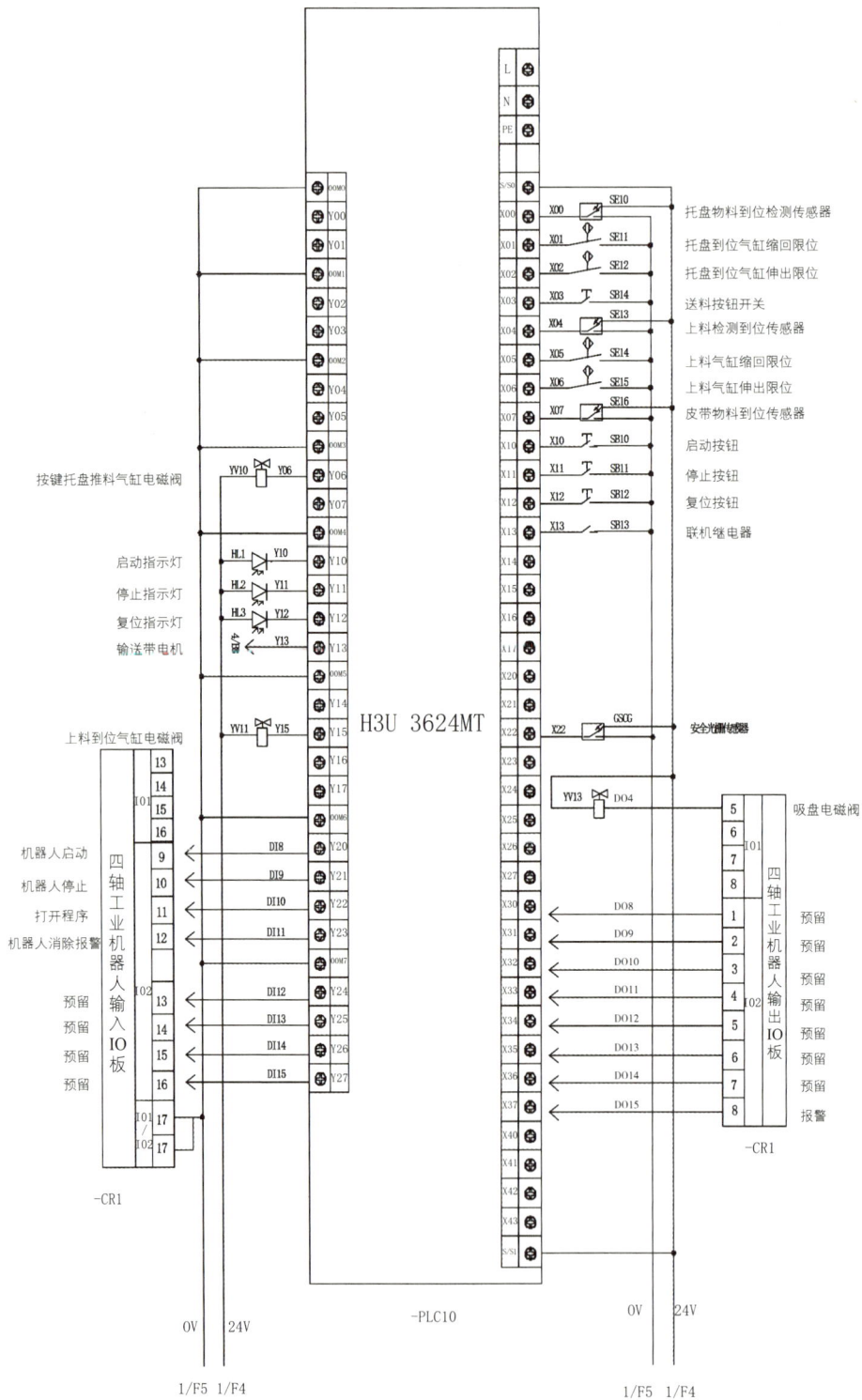

图5-1-10 I/O原理图

2. PLC主程序结构

PLC主程序流程结构如图5-1-11所示。

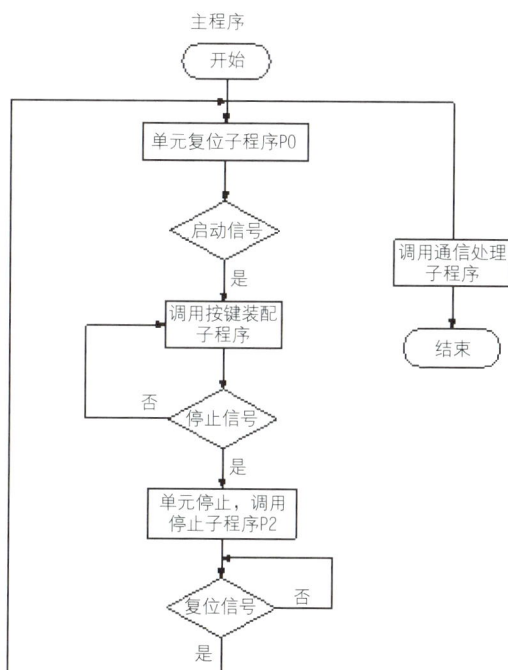

图5-1-11　PLC主程序流程结构

3. PLC复位子程序

复位子程序如图5-1-12所示。

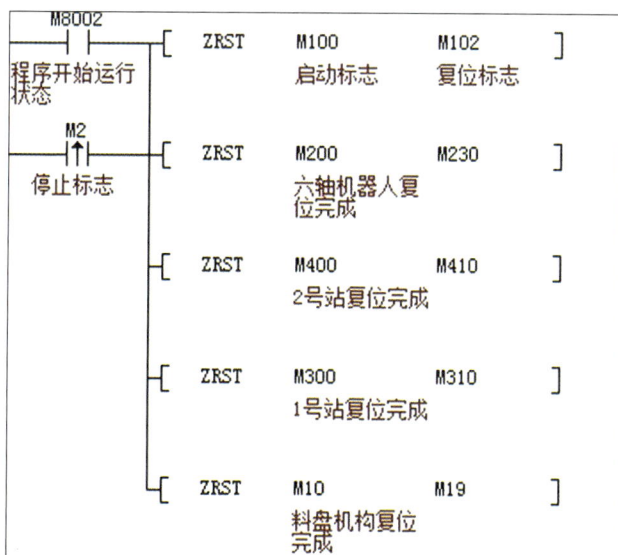

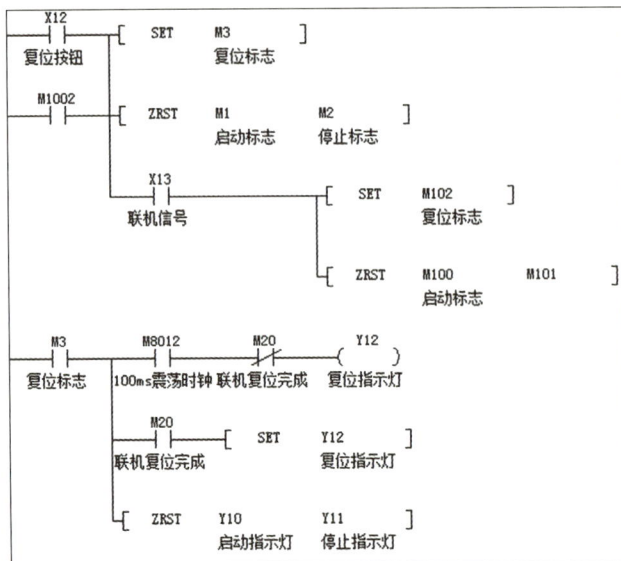

图5 1-12 复位了程序

4. 四轴工业机器人程序结构

四轴工业机器人程序主要包含Main（主程序）、DateInit（初始化日期子程序）、Assemble（装配子程序）、Rhome（回原点子程序）等四个程序，如图5-1-13所示。

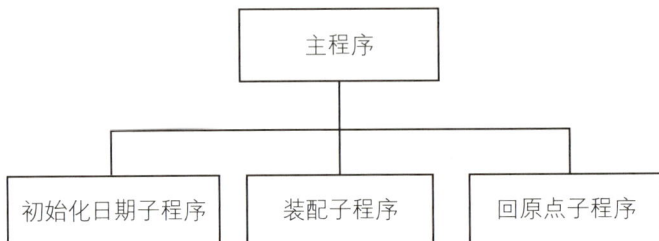

图5-1-13 四轴工业机器人程序结构

5. 四轴工业机器人部分程序

底座按键装配子程序如图5-1-14所示。

图5-1-14 底座按键装配子程序

（二）操作步骤

程序下载与调试操作步骤见表5-1-6。

表5-1-6 程序下载与调试操作步骤

步骤	操作描述	备注
1	电路检查测试	—
2	上电	见表1-3-2
3	下载PLC程序	见表2-1-9和表2-1-10
4	下载机器人程序	六轴见表2-1-8 四轴见表2-2-6
5	伺服驱动器、传感器参数设置	见表2-1-13
6	机器人IO设置	六轴见表2-1-6 四轴见表2-2-5
7	机器人点位示教	图2-1-25至图2-1-29，以及图2-2-11
8	设备复位	见表1-3-3
9	按启动按钮，让设备运行	见表1-3-3，人工将物料放入上料箱
10	检查设备是否按任务运行动作	若有问题，分析原因并排查

任务考核

任务学习结束，请完成表5-1-7中的任务考核项目。

表5-1-7 任务考核表

项目及要求		配分	评分标准	扣分	得分
设备组装	1. 设备部件安装可靠，各部件位置衔接准确； 2. 电路安装正确，接线规范	30分	1. 部件安装位置错误，每处扣2分； 2. 部件衔接不到位、零件松动，每处扣2分； 3. 电路连接错误，每处扣2分； 4. 导线反圈、压皮、松动，每处扣2分； 5. 错、漏编号，每处扣1分； 6. 导线未入线槽、布线零乱，每处扣2分； 7. 漏接接地线，每处扣5分		
设备功能	1. 设备启停正常； 2. 警示灯动作及报警正常； 3. 底座按键装配单元功能正常	60分	1. 设备未按要求启动或停止，每处扣10分； 2. 警示灯未按要求动作，每处扣10分； 3. 驱动转盘的电动机未按要求旋转，扣20分； 4. 送料不准确或未按要求送料，扣10分		

（续表）

项目及要求		配分	评分标准	扣分	得分
设备附件	资料齐全，归类有序	5分	1. 设备组装图缺少，每份扣2分； 2. 电路图、梯形图缺少，每份扣2分； 3. 技术说明书、工具明细表、元件明细表缺少，每份扣2分		
安全生产	1. 自觉遵守安全文明生产规程 2. 保持现场干净整洁，工具摆放有序	5分	1. 每违反一项规定，扣1分； 2. 发生安全事故，0分处理； 3. 现场凌乱、乱放工具、乱丢杂物、完成任务后不清理现场，扣5分		
时间	3h	—	1. 提前正确完成，每提前5min加5分； 2. 超过定额时间，每超过5min扣2分		

任务二　装配检测入库单元的安装与调试

1. 能够陈述装配检测入库单元的硬件结构组成。
2. 能够概述传感器、气缸的工作原理。
3. 能够解释PLC程序和机器人程序主要指令的作用。
4. 能够正确安装和调试光纤传感器。
5. 能够根据单元装配图，按要求完成装配检测入库单元的组件安装。
6. 能够根据电气原理图，按工艺要求正确连接和调试电路。
7. 能够根据气路连接图，完成气路的连接和调试。
8. 能够正确配置机器人和PLC的通信。
9. 能够根据工件和运行轨迹变化正确示教和调整程序。

任务描述

　　任务一中已经完成遥控器涂胶装配制造生产线中底座按键装配单元的安装与调试，现在你所在的小组需要根据已有的图纸来完成装配检测入库单元的安装与接线工作，并且根据已有的程序对单元进行调试，最终实现如图5-2-1所示的流程。

| 按键底座通过传送带送到指定位置 | → | 上盖出料组件将盖子升起并推出 | → | 六轴工业机器人利用涂胶夹具给底座四周涂胶 | → | 视觉检测是否合格 | → | 合格品搬运至良品仓 |

图5-2-1　装配检测入库单元流程图

学习储备

一、器材准备

装配检测入库单元的主要器材清单见表5-2-1。

表5-2-1　装配检测入库单元器材清单

序号	名称	规格型号	单位	数量
1	六轴工业机器人	埃夫特，ER3B-C30	台	1
2	上盖出料组件	厂家配套	台	1
3	立体仓库组件	厂家配套	套	1
4	条形光源组件	厂家配套	套	2
5	视觉组件	厂家配套	套	1
6	平行夹具1	厂家配套	台	1
7	光栅组件	RCD-NB2220（通用型）	套	1
8	快换夹具	厂家配套	套	1
9	输送带组件	厂家配套	套	1
10	快换涂胶夹具	厂家配套	个	1

二、知识技能准备

（一）视觉系统介绍及应用

视觉系统介绍及应用详见本书项目四任务二中的知识技能准备。

（二）步进电机应用

1. 步进电机

步进电机详见本书项目一任务一中的知识技能准备。

2. 步进电机驱动器

步进电机驱动器详见本书项目四任务二中的知识技能准备。

三、资料准备

（1）光纤传感器技术手册（FM-31智能型数字光纤传感器）。

（2）机械图和电气图。

（3）六轴工业机器人操作编程手册（ER3B-C30 机器人编程手册、ER3B-C30

机器人电气手册、ER3B-C30机器人机械维护手册）。

（4）H3U PLC编程手册（汇川PLC H3U编程手册、H3U系列可编程逻辑控制器简易手册）。

（5）触摸屏手册（IT6000系列人机界面用户手册）。

任务实施

一、机械安装

单元装配图是组件进行零部件安装的依据，请你根据提供的装配图进行各个组件的安装。各个组件装配完成后，则需要根据提供的单元布局图将每个组件在实训平台上进行定位安装。

安装前请认真阅读机械安装手册，要求部件安装无缺少、遗漏现象，部件安装尺寸符合图纸技术要求，部件安装后紧固，无松动现象，部件安装后运行顺畅，无卡滞或不能运行现象，固定螺栓按规定使用垫片，行线槽转角处和T形分支处按规定进行处理。

加盖检测桌体的安装：从包装箱里取出输送带组件和上盖出料组件、视觉组件1、视觉控制器、光源控制器、条形光源组件，然后从螺丝配件包的零件盒中取出相应规格的螺丝，根据装配图完成该桌体组件的安装，如图5-2-2所示。加盖检测桌体的安装步骤见表5-2-2。

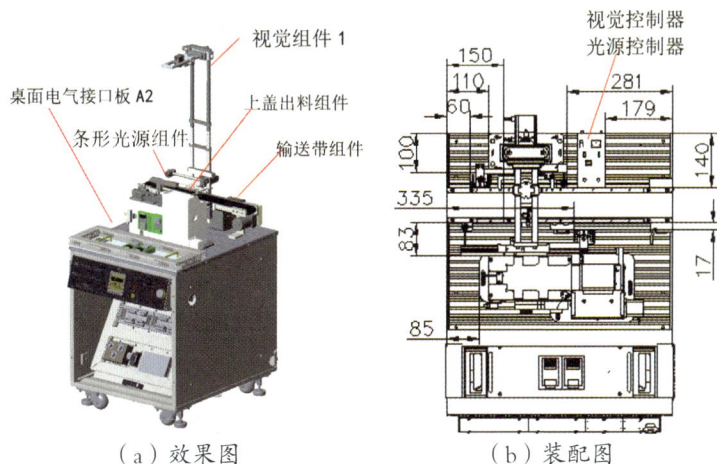

（a）效果图　　　　　　　（b）装配图

图5-2-2　加盖检测桌体安装装配图及效果图（单位：mm）

表5-2-2　加盖检测桌体的安装步骤

步骤	操作描述	图片	备注
1	安装输送带组件、定位气缸组件、条形光源组件、视觉组件1、光源控制器与视觉控制器		根据图5-2-2的装配尺寸进行安装
2	安装上盖出料组件、桌面电气接口板A2		根据图5-2-2的装配尺寸进行安装
3	安装六轴工业机器人底板、夹具座组件		根据图5-2-2的装配尺寸进行安装
4	安装六轴工业机器人、桌面电气接口板B		根据图5-2-2的装配尺寸进行安装
5	安装光栅组件-左、立体仓库组件		根据图5-2-2的装配尺寸进行安装

二、电气安装

（一）电路安装

将输送带电机接到直流电机控制板上，如图5-2-3所示。

桌面电气接口板A2如图5-2-4所示，布局图及各部分接线图详见图2-1-18、图2-1-19，地址分配表见表2-1-20。

将上盖出料组件与输送带组件15针接线板上公头的接线端接到该单元桌面电气接口板相应的端口上，根据表5-2-3完成装配检测入库单元的电路安装。

37针接口　　　　直流电机控制

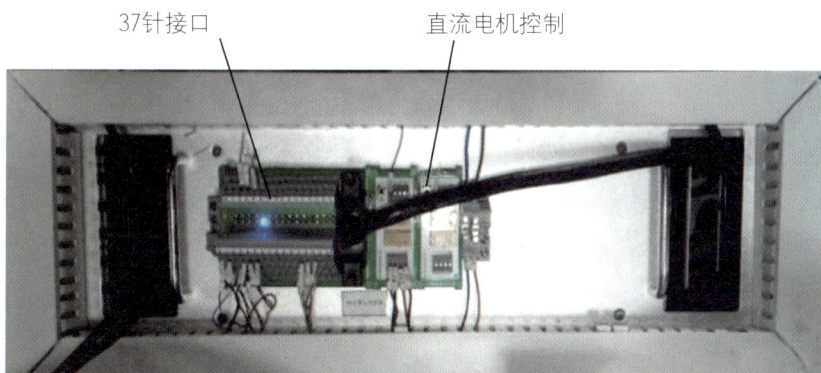

图5-2-3　直流电机控制板

电磁阀组　　　接线端子　　　37针接口板

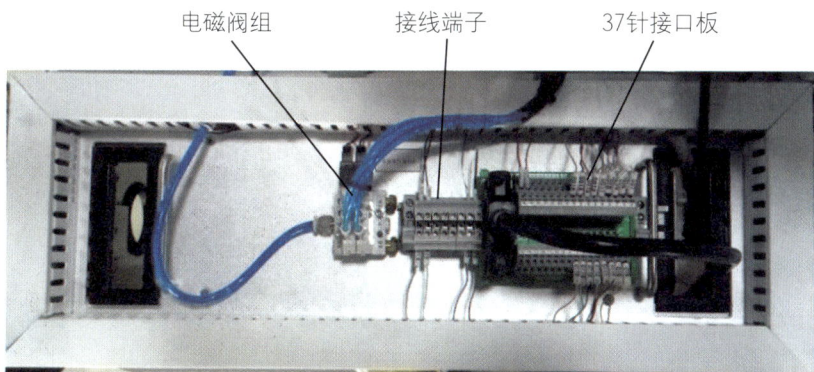

图5-2-4　桌面电气接口板A2

表5-2-3　装配检测入库单元的电路安装步骤

步骤	操作描述	图示	备注
1	接线：分别把15针的安全送料组件公头与旁边相应接口板母头对接	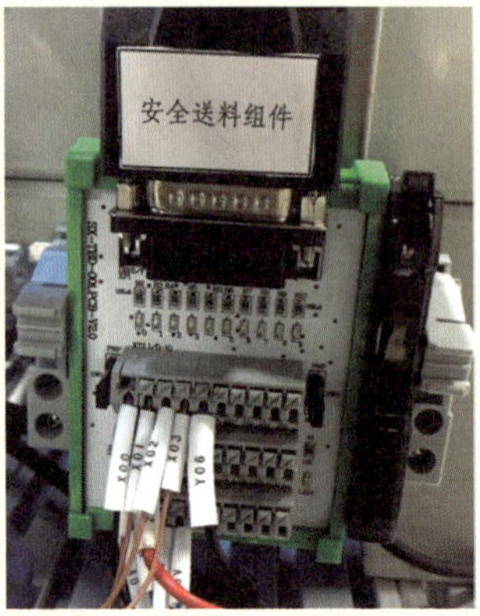	—
2	接线：按照桌面电气接口板A2电路接线图把线接好，然后把37针的A2接口公头与37针母头刘接	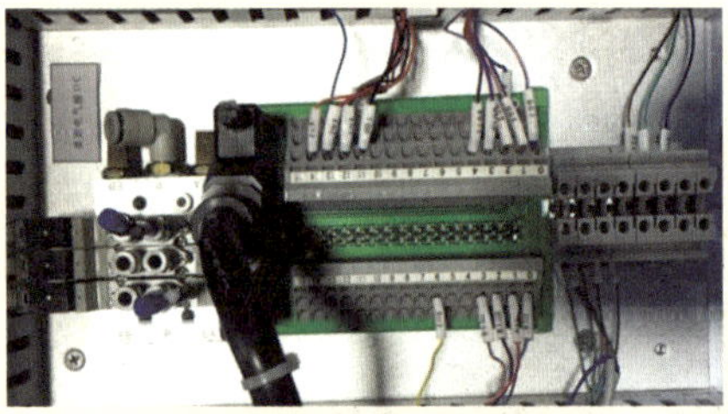	—
3	把六轴工业机器人的动力线和编码器线与机器人底座接口对接	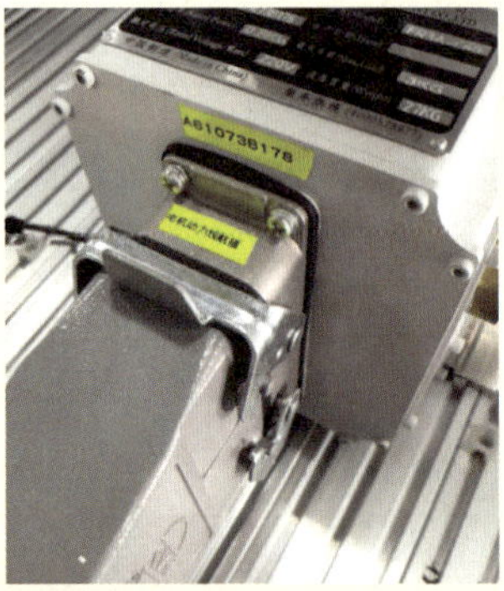	
4	把六轴工业机器人动力线、编码器线、电源线、示教器线、I/O线分别与控制柜背面的相应位置接口对接		

（二）气路连接

根据提供的气路连接图完成该单元的气路连接（气管不宜过长或过短，气管插头处可靠、无漏气现象，气路、电路分开绑扎）。

装配检测入库单元的气路图如图5-2-5所示。

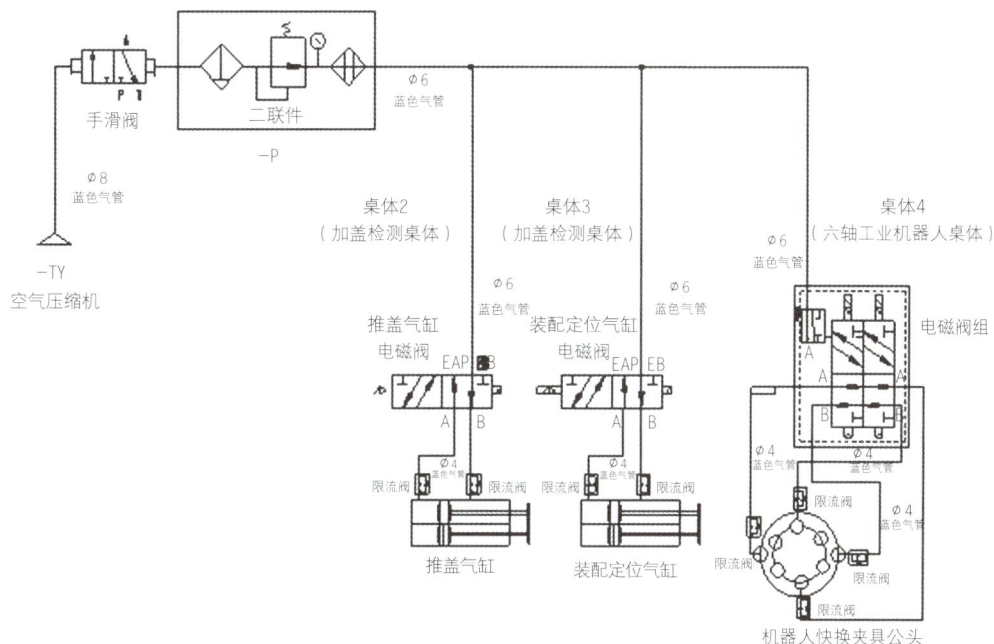

图5-2-5　装配检测入库单元的气路图

装配检测入库单元各组件间的气路连接步骤见表5-2-4。

表5-2-4　装配检测入库单元各组件间的气路连接步骤

步骤	操作描述	图示
1	按照气路图，把桌面电气接口板B上的气路连接好	

续表

步骤	操作描述	图示
2	按照气路图，把六轴工业机器人上的气路连接好	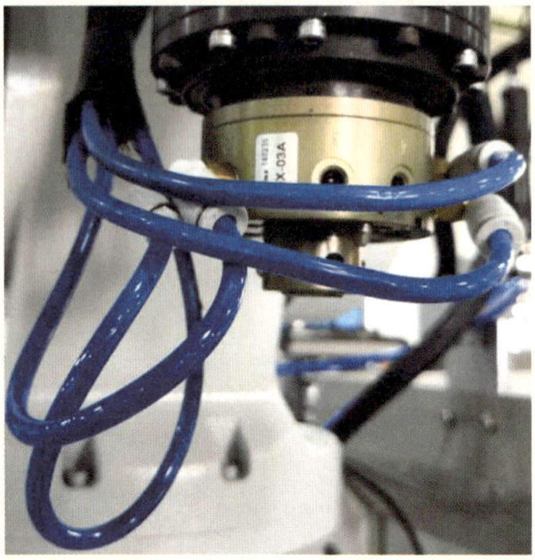
3	按照气路图，把安全上料组件上的气路连接好	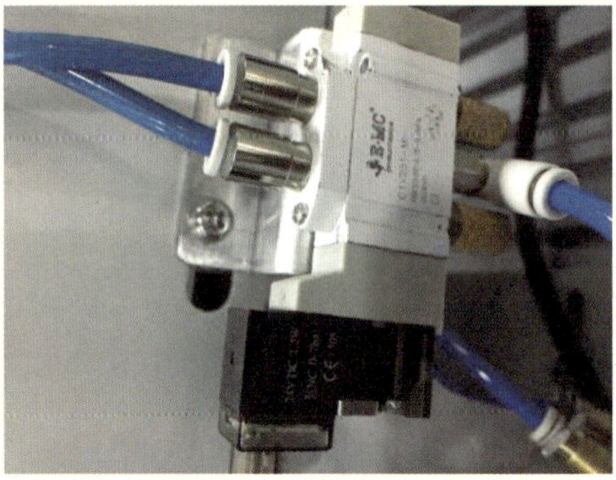

三、程序下载与调试

（一）主要说明

1. I/O原理图

装配检测入库单元的I/O原理图如图5-2-6所示。

步进驱动器脉冲　4/D5 ← Y00
步进驱动器方向　4/D5 ← Y01

COM0
Y00
Y01
COM1
Y02
Y03
COM2
Y04
Y05
COM3
Y06
Y07
COM4

启动指示灯　HL1　Y10
停止指示灯　HL2　Y11
复位指示灯　HL3　Y12
输送带电机　← Y13　4/9
COM5

来料气缸电磁阀　YV22　Y15
定位气缸电磁阀　YV23　Y16
Y17
COM6

伺服使能　5 ← DI8　Y20
远程示教模式　6 ← DI9　Y21
工作站暂停　7 ← DI10　Y22
程序结束　8 ← DI11　Y23
COM7

程序继续　9 ← DI12　Y24
预留　10 ← DI13　Y25
预留　11 ← DI14　Y26
预留　12 ← DI15　Y27

六轴工业机器人输入I/O板 Input

平行夹具传感器　1　DI4
涂胶夹具传感器　2　DI5
3
4
24VG

-CR2
0V　24V
1/F5　1/F4

H3U　3624MT

L
N
PE
S/S0
X00
X01
X02
X03
X04　SE20　步进电机原点传感器
X05　SQ20　步进电机上限位
X06　SQ21　步进电机下限位
X07　SE21　检测到位传感器
X10　SB20　启动按钮
X11　SB21　停止按钮
X12　SB22　复位按钮
X13　SB23　联机继电器
X14　SE22　定位气缸缩回限位
X15　SE23　定位气缸伸出限位
X16　SE24　料仓到位检测传感器
X17　SE25　来料到位检测传感器
X20　SE26　来料气缸缩回限位
X21　SE27　来料气缸伸出限位
X22
X23
X24　YV24　DO4　快换夹具电磁阀
X25　YV25　DO5　平行夹具电磁阀
X26
X27　
X30 ← DO8　5　系统就绪
X31 ← DO9　6　远程工作模式中
X32 ← DO10　7　远程模式状态
X33 ← DO11　8　预留
X34 ← DO12　9　预留
X35 ← DO13　10　预留
X36 ← DO14　11　预留
X37 ← DO15　12　预留
X40
X41
X42
X43
S/S1

六轴工业机器人输出I/O板

-CR2
0V　24V
1/F5　1/F4

-PLC20

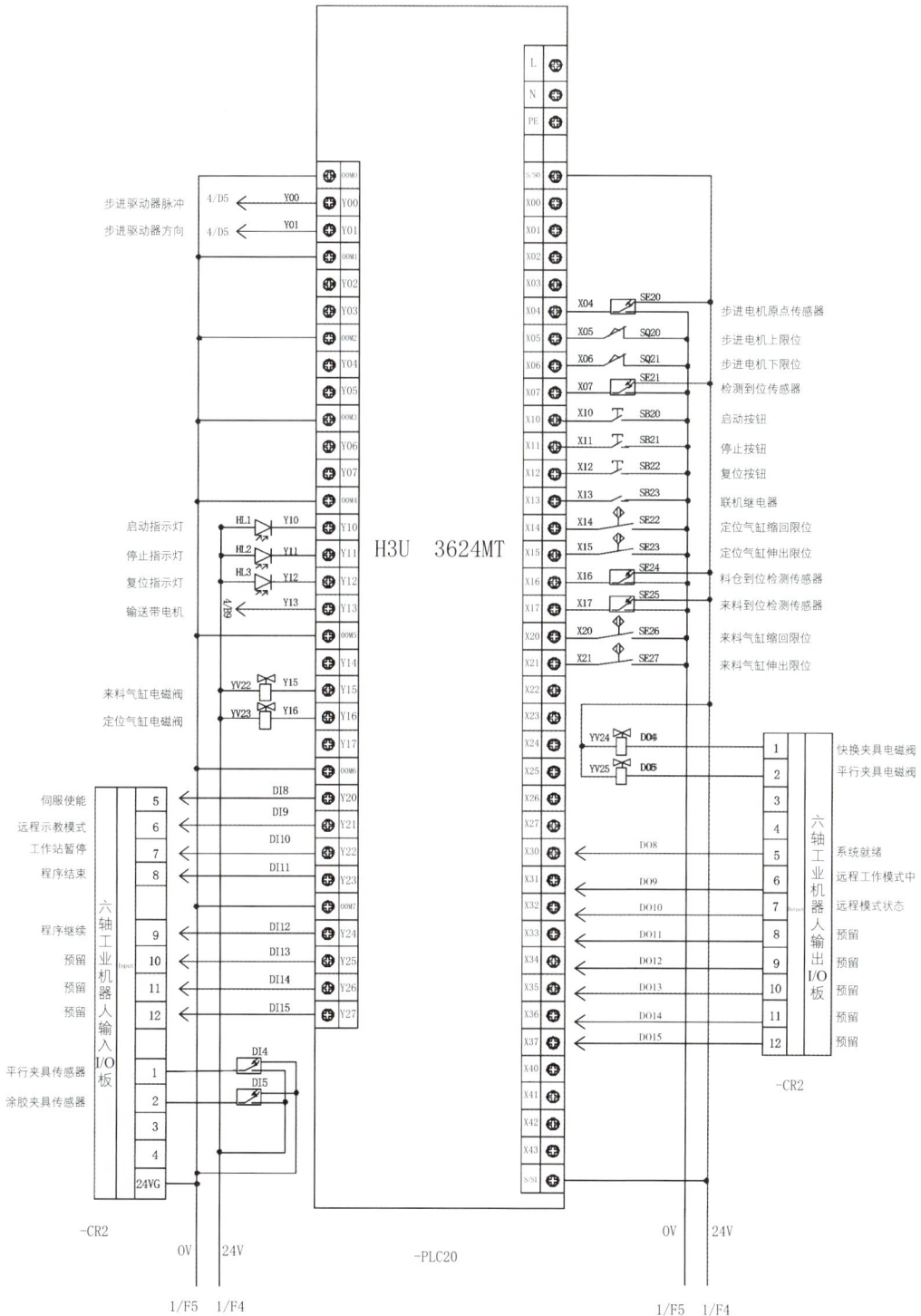

图5-2-6　I/O原理图

2. PLC程序结构

PLC程序主要包含Main（主程序）、上盖机构、上料机构、通信以及六轴工业机器人五个部分，如图5-2-7所示。

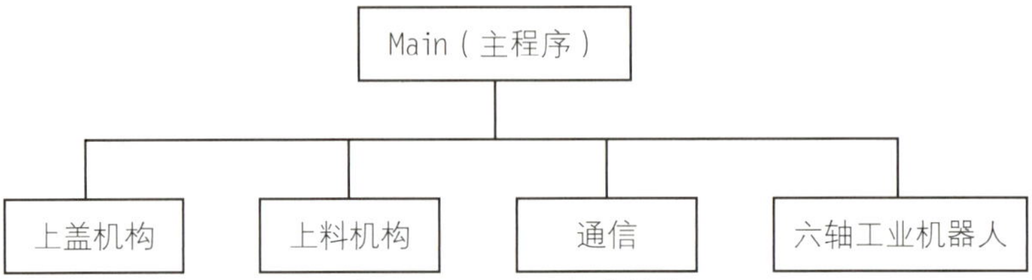

图5-2-7　PLC程序结构

3. PLC部分程序与注释

上料机构启动部分程序与注释如图5-2-8所示。

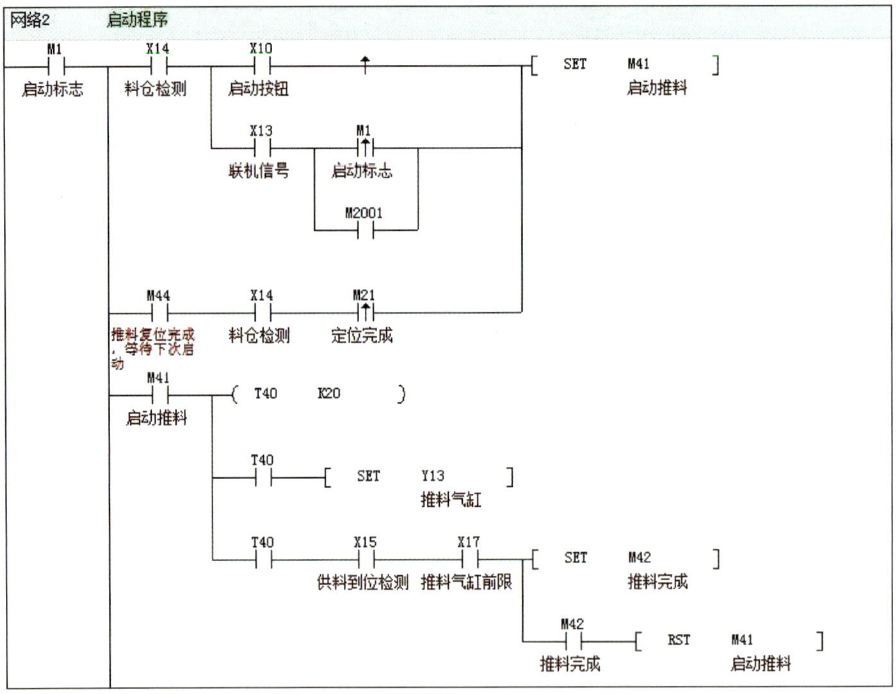

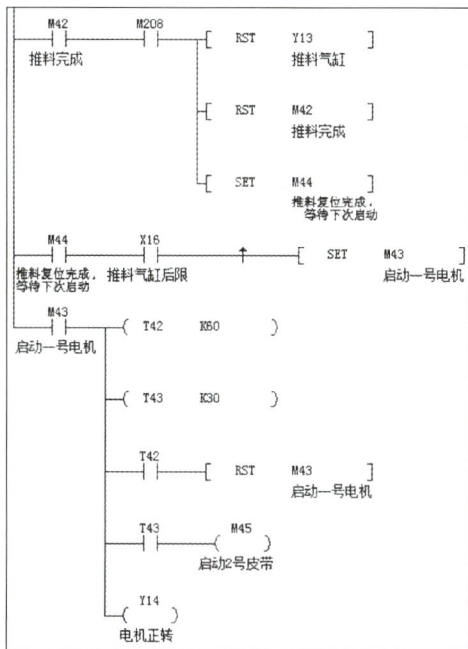

图5-2-8　PLC部分程序结构

4. 六轴工业机器人程序结构

六轴工业机器人程序主要包含Main（主程序）、Initialization、Rhome（回原点子程序）、NG、OK、PickFix、placebi、placeFix、Produce、Vision、write等11个程序，如图5-2-9所示。

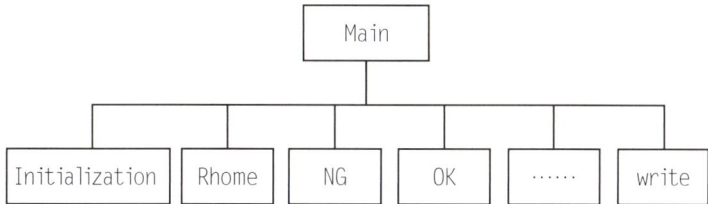

图5-2-9　六轴工业机器人程序结构

5. 六轴工业机器人OK程序及注释

```
LABEL AA
IF PAL_OK.isFull THEN            判断是否合格信号
   Error（"Man le"）
   WaitTime(0)
   GOTO AA
END_IF
```

PAL_OK.ToPut()	是合格，执行OK子程序
WaitIsFinished()	等待作业完成
GAS2．Set(FALSE)	
WaitTime(500)	延时0.5s
PAL_OK.FromPut()	执行OK返回子程序
PTP(Home_Pos)	运行到安全位置
Ret;	
END;	

（二）操作步骤

程序下载与调试操作步骤见任务一。

任务考核

任务学习结束，请完成表5-2-5中的任务考核项目。

表5-2-5　任务考核表

项目	要求	配分	评分标准	扣分	得分
设备组装	1. 设备部件安装可靠，各部件位置衔接准确； 2. 电路安装正确，接线规范	30分	1. 部件安装位置错误，每处扣2分； 2. 部件衔接不到位、零件松动，每处扣2分； 3. 电路连接错误，每处扣2分； 4. 导线反圈、压皮、松动，每处扣2分； 5. 错、漏编号，每处扣1分； 6. 导线未入线槽、布线零乱，每处扣2分； 7. 漏接接地线，每处扣5分		
设备功能	1. 设备启停正常； 2. 警示灯动作及报警正常； 3. 装配检测入库单元功能正常	60分	1. 设备未按要求启动或停止，每处扣10分； 2. 警示灯未按要求动作，每处扣10分； 3. 驱动转盘的电动机未按要求旋转，扣20分； 4. 送料不准确或未按要求送料，扣10分		
设备附件	资料齐全，归类有序	5分	1. 设备组装图缺少，每份扣2分； 2. 电路图、梯形图缺少，每份扣2分； 3. 技术说明书、工具明细表、元件明细表缺少，每份扣2分		

续表

项目	要求	配分	评分标准	扣分	得分
安全生产	1.自觉遵守安全文明生产规程 2.保持现场干净整洁，工具摆放有序	5分	1.每违反一项规定，扣3分； 2.发生安全事故，0分处理； 3.现场凌乱、乱放工具、乱丢杂物、完成任务后不清理现场，扣5分		
时间	3h	—	1.提前正确完成，每提前5min加5分； 2.超过定额时间，每超过5min扣2分		

任务三 遥控器涂胶装配制造生产线的联机调试

学习目标

1. 能够陈述遥控器涂胶装配制造生产线整机的动作流程。
2. 能够下载整机的PLC和机器人运行程序。
3. 能够明确整个工作流程中各动作之间的信号联系。
4. 能够根据工件、运行轨迹变化，正确调整程序以及相关元器件的位置和参数。

任务描述

通过任务一和任务二的学习训练，遥控器涂胶装配制造生产线整机的机械安装和电气安装已全部完成，组件单元已经调试完成。现在小组成员要下载整机的PLC和机器人程序，通过调整相关器件的位置和参数，确保遥控器涂胶装配制造生产线按键装配、底座涂胶、盖装配、视觉检测、搬运入库等过程能协调、稳定运行。

学习储备

一、器材准备

遥控器涂胶装配制造生产线联机调试的主要器材清单见表5-3-1。

表5-3-1　联机调试器材清单

序号	名称	规格型号	单位	数量
1	活动扳手（约6.7cm）	厂家配套	个	1
2	内六角工具	厂家配套	套	1

（续表）

序号	名称	规格型号	单位	数量
3	十字螺丝刀（约16.7cm）	厂家配套	个	1
4	尖嘴钳	厂家配套	把	1
5	直钢尺（500cm）	厂家配套	把	1
6	卷尺（2m）	厂家配套	把	2

二、知识技能准备

（1）遥控器涂胶装配制造生产线工作流程。

遥控器涂胶装配制造生产线工作流程如图5-3-1所示。

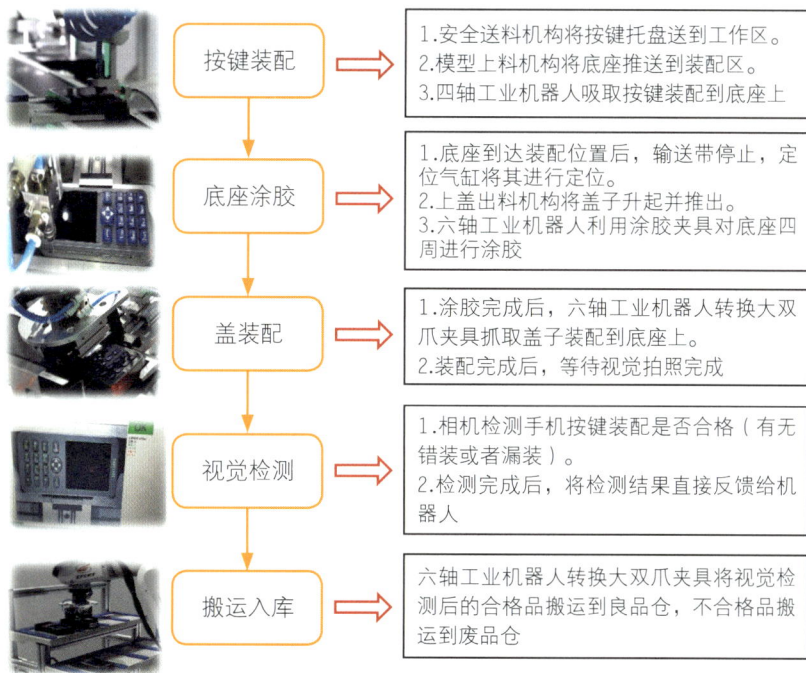

按键装配 ⟹ 1.安全送料机构将按键托盘送到工作区。
2.模型上料机构将底座推送到装配区。
3.四轴工业机器人吸取按键装配到底座上

底座涂胶 ⟹ 1.底座到达装配位置后，输送带停止，定位气缸将其进行定位。
2.上盖出料机构将盖子升起并推出。
3.六轴工业机器人利用涂胶夹具对底座四周进行涂胶

盖装配 ⟹ 1.涂胶完成后，六轴工业机器人转换大双爪夹具抓取盖子装配到底座上。
2.装配完成后，等待视觉拍照完成

视觉检测 ⟹ 1.相机检测手机按键装配是否合格（有无错装或者漏装）。
2.检测完成后，将检测结果直接反馈给机器人

搬运入库 ⟹ 六轴工业机器人转换大双爪夹具将视觉检测后的合格品搬运到良品仓，不合格品搬运到废品仓

图5-3-1 遥控器涂胶装配制造生产线工作流程图

（2）动作流程各信号之间的联系。

动作流程各信号之间的联系见表5-3-2、表5-3-3。

表5-3-2 I/O功能表

序号	PLC	机器人	功能描述	备注
1	Y20	DI8	机器人"启动"	I/O通信地址（机器人-PLC）
2	Y21	DI9	机器人"停止"	
3	Y22	DI10	选择"I/O程序"	

（续表）

序号	PLC	机器人	功能描述	备注
4	X30	DO8	系统就绪	I/O通信地址（PLC-机器人）
5	X31	DO9	远程模式工作中	
6	X32	DO10	远程模式状态	
7	Y20	DI8	伺服使能	
8	Y21	DI9	远程示教模式	
9	Y22	DI10	工作站暂停	TCP通信地址（PLC-机器人）
10	Y23	DI11	程序结束	
11	Y24	DI12	程序继续	

表5-3-3　IO/TCP通信交互信号

序号	PLC	机器人	功能描述	备注
1	D300=1	00*9100（R3=1）	按键装配开始	I/O通信地址（机器人-PLC）
2	D310=1	00*2100（R0=1）	机器人复位完成	
3	D311=1	00*2101（R1=1）	按键装配完成	
4	D311=2	00*2101（R1=2）	料盘缺料	I/O通信地址（PLC-机器人）
5	D200=1	I1=1	盖装配开始	
6	D201=1	I2=1	开始入库	
7	D210=1	I33=1	机器人复位完成	
8	D211=1	I34=1	机器人取盖完成	
9	D211=2	I34=2	机器人加盖完成	TCP通信地址（PLC-机器人）
10	D211=3	I34=3	机器人准备入库	

（3）分别下载挂板A、B上H3U-3624MT PLC的整机程序。

用汇川PLC编程软件AutoShop到电脑指定位置下载指定的PLC整机程序文件。

（4）分别下载四轴汇川机器人、六轴埃夫特机器人程序。

（5）下载触摸屏控制程序。

用触摸屏软件下载指定的程序文件。

三、资料准备

（1）光纤传感器技术手册（FM-31智能型数字光纤传感器）。

（2）SX-CSET-JD08-30A-00_遥控器装配智能生产线。

（3）六轴机器人操作编程手册（ER3B-C30机器人编程手册、ER3B-C30机器人电气手册、ER3B-C30机器人机械维护手册）。

（4）H3U PLC编程手册（汇川PLC H3U编程手册、H3U系列可编程逻辑控制器简易手册）。

（5）触摸屏手册（IT6000系列人机界面用户手册）。

任务实施

遥控器涂胶装配制造生产线联机调试步骤见表5-3-4。

表5-3-4　遥控器涂胶装配制造生产线联机调试步骤

步骤	操作描述	图示
1	根据SX-CSET-JD08-30A-00_遥控器装配智能生产线安装指导文件图纸的要求，先调节各单元的脚杯，使5张桌体的台面位于同一水平面；然后按图拼接并用连接板和螺丝把5张桌体连接成同一整体，再根据电气接线图把所有接口板信号线连接好	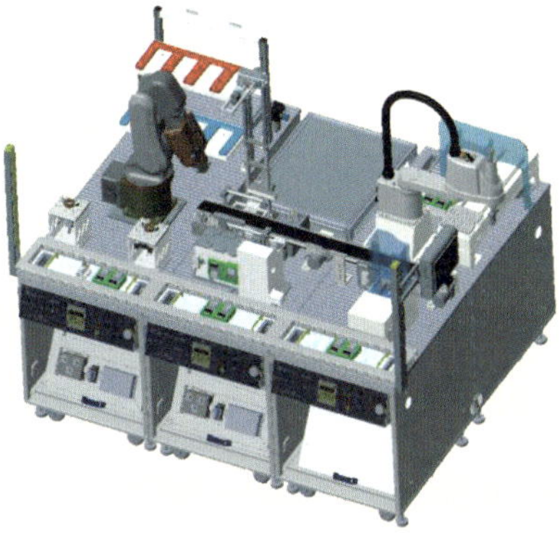
2	按图示方向摆放遥控器底壳	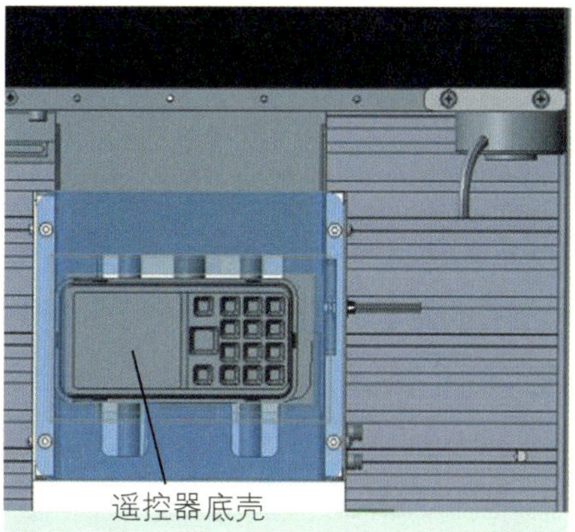 遥控器底壳

（续表）

步骤	操作描述	图示
3	按图示方向摆放遥控器上盖，然后把桌面清理干净	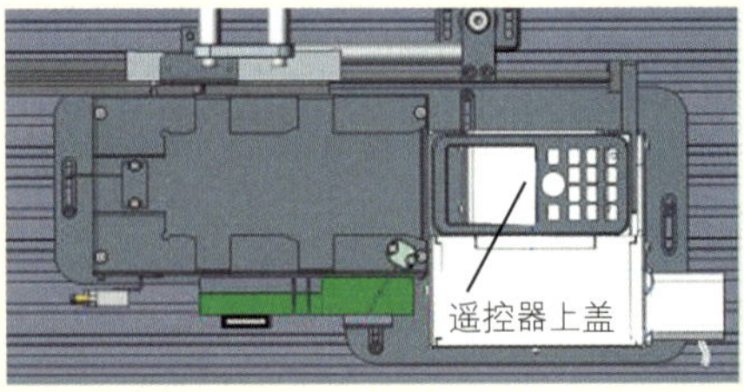 遥控器上盖
4	在两台PLC之间进行通信测试	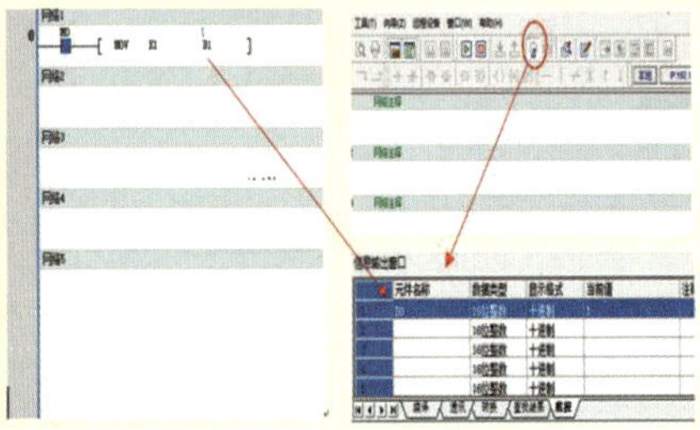
5	下载程序，试运行	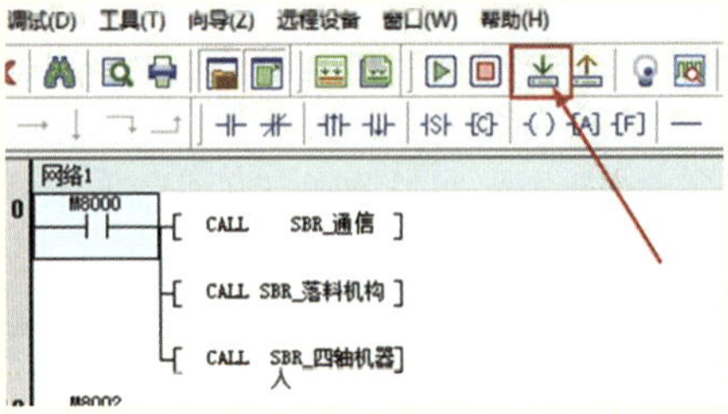
6	调整传感器参数和位置	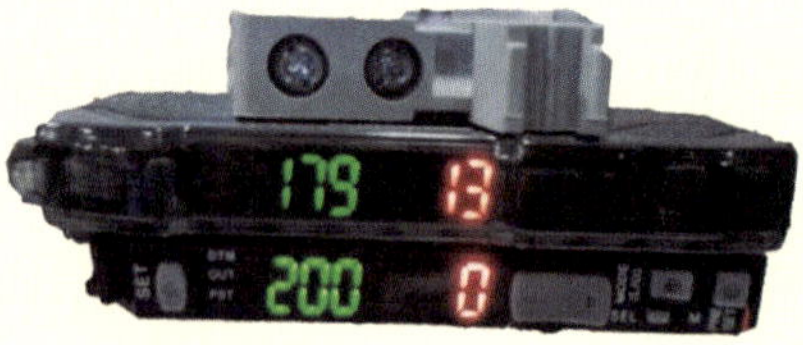

任务考核

任务学习结束，请完成表5-3-5中的任务考核项目。

表5-3-5　任务考核表

项目	要求	配分	评分标准	扣分	得分
联机组装	1. 设备部件安装可靠，各部件位置衔接准确； 2. 电路安装正确，接线规范	20分	1. 部件安装位置错误，每处扣2分； 2. 部件衔接不到位、零件松动，每处扣2分； 3. 电路连接错误，每处扣2分； 4. 导线反圈、压皮、松动，每处扣2分； 5. 错、漏编号，每处扣1分； 6. 导线未入线槽、布线零乱，每处扣2分		
程序下载	1. 正确下载四轴工业机器人程序，并能启动运行； 2. 正确下载六轴工业机器人程序，并能启动运行； 3. 正确下载PLC程序	20分	1. 不能正常启动机器人轨迹程序，扣10分； 2. 不能正常启动PLC程序，扣10分		
设备简单调试	1. 熟悉设备的运行流程； 2. 能正确操作设备运行； 3. 熟悉各传感器位置和参数调整方法； 4. 设备协调、稳定运行	50分	1. 不熟悉设备的运行流程，扣5分； 2. 不会操作设备使之运行，扣20分； 3. 不会调整传感器参数，每处扣5分； 4. 整机设备运行出现卡顿，机器人点位不对，每处扣5分		
安全生产	1. 自觉遵守安全文明生产规程； 2. 保持现场干净整洁，工具摆放有序	10分	1. 发生安全事故，0分处理； 2. 现场凌乱、乱放工具、乱丢杂物、完成任务后不清理现场，扣5分		
时间	3h	—	1. 提前正确完成，每提前5min加5分； 2. 超过定额时间，每超过5min扣2分		

任务四　遥控器涂胶装配制造生产线的维护与保养

学习目标

1. 能按要求对传感器、接线板、气缸等元器件进行维护与保养。
2. 能按规范对机器人进行维护与保养。
3. 树立智能制造设备的维护与保养意识。

任务描述

　　设备运行一段时间后，往往会出现一些小问题，比如电机出现异响、传感器信号不稳定等，这会降低设备的生产效率。如果长时间不处理可能会导致器件损坏，需要停机并花费大量的时间去维修，甚至会缩短设备的使用寿命。所以需定期对设备的器件进行检查，并且进行简单的维护与保养处理，延长其使用寿命。

学习储备

一、器材准备

（1）标准工具一套。

（2）干燥毛巾一条。

二、知识技能准备

（1）进行维护与保养时一定要认真阅读维护与保养手册。

（2）若设备需要进行保养，一定要按照关机程序切断设备电源。

（3）设备保养完成后，按照开机程序进行设备试运行。

三、资料准备

（1）设备维护与保养手册。

（2）设备故障代码手册。

任务实施

一、设备定期检查单

设备定期检查单见表5-4-1。

表5-4-1 设备定期检查单

周期			检查内容	检修结果	工作人员签名
每天	每周	每月			
	√		断电检查确认安全送料机构紧固部分是否有松动现象		
	√		断电检查确认模型上料机构紧固部分是否有松动现象		
	√		断电检查确认机器人固定座螺丝是否出现松动现象		
	√		断电检查确认各线路是否接触良好		
√			上电检查确认各传感器、气缸、夹具是否能够正常工作		
√			通电运行，查看设备能否正常运行		
		√	检查工业机器人伺服电机编码器电池是否有电		

二、设备维护与保养单

设备维护与保养单见表5-4-2。

表5-4-2 设备维护与保养单

周期			维护与保养内容与	保养结果	工作人员签名
每天	每周	每月			
√			用干毛巾擦拭各机构上的灰尘		
	√		用毛巾轻轻擦拭机器人吸盘夹具		
	√		定期用干布轻轻擦拭设备光电传感器		
√		√	断电检查确认各线路是否接触良好		

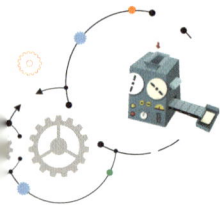

（续表）

周期			维护与保养内容与	保养结果	工作人员签名
每天	每周	每月			
		√	给机械部件加润滑油		
√			清除空压机三联件过滤器中的水和油		

任务考核

任课老师根据学生在维护保养过程中的表现，进行综合考核评分，任务考核项目见表5-4-3。

表5-4-3 维护保养过程任务考核表

项目	要求	配分	评分标准	扣分	得分
检查单和维护与保养	1.持有设备定期检查单； 2.持有设备维护与保养单	10分	1.未持有设备定期检查单，扣3分； 2.未持有设备维护与保养单，扣3分； 3.没有准备相应的工具，扣4分		
设备检查过程	1.熟悉设备定期检查单； 2.对照着检查单对设备各器件进行定期检查； 3.符合设备检查操作规范	50分	1.对设备定期检查单不熟悉，扣5分； 2.不能准确找出设备各器件，每处扣5分； 3.不能使用正确的方法对各器件进行检查，每处扣5分； 4.不能完成检查任务，扣50分		
设备维护与保养过程	1.熟悉设备维护与保养单； 2.对照维护与保养单对设备各器件进行定期维护与保养； 3.维护与保养过程符合操作规范	30分	1.对设备维护与保养单不熟悉，扣5分； 2.不能准确找出设备各器件，每处扣5分； 3.操作过程不规范，每处扣2分； 4.不能完成维护与保养任务，扣30分		
安全生产	1.自觉遵守安全文明生产规程； 2.保持现场干净整洁，工具摆放有序	10分	1.不符合文明操作规范，每次扣3分； 2.发生安全事故，0分处理； 3.现场凌乱、乱放工具、乱丢杂物、完成任务后不清理现场，扣5分		
时间	20min	—	1.提前正确完成，每提前5min加5分； 2.超过定额时间，每超过5min扣2分		

项目六

线路板装配焊接制造生产线的安装与调试

项目导入

随着制造业的飞速发展，制造业中的线路板等焊接加工呈现小批量化、多样化的趋势。工业机器人和焊接电源所组成的机器人自动化焊接系统，能够自由、灵活地实现各种复杂的加工轨迹，并且能够把员工从恶劣的工作环境中解放出来。

综合考虑项目任务难度及工作应用场景，将项目分解为四个任务：

任务一　线路板元件装配单元的安装与调试

任务二　焊接检测入库单元的安装与调试

任务三　线路板装配焊接制造生产线的联机调试

任务四　线路板装配焊接制造生产线的维护与保养

以上四个任务，包含了基础模块单元的安装与调试、联机调试、维护与保养等技能要求。希望读者学习本项目后，能掌握相应的技能。

　　线路板装配焊接制造生产线系统图如图6-0-1所示，其工作过程：设备启动后，送料机构将插件托盘推出到位，上料机构将线路板推出，使其刚好落在线路板托盘上；四轴工业机器人将继电器和端子插入线路板相应的位置上；线路板插好件后随输送带输送到下一工位，到位后定位气缸夹紧托盘，六轴工业机器人利用平行夹具抓取线路板到翻转机构上进行翻转，以便于对插件针脚进行焊接；六轴工业机器人转换焊接夹具对针脚进行焊接，抓取焊接后的线路板到焊接测试台进行测试，检测出合格品与不合格品，抓取合格品到良品仓，不合格品到不良品仓。

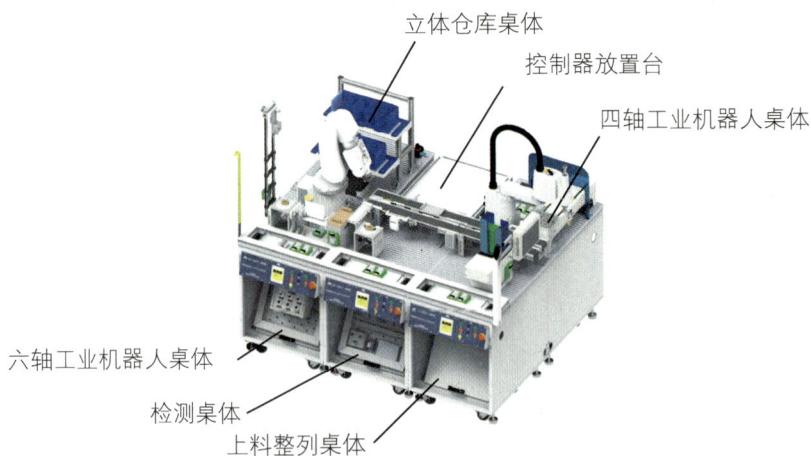

图6-0-1　线路板装配焊接制造生产线系统图

任务一　线路板元件装配单元的安装与调试

学习目标

1. 能够陈述线路板元件装配单元的硬件结构组成。
2. 能够根据单元装配图，按要求完成线路板元件装配单元的组件安装。
3. 能够根据电气原理图，按工艺要求正确安装和调试电路。
4. 能够根据气路连接图，完成气路的连接和调试。
5. 能够正确配置机器人和PLC的通信。
6. 能够解释PLC程序和机器人程序主要指令的作用。
7. 能够根据工件和运行轨迹变化正确示教和调整程序。

任务描述

公司新研发出一套设备，现在需要进行批量生产，其他小组已经将桌体与挂板接线完成。现在你所在的小组需要根据已有的图纸来完成该单元工作模块的安装与接线工作，并且根据已有的程序对单元进行调试，最终实现如图6-1-1所示的工作流程。

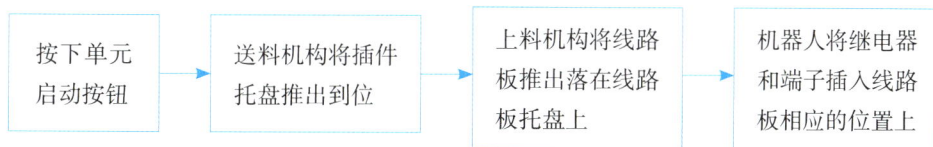

按下单元启动按钮 → 送料机构将插件托盘推出到位 → 上料机构将线路板推出落在线路板托盘上 → 机器人将继电器和端子插入线路板相应的位置上

图6-1-1　线路板元件装配单元流程图

一、器材准备

线路板元件装配单元的主要器材清单见表6-1-1。

表6-1-1　线路板元件装配单元器材清单

序号	名称	规格型号	单位	数量
1	四轴工业机器人	汇川，IRS100-3-40Z15-T53	台	1
2	四轴工业机器人固定台架	SX-CSET-JD08-04-02-01-00	套	2
3	输送带组件	SX-CSET-JD08-30A-02-04	套	4
4	机器人控制器放置台	SX-CSET-JD08-30A-06	台	1
5	光栅组件-左	SX-CSET-JD08-30A-04-03	套	1
6	取物料夹具	SX-CSET-JD08-30E-01-01	套	1
7	电子元件储料盒	SX-CSET-JD08-30E-01-02	套	2
8	托板挡板	SX-CSET-JD08-30E-02-001	套	1
9	端面挡板	SX-CSET-JD08-30E-02-002	套	1
10	托盘循环定位组件	SX-CSET-JD08-30E-02-01	盒	1
11	过渡板B	SX-CSET-JD08-30E-02-02	套	1
12	光栅组件-右	SX-CSET-JD08-30A-02-02	套	1
13	PCB板推料机构	SX-CSET-JD08-30E-02-03	个	25
14	过渡板A	SX-CSET-JD08-30E-03-01	个	25
15	安全储料台	SX-CSET-JD08-05-36	个	1
16	PCB板	SX-CSET-JD08-30E-06-XX	个	16

二、知识技能准备

（一）线路板介绍

线路板实物图如图6-1-2所示，线路板接线图如图6-1-3所示，线路板原理图如图6-1-4所示。

图6-1-2　线路板实物图

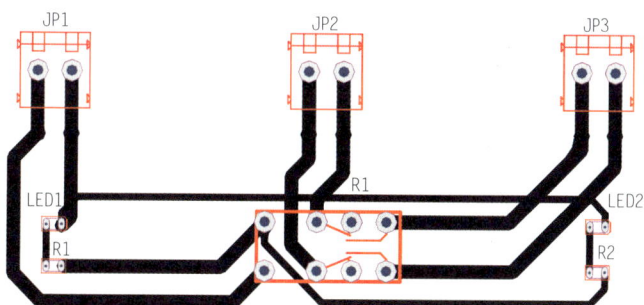

图6-1-3　线路板接线图

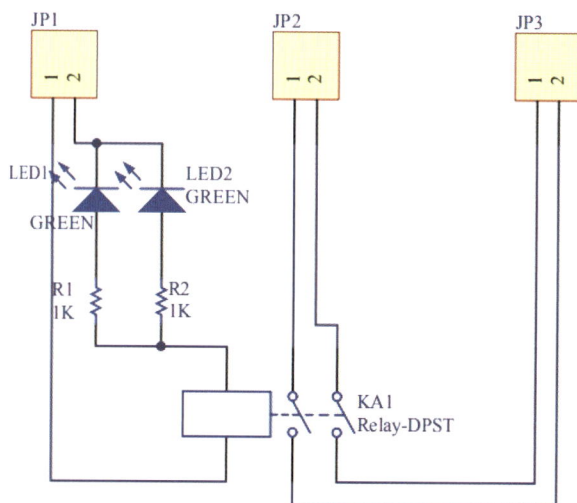

图6-1-4　线路板原理图

（二）继电器介绍

继电器是一种根据外界输入信号来控制电路"接通"或"断开"的电控制器件，在电路中起着自动调节、安全保护、转换电路等作用。本项目采用的继电器实物图如图6-1-5所示，继电器接线图如图6-1-6所示。

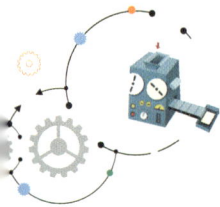

图6-1-5 继电器实物图

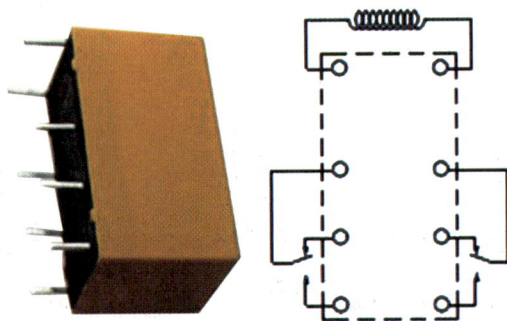

图6-1-6 继电器接线图

三、资料准备

（1）光纤传感器技术手册（FM-31智能型数字光纤传感器）。

（2）机械图与电气图。

（3）四轴机器人操作编程手册（机器人控制系统编程手册V8.692）。

（4）H3U PLC编程手册（汇川PLC H3U编程手册、H3U系列可编程逻辑控制器简易手册）。

（5）触摸屏手册（IT6000系列人机界面用户手册）。

任务实施

一、机械安装

单元装配图是进行零部件安装的依据，请你根据提供的装配图进行各个组件的安装。各个单元装配完成后，则需要根据提供的生产线布局图，将每个单元在实训平台上进行定位安装。

安装前请认真阅读机械安装手册，要求部件安装无缺少、遗漏现象，部件安装尺寸符合图纸技术要求，部件安装后紧固，无松动现象，部件安装后运行顺畅，无卡滞或不能运行现象，固定螺栓按规定使用垫片，行线槽转角处和T形分支处按规定进行处理。

根据包装箱组件位置放置表将托盘循环定位组件、PCB板、PCB板推料机构、输送带组件、安全储料台、光栅组件–右、显示屏安装支架、电子元件储料盒、取物料夹具、四轴工业机器人及四轴工业机器人固定台架等从相应的包装箱里取出，再从螺丝配件包的零件盒中取出相应规格的螺丝，根据布局图完成线路板元件装配单元的安装。

四轴工业机器人组件、上料整列组件装配图如图6-1-7所示。

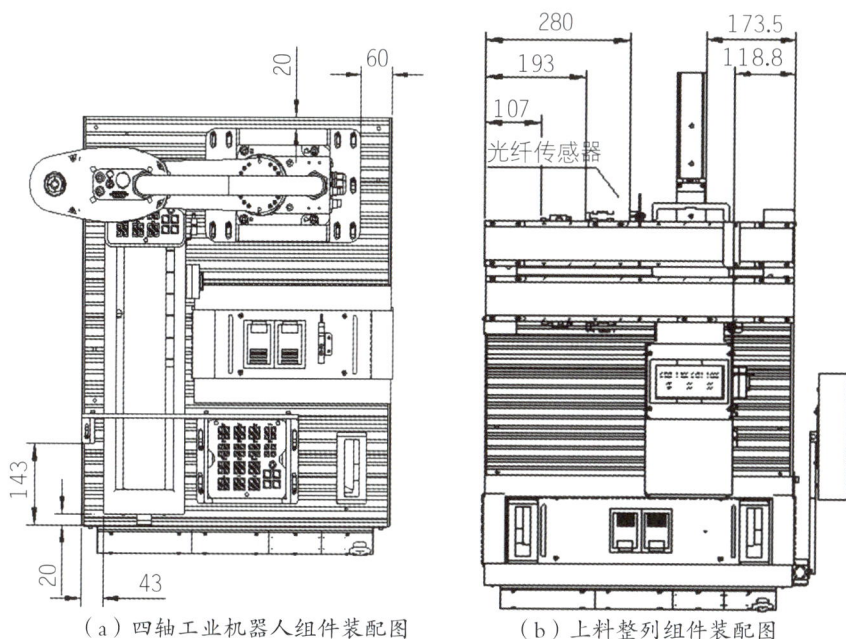

（a）四轴工业机器人组件装配图　　　（b）上料整列组件装配图

图6-1-7　组件装配图（单位：mm）

线路板装配焊接制造生产线布局图如图6-1-8所示，效果图如图6-1-9所示。准备工具：内六角扳手一套、活动扳手（约6.7cm）、十字螺丝刀（约16.7cm）、尖嘴钳、直钢尺（500mm）、卷尺（2m），并按照表6-1-2完成线路板元件装配单元设备的机械安装。

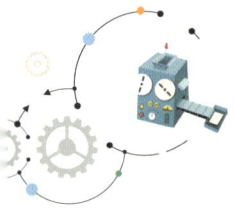

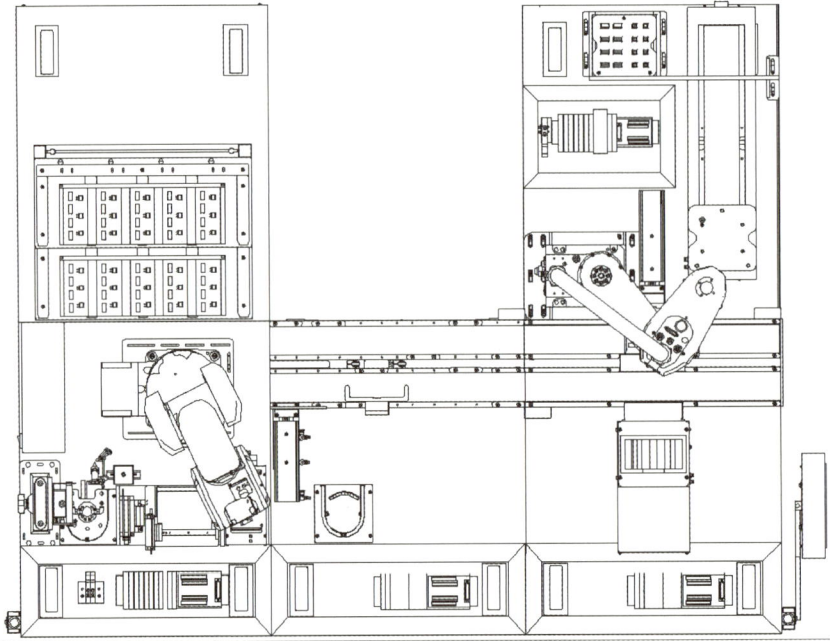

图6-1-8　线路板装配焊接制造生产线布局图

图6-1-9　线路板装配焊接制造生产线效果图

表6-1-2　线路板元件装配单元设备的机械安装步骤

步骤	操作描述	图示	备注
1	安装两个输送带组件、PCB板推料机构		根据图6-1-7的装配尺寸进行安装
2	安装光栅组件-右、显示屏安装支架、桌面接口板A1		根据图6-1-7的装配尺寸进行安装
3	安装定位气缸组件、四轴工业机器人底板	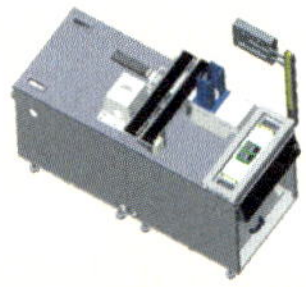	根据图6-1-7的装配尺寸进行安装
4	安装四轴工业机器人、安全送料组件	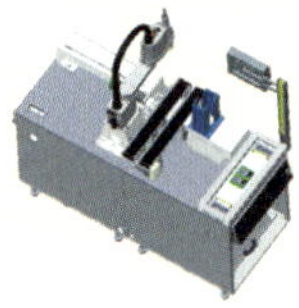	根据图6-1-7的装配尺寸进行安装
5	安装安全储料台、电子元件储料盒、桌面接口板C	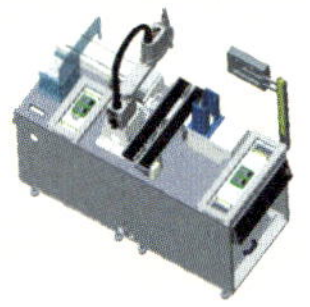	根据图6-1-7的装配尺寸进行安装

二、电气安装

（一）电路安装

挂板上PLC信号已经通过公头线缆连接到37T接线板上，现在我们需要将每个模块的信号连接到接线板的端子上，即可实现信号对接。电气安装过程中要求符合电气安装工艺，导线按规定进线槽，线槽孔出线合理，电路压接处紧固可靠，线头全部套管并注明编号，线头压接处无露铜过长现象。

1. 桌面电气接口板布局图及接线图

线路板元件装配单元一共用到了两块桌面电气接口板，分别为桌面电气接口板A1和桌面电气接口板C。

（1）桌面电气接口板A1布局图及相关接线图。

桌面电气接口板A1布局图及接线图详见图2-1-16、图2-1-17。桌面电气接口板

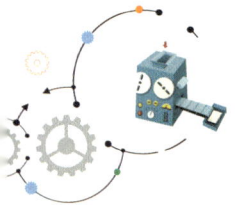

A1地址分配表见表2-1-19。

（2）桌面电气接口板C布局图及相关接线图。

桌面电气接口板C布局图如图6-1-10所示，桌面电气接口板C相关接线图如图6-1-11所示。桌面电气接口板C地址分配表见表6-1-3。

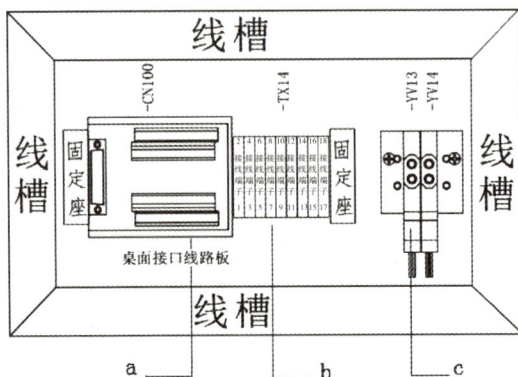

图6-1-10　桌面电气接口板C布局图

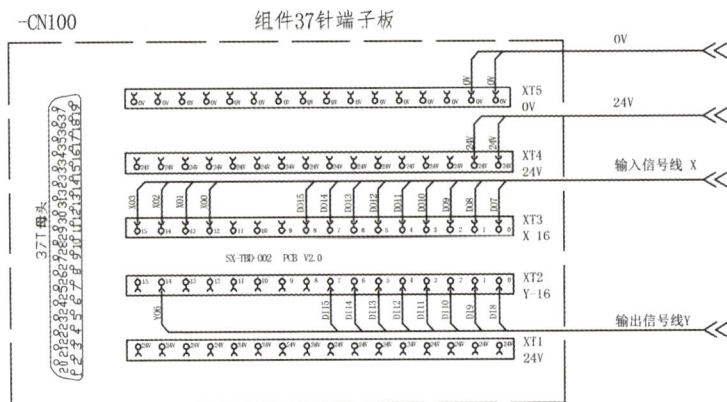

（a）CN100桌面接口线路板接线图

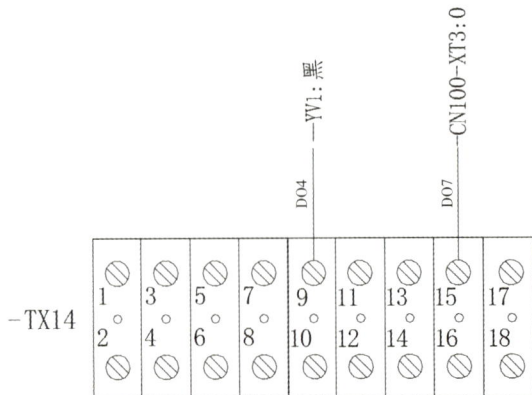

（b）TX14端子排接线图

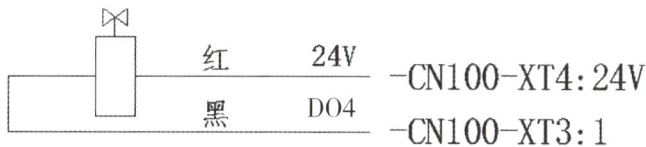

（c）YV13电磁阀接线图

图6-1-11　桌面电气接口板C相关接线图

表6-1-3　桌面电气接口板C地址分配表

接线端子	线号	模块名称	功能描述
Y20	DI8	四轴工业机器人I/O板输入信号	机器人启动
Y21	DI9		机器人停止
Y22	DI10		打开程序
Y23	DI11		机器人消除报警
Y24	DI12		预留
Y25	DI13		预留
Y26	DI14		预留
Y27	DI15		预留
XT3:0	DO7	37针端子板	预留
X30	DO8		预留
X31	DO9	四轴工业机器人I/O板输出信号	预留
X32	DO10		预留
X33	DO11		预留
X34	DO12		预留
X35	DO13		预留
X36	DO14		预留
X37	DO15		预留
YV13	DO4	气阀线圈	气夹电磁阀
X00	X00	37针端子板	托盘物料到位检测
X01	X01		托盘到位气缸缩回限位
X02	X02		托盘到位气缸伸出限位
X03	X03		送料按钮开关
XT4:0	24V		24V电源正
XT5:0	0V		24V电源负

2. 线路板元件装配单元的电路安装

线路板元件装配单元的电路安装步骤见表6-1-4。

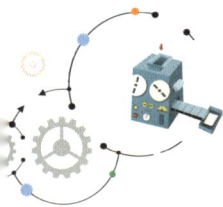

表6-1-4　线路板元件装配单元的电路安装步骤

步骤	操作描述	图示
1	完成安全送料组件15针接线板与机器人控制器IO板的接线	
2	完成模型上料组件与输送带组件的接线。将输送带电机线接到直流电机控制板上，将触摸屏电源线接到37针接口板上	

（二）气路安装

根据提供的气路连接图完成该单元的气路连接（气管不宜过长或过短，气管插头处可靠、无漏气现象，气路、电路分开绑扎）。

线路板元件装配单元的气路图如图6-1-12所示。

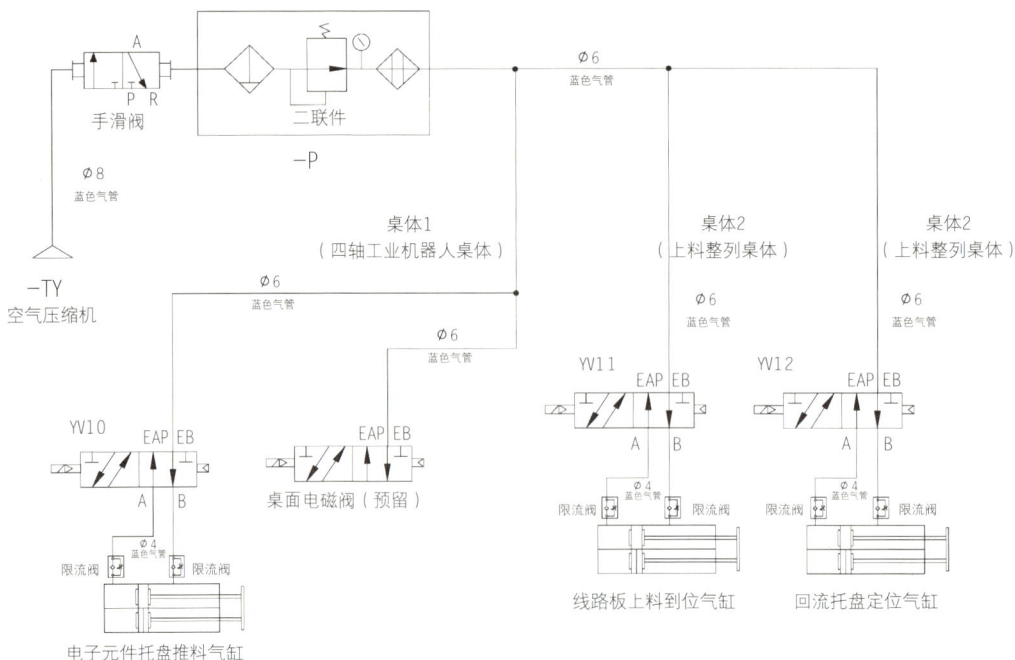

图6-1-12　线路板元件装配单元的气路图

线路板元件装配单元各组件间的气路连接步骤见表6-1-5。

表6-1-5　线路板元件装配单元各组件间的气路连接步骤

步骤	操作描述	图示	备注
1	按照气路图，接好气源		压力调整为0.4MPa
2	按照气路图，接好电子元件托盘		—
3	按照气路图，接好线路板上料到位气缸	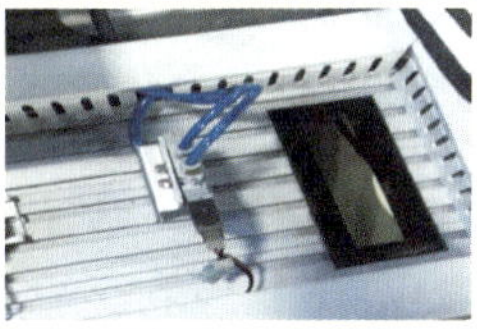	—
4	按照气路图，接好回流托盘定位气缸	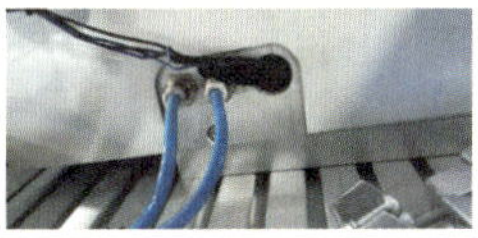	—

三、程序下载与调试

（一）主要说明

1. PLC的控制原理图

PLC的控制原理图如图6-1-13所示。

2. PLC程序结构

PLC程序主要包含Main（主程序）、四轴工业机器人、料盘上料、输送电机、PCB板上料、通信六个部分，如图6-1-14所示。

3. PLC部分程序

PLC部分程序如图6-1-15所示。

4. 四轴工业机器人程序结构

四轴工业机器人程序主要包含Main（主程序）、初始化子程序（Data_initialization）、继电器安装子程序（Relay_installation）、端子安装子程序（Terminal_installation ）四个程序，程序结构如图6-1-16所示。

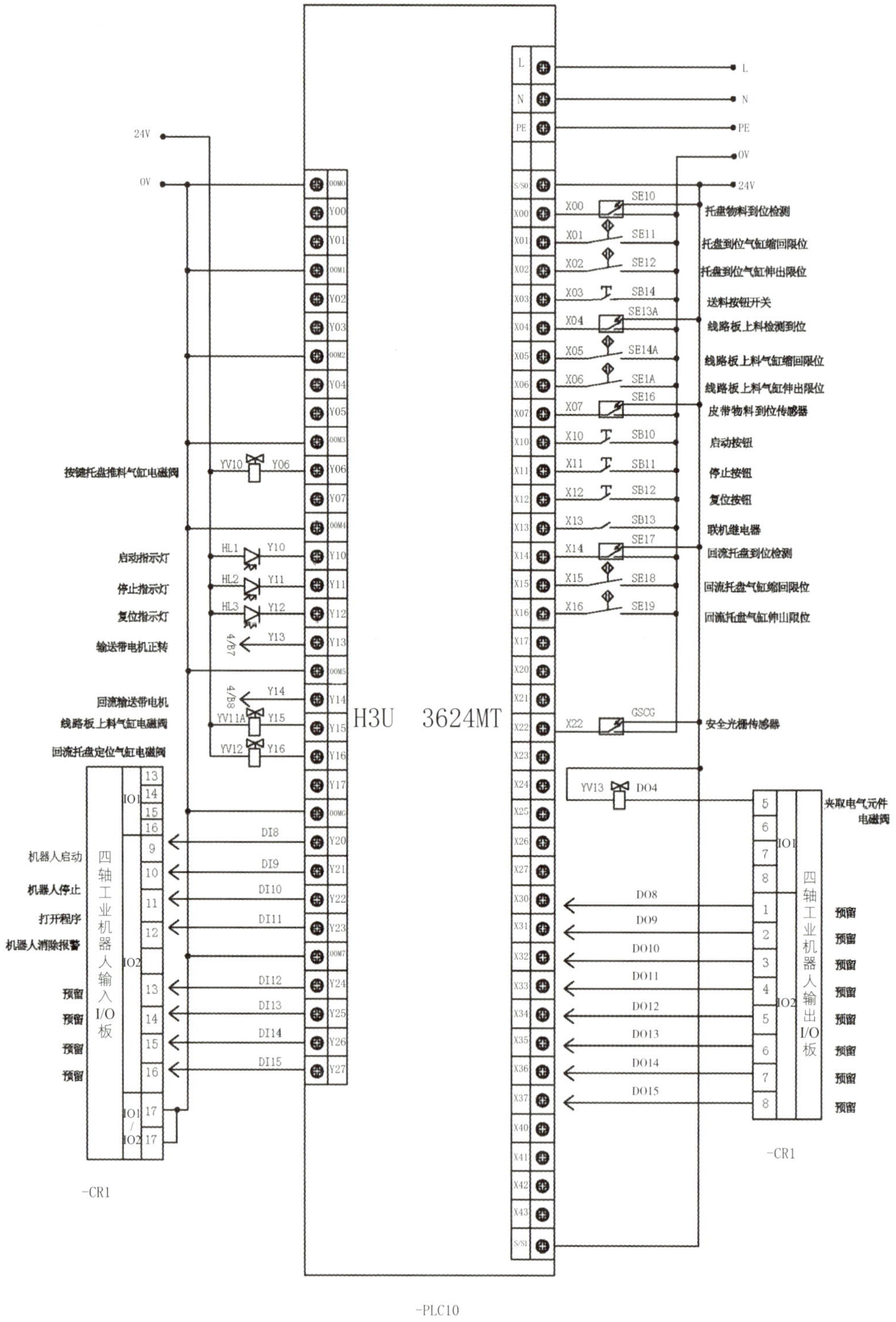

图6-1-13　PLC的控制原理图

图6-1-14　PLC程序结构

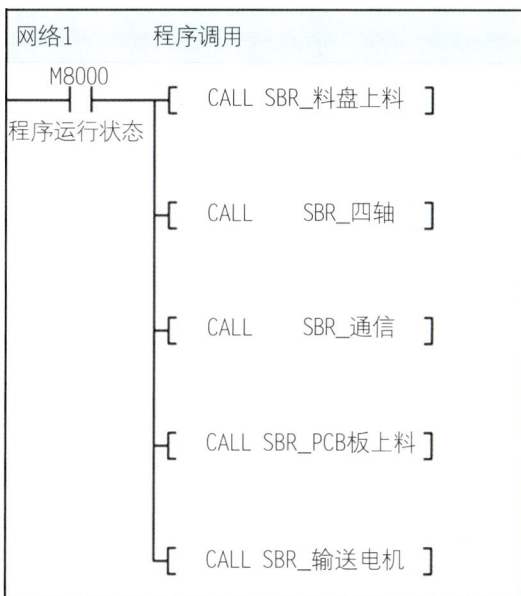

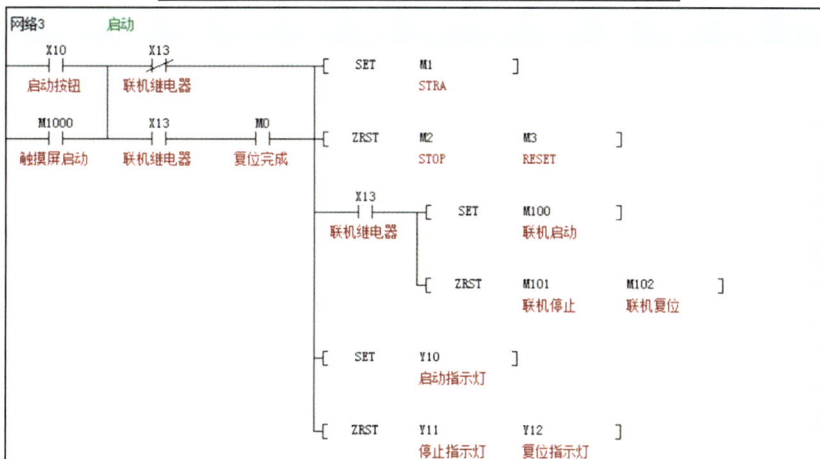

图6-1-15　PLC部分程序

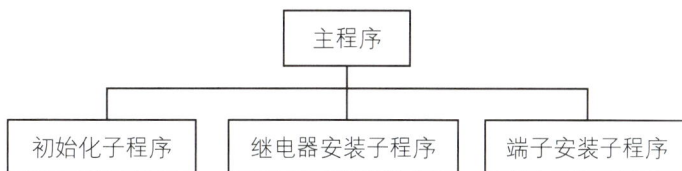

图6-1-16　四轴工业机器人程序结构

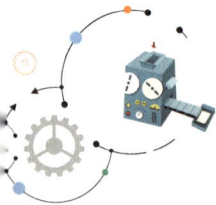

5. 四轴工业机器人装配的运动轨迹

四轴工业机器人装配的运动轨迹如图6-1-17所示，点位示教列表见表6-1-6。

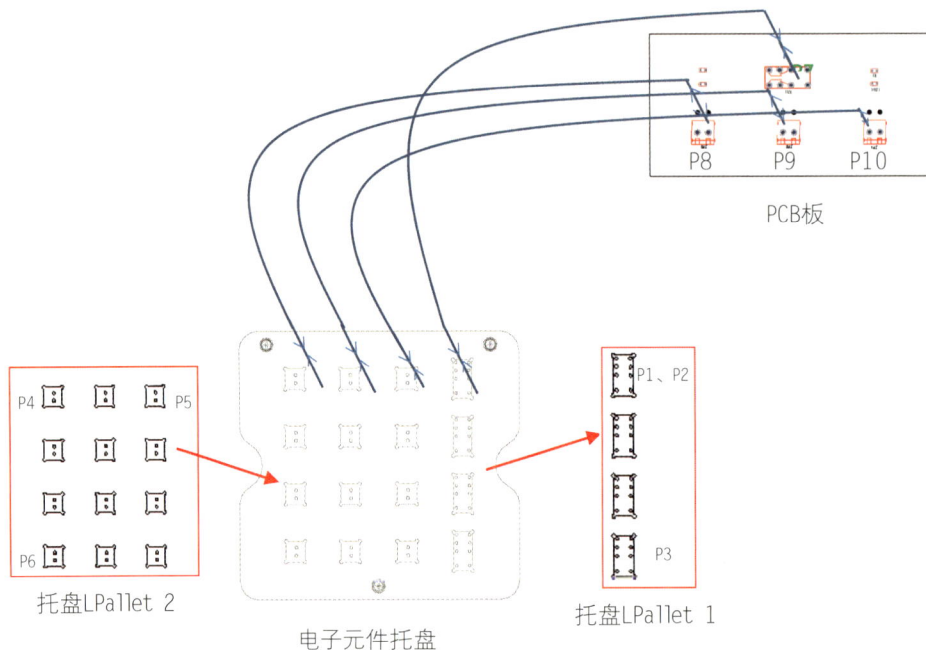

图6-1-17　四轴工业机器人装配的运动轨迹

表6-1-6　点位示教列表

点位	含义
P1	第一个继电器抓取位置点
P2	定义托盘1的列方向的最后一个点（与P1重合）
P3	定义托盘1的行方向的最后一个点
P4	第一个端子抓取位置点
P5	定义托盘2的列方向的最后一个点
P6	定义托盘2的行方向的最后一个点
P7	继电器放置点
P8	端子放置点1
P9	端子放置点2
P10	端子放置点3

（二）操作步骤

程序下载与调试操作步骤见表6-1-7。

表6-1-7　程序下载与调试操作步骤

步骤	操作描述	备注
1	电路检查测试	—
2	上电	见表1-3-2
3	下载PLC程序	见表2-1-9和表2-1-10
4	下载机器人程序	六轴见表2-1-8 四轴见表2-2-6
5	伺服驱动器、传感器参数设置	见表2-1-13
6	机器人IO设置	六轴见表2-1-6 四轴见表2-2-5
7	机器人点位示教	图2-1-25~图2-1-29，以及图2-2-11
8	设备复位	见表1-3-3
9	按启动按钮，让设备运行	见表1-3-3，人工将物料放入上料箱
10	检查设备是否按任务运行动作	若有问题，分析原因并排查

任务考核

任务学习结束，请完成表6-1-8中的任务考核项目。

表6-1-8　任务考核表

项目	要求	配分	评分标准	扣分	得分
设备组装	1.设备部件安装可靠，各部件位置衔接准确； 2.电路安装正确，接线规范	30分	1.部件安装位置错误，每处扣2分； 2.部件衔接不到位、零件松动，每处扣2分； 3.电路连接错误，每处扣2分； 4.导线反圈、压皮、松动，每处扣2分； 5.错、漏编号，每处扣1分； 6.导线未入线槽、布线零乱，每处扣2分； 7.漏接接地线，每处扣5分		
设备功能	1.设备启停正常； 2.警示灯动作及报警正常； 3.线路板元件装配单元功能正常	60分	1.设备未按要求启动或停止，每处扣10分； 2.警示灯未按要求动作，每处扣10分； 3.驱动转盘的电动机未按要求旋转，扣20分； 4.送料不准确或未按要求送料，扣10分		

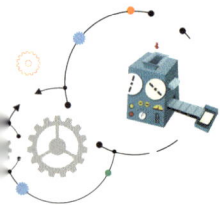

（续表）

项目	要求	配分	评分标准	扣分	得分
设备附件	资料齐全，归类有序	5分	1. 设备组装图缺少，每份扣2分； 2. 电路图、梯形图缺少，每份扣2分； 3. 技术说明书、工具明细表、元件明细表缺少，每份扣2分		
安全生产	1. 自觉遵守安全文明生产规程； 2. 保持现场干净整洁，工具摆放有序	5分	1. 每违反一项规定，扣3分； 2. 发生安全事故，0分处理； 3. 现场凌乱、乱放工具、乱丢杂物、完成任务后不清理现场，扣5分		
时间	3h	—	1. 提前正确完成，每提前5min加5分； 2. 超过定额时间，每超过5min扣2分		

任务二　焊接检测入库单元的安装与调试

学习目标

1. 能够陈述焊接检测入库单元的硬件结构组成。
2. 能够正确安装和调试焊接组件。
3. 能够根据单元装配图，按要求完成焊接、检测、立体仓库等组件安装。
4. 能够根据电气原理图，按工艺要求正确连接和调试电路。
5. 能够根据气路连接图，完成气路的连接和调试。
6. 能够正确配置机器人和PLC的通信。
7. 能够解释PLC程序和机器人程序主要指令的作用。
8. 能够根据工件和运行轨迹变化正确示教和调整程序。

任务描述

　　公司新研发出一套设备，现在需要进行批量生产，其他小组已经将桌体与挂板接线完成。现在你所在的小组需要根据已有的图纸来完成该单元工作组件的安装与接线工作，并且根据已有的程序对单元进行调试，最终实现如图6-2-1所示的工作流程。

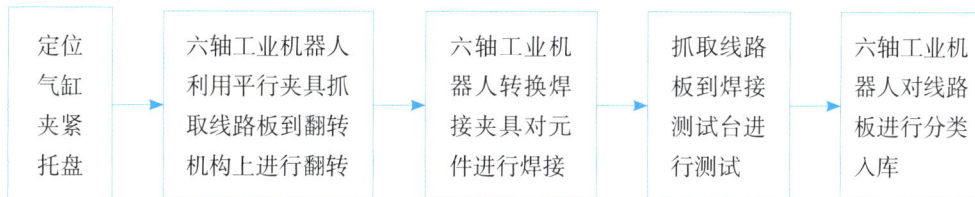

定位气缸夹紧托盘	→	六轴工业机器人利用平行夹具抓取线路板到翻转机构上进行翻转	→	六轴工业机器人转换焊接夹具对元件进行焊接	→	抓取线路板到焊接测试台进行测试	→	六轴工业机器人对线路板进行分类入库

图6-2-1　焊接检测入库单元流程图

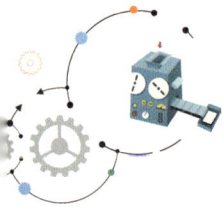

学习储备

一、器材准备

焊接检测入库单元的主要器材清单见表6-2-1。

表6-2-1 焊接检测入库单元器材清单

序号	名称	规格型号	单位	数量
1	六轴工业机器人	埃夫特，ER3B-C30	台	1
2	平行夹具1	SX-CSET-JD08-30A-04-02	套	1
3	立体仓库组件	SX-CSET-JD08-30A-05-01	套	1
4	六轴工业机器人底板	SX-815Q-28-002	套	1
5	夹具座组件（NPN）	SX-CSET-JD08-05-15	套	1
6	循环气缸组件	SX-CSET-JD08-30E-03-03	套	3
7	送锡机构模块	SX-CSET-JD08-30E-04-01	个	1
8	焊枪夹具组件	SX-CSET-JD08-30E-04-02	个	1
9	线路板翻转焊锡模块	SX-CSET-JD08-30E-04-03	个	1
10	通电测试台	SX-CSET-JD08-30E-04-04	个	1
11	除锡球座	SX-CSET-JD08-30E-04-05	个	1
12	PCB板托架	SX-CSET-JD08-30E-05-01	个	1
13	PCB板托板	SX-CSET-JD08-30E-001	个	1
14	工具	厂家配套	套	1
15	螺丝	厂家配套	套	1

二、知识技能准备

（一）焊接组件组成与接线

1. 组成

焊接组件由焊枪、送锡机、温控器三大部分组成，如图6-2-2所示。

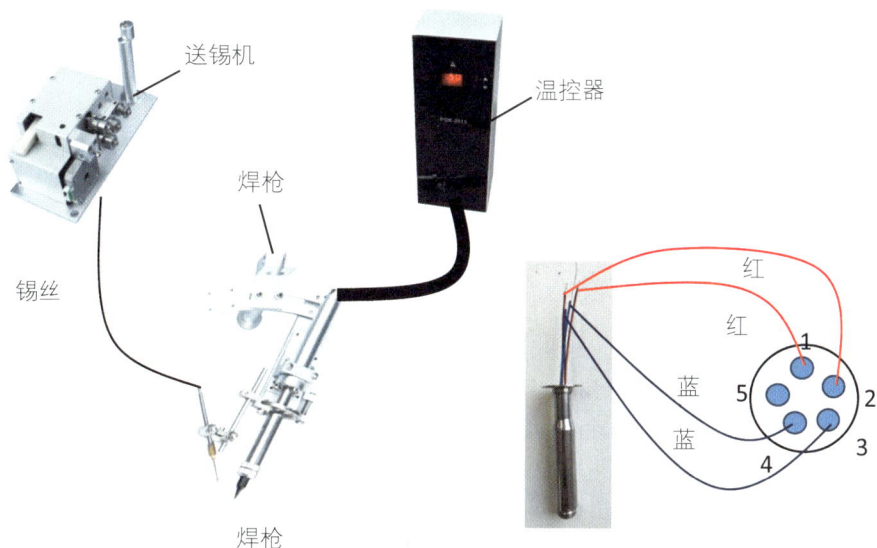

图6-2-2　焊接组件实物图

2. 接线

将焊枪夹具、温控器按照图6-2-3连接好，将送锡机构上的锡丝穿过送锡机再沿着管路到达焊枪头处，如图6-2-4所示。

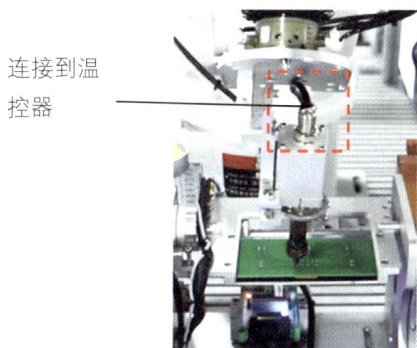

图6-2-3　焊枪实物图　　　　图6-2-4　送锡机构实物图

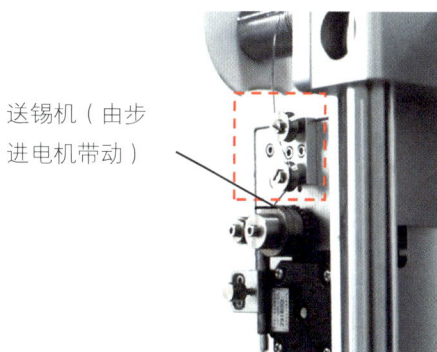

（二）测试组件

1. 组成与接线

测试组件里有一块电子线路板，由线路板引出5个接口，分别为T-ON（触发检测信号）、OK（合格反馈信号）、NG（不合格反馈信号）、GND（24V负极）、24V（24V正极），如图6-2-5所示。

（a）组成图　　　　　　　　　　（b）接线图

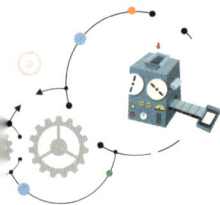

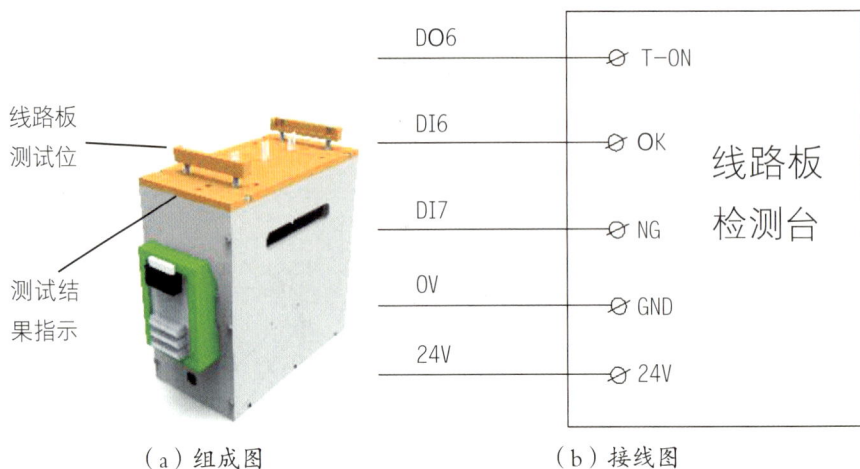

图6-2-5　测试组件的组成图与接线图

2. 测试

对测试组件进行测试，准备两块线路板（一块已焊，一块未焊），分别将两块线路板压在测试组件对应的针脚上，手动触发检测信号（该信号为机器人直接控制，可直接通过机器人示教器强制信号输出），如果测试组件反馈出测试结果且反馈正确（合格为绿灯，不合格为红灯），则证明线路连接正确。

3. 线路板焊接检测的机器人的编程与调试

（1）焊接程序段参考。

MOVL,P=1,V=20,BL=0,VBL=0,pose=0 　　　#当机器人到达焊盘位置

TIMER,T=500,ms 　　　#等待0.5s

DOUT,DO=0.7,VALUE=1 　　　#触发出锡信号，送锡机构将锡丝送出

TIMER,T=800,ms 　　　#等待0.8s（出锡时间，根据实际情况进行调整）

DOUT,DO=0.7,VALUE=0 　　　#关闭出锡信号

TIMER,T=1000,ms 　　　#等待1s（进行焊锡的时间，根据实际情况进行调整）

MOVL,IncP=2,V=20,BL=0,VBL=0,C=1,J1=0.0,J2=0.0,J3=5.0,J4=0.0,J5=0.0,J6=0.0,J7=0.0,J8=0.0,pose=1 　　　#回到焊锡点上方

（2）线路板测试程序段参考。

MOVL,P=1,V=20,BL=0,VBL=0,pose=0 　　　#当机器人抓取线路板到达测试位置

DOUT,DO=0.6,VALUE=1	#触发开始检测信号
TIMER,T=1000,ms	#等待1s
IF,DI=0.6,EQ,VALUE=1,THEN	#接收检测组件反馈的信号，若接收到OK信号
DOUT,DO=0.6,VALUE=0	#复位开始检测信号
MOVL,P=2,V=20,BL=0,VBL=0,pose=0	#机器人抓取线路板离开检测位置
CALL,PROG=DetectOK	#机器人将线路板放置到合格仓位
END_IF	#结束判断
IF,DI=0.7,EQ,VALUE=1,THEN	#接收检测组件反馈的信号，若接收到NG信号
DOUT,DO=0.6,VALUE=0	#复位开始检测信号
MOVL,P=2,V=20,BL=0,VBL=0,pose=0	#机器人抓取线路板离开检测位置
CALL,PROG=DetectNG	#机器人将线路板放置到不合格仓位
END_IF	#结束判断

三、资料准备

（1）光纤传感器技术手册（FM-31智能型数字光纤传感器）。

（2）机械图与电气图。

（3）六轴工业机器人操作编程手册（ER3B-C30 机器人编程手册、ER3B-C30机器人电气手册、ER3B-C30机器人机械维护手册）。

（4）H3U PLC编程手册（汇川PLC H3U编程手册、H3U系列可编程逻辑控制器简易手册）。

（5）触摸屏手册（IT6000系列人机界面用户手册）。

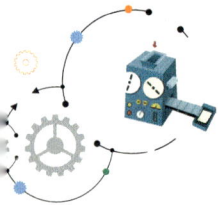

任务实施

一、机械安装

单元装配图是进行零部件安装的依据，请你根据提供的装配图进行各个组件的安装。各个组件装配完成后，则需要根据提供的生产线布局图将每个组件在实训平台上进行定位安装。

安装前请认真阅读机械安装手册，要求部件安装无缺少、遗漏现象，部件安装尺寸符合图纸技术要求，部件安装后紧固，无松动现象，部件安装后运行顺畅，无卡滞或不能运行现象，固定螺栓按规定使用垫片，行线槽转角处和T形分支处按规定进行处理。

根据包装箱组件位置放置表将输送带组件、测试组件、焊接组件、光栅组件-左、夹具座组件从相应的包装箱里取出，再从螺丝配件包的零件盒中取出相应规格的螺丝，根据布局图完成焊接检测入库单元的安装。

线路板抓取组件、六轴工业机器人组件与立体仓库组件部分装配图如图6-2-6所示。

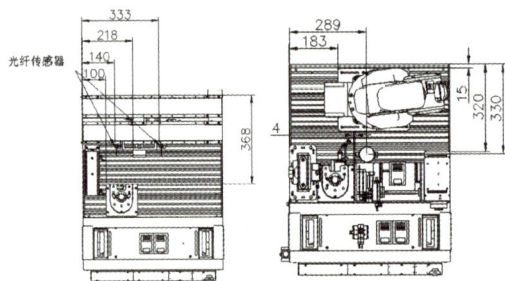

（a）线路板抓取组件装配图　（b）六轴工业机器人组件装配图

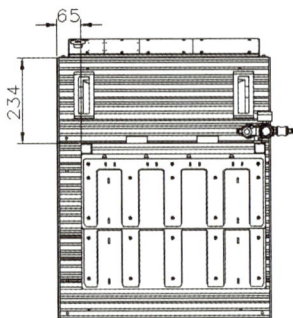

（c）立体仓库组件装配图

图6-2-6　组件装配图（单位：mm）

线路板装配焊接制造生产线布局图如图6-1-8所示，效果图如图6-1-9所示。准备工具：内六角扳手一套、活动扳手（约6.7cm）、十字螺丝刀（约16.7cm）、尖嘴钳、直钢尺（500mm）、卷尺（2m），并按照表6-2-2完成焊接检测入库单元设备的机械安装。

表6-2-2　焊接检测入库单元设备的机械安装步骤

步骤	操作描述	图示	备注
1	安装输送带组件、定位气缸组件		根据图6-2-6的装配尺寸进行安装
2	安装夹具座组件、桌面接口板A2、六轴工业机器人底板	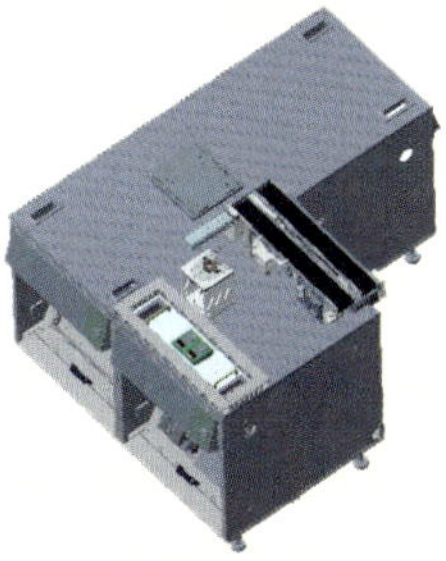	根据图6-2-6的装配尺寸进行安装
3	安装六轴工业机器人、夹具座组件	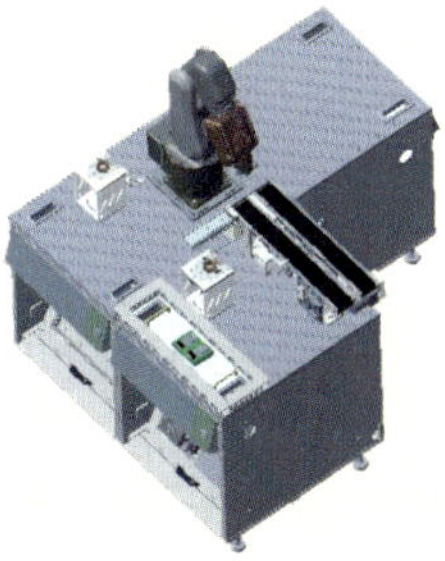	根据图6-2-6的装配尺寸进行安装
4	安装送锡机构模块、除锡球座	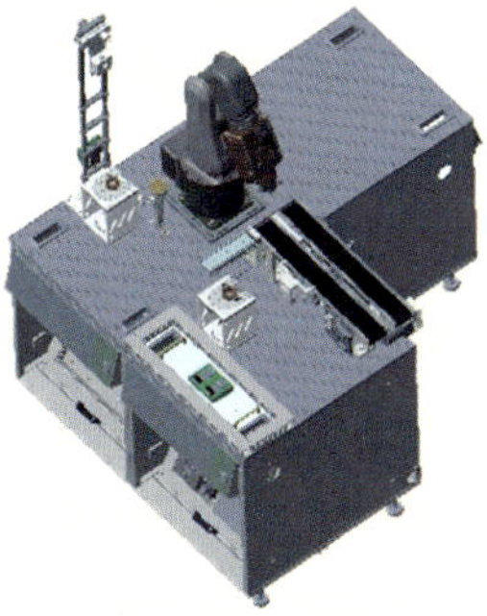	根据图6-2-6的装配尺寸进行安装

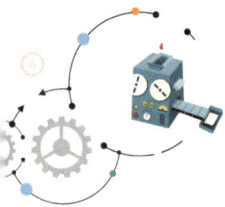

（续表）

步骤	操作描述	图示	备注
5	安装端面挡板、过渡板A、通电测试台、线路板翻转焊锡组件		根据图6-2-6的装配尺寸进行安装
6	安装桌面接口板B、光栅组件-左		根据图6-2-6的装配尺寸进行安装
7	安装立体仓库组件		根据图6-2-6的装配尺寸进行安装

二、电气安装

（一）电路安装

挂板上PLC信号已经通过公头线缆连接到37T接线板上，现在我们需要将每个模块的信号连接到接线板的端子上，即可实现信号对接。电气安装过程中要求符合电气安装工艺，导线按规定进线槽，线槽孔出线合理，电路压接处紧固可靠，线头全部套管并注明编号，线头压接处无露铜过长现象。

1. 桌面电气接口板接线图

焊接检测入库单元一共用到了两块桌面电气接口板，分别为桌面电气接口板B和桌面电气接口板A2。

通电测试台组件接线图如图6-2-7所示，线路板翻转焊锡组件接线图如图6-2-8所示。桌面电气接口板A2地址分配表见表6-2-3。

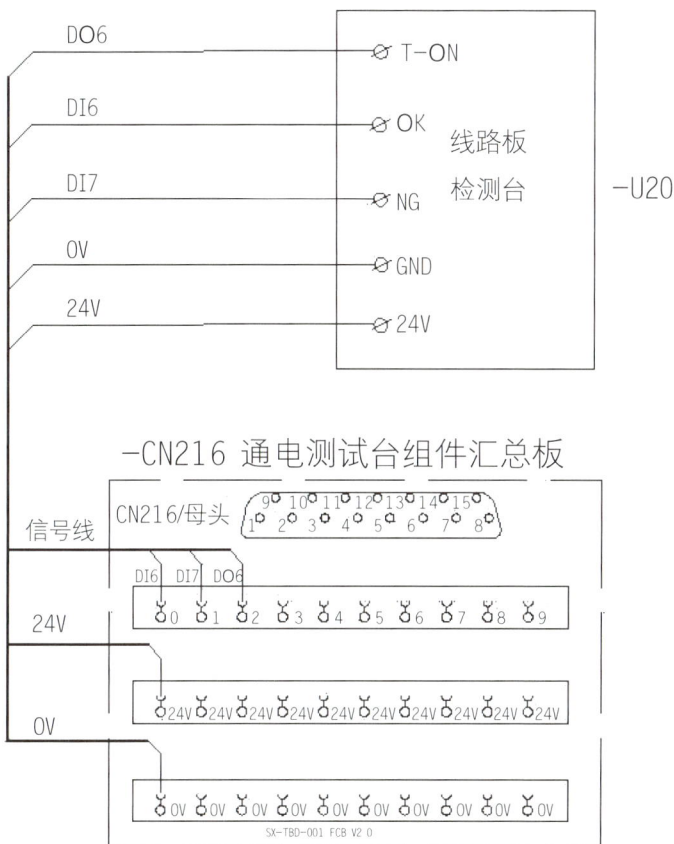

图6-2-7　通电测试台组件接线图

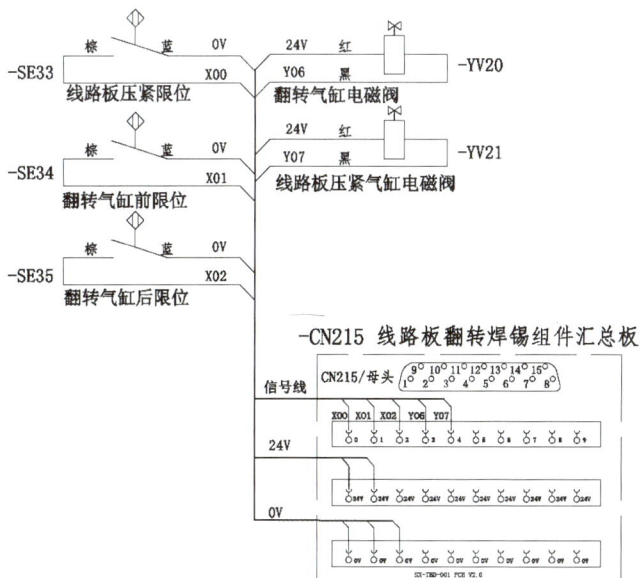

图6-2-8　线路板翻转焊锡组件接线图

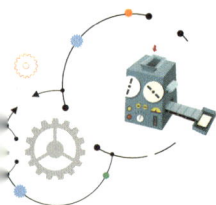

表6-2-3　桌面电气接口板A2地址分配表

接线端子	线号	模块名称	功能描述
XT3:0	X04		上料检测到位传感器
XT3:1	X05		上料气缸缩回限位
XT3:2	X06		上料气缸伸出限位
XT3:3	X07		皮带物料检测传感器
XT3:4	X14		回流托盘到位检测传感器
XT3:5	X15		回流托盘气缸缩回限位
XT3:6	X16		回流托盘气缸伸出限位
XT3:10	X22	37针端子板	安全光栅检测传感器
XT2:2	Y13		输送带电机
XT2:3	Y14		回流输送带电机
XT2:4	Y15		线路板上料气缸电磁阀
XT2:5	Y16		回流托盘定位气缸电磁阀
XT2:6	Y17		预留
XT1/XT4	24V		接24V电源正极
XT5	0V		接24V电源负极
CN10:0V	0V		24V电源负
CN10:24V	24V		24V电源正
CN10:IN2	Y13		输送带电机控制I/O
CN10:M+	M+		输送带电机电源正
CN10:M−	M−		输送带电机电源负
CN10:0V	0V	电机控制板	24V电源负
CN10:24V	24V		24V电源正
CN10:IN2	Y14		预留
CN10:M+	M+		预留
CN10:M−	M−		预留
TX16:1	0V	TX接线端子	24V电源负

2. 焊接检测入库单元的电路安装

焊接检测入库单元的电路安装步骤见表6-2-4。

表6-2-4　焊接检测入库单元的电路安装步骤

步骤	操作描述	图示
1	完成输送带组件15针接线板上公头的接线，将输送带电机线接到直流电机控制板上	37针接口　直流电机控制板
2	完成夹具座与机器人IO板的接线	电磁阀　接线端　37针接口

（二）气路安装

根据提供的气路连接图完成该单元的气路连接（气管不宜过长或过短，气管插头处可靠、无漏气现象，气路、电路分开绑扎）。

焊接检测入库单元的气路图如图6-2-9所示。

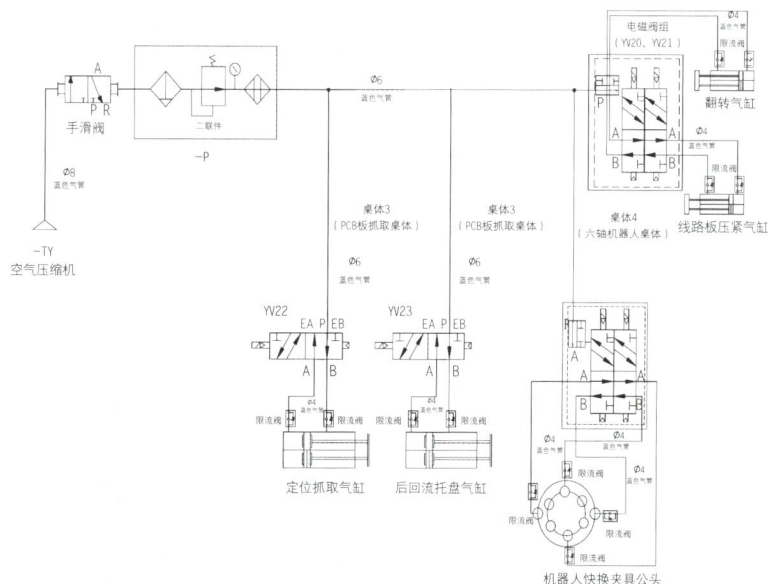

图6-2-9　焊接检测入库单元的气路图

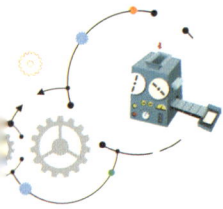

焊接检测入库单元各组件间的气路连接步骤见表6-2-5。

表6-2-5　焊接检测入库单元各组件间的气路连接步骤

步骤	操作描述	图示	备注
1	按照气路图，接好气源		压力调整为0.4MPa
2	接好定位抓取气缸		—
3	把六轴工业机器人上的气路连接好		—
4	接好后回流托盘气缸		—
5	翻转气缸		—

三、程序下载与调试

（一）主要说明

1. PLC控制原理图

PLC控制原理图如图6-2-10所示。

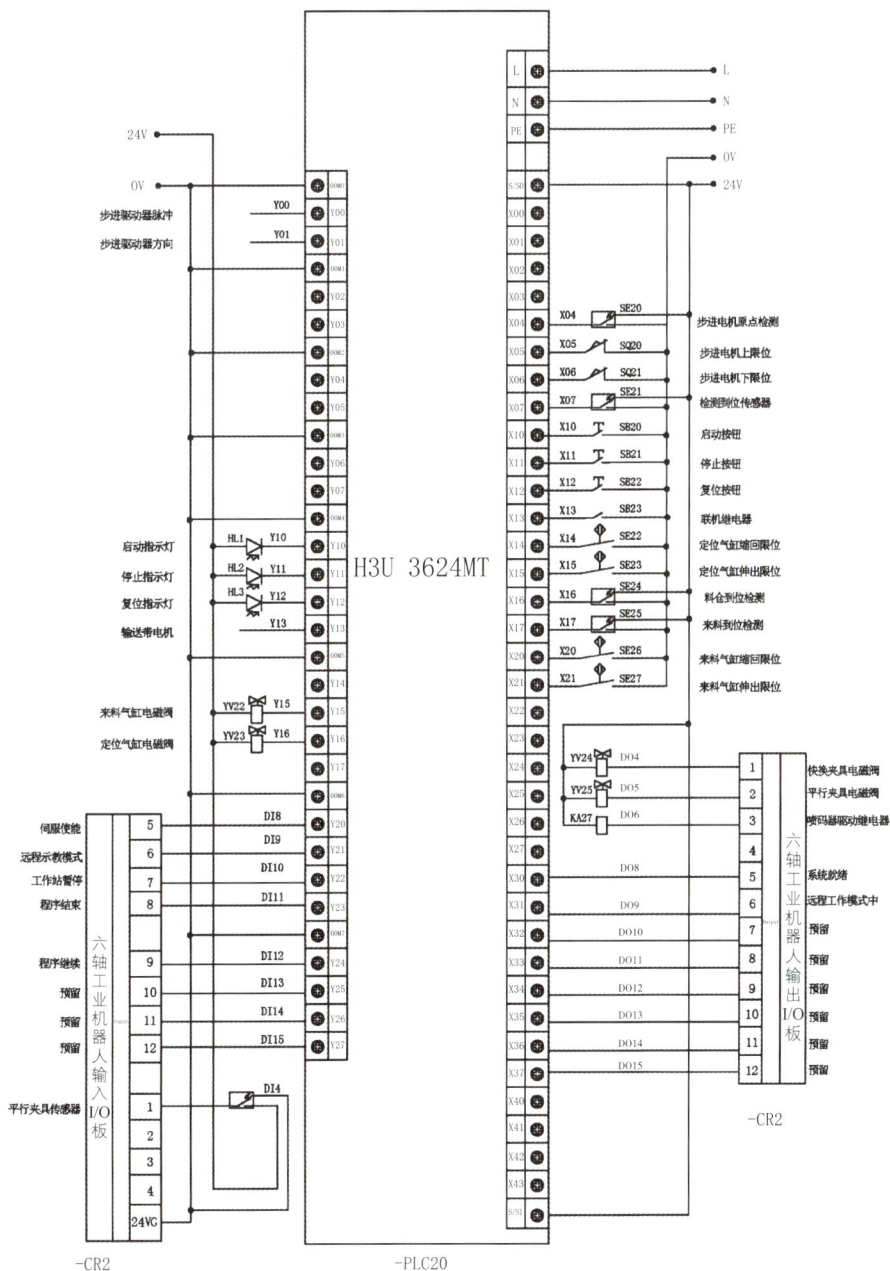

图6-2-10　PLC控制原理图

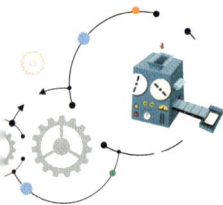

2. PLC程序结构

PLC程序主要包含Main（主程序）、焊接、电机控制、通信以及六轴工业机器人五个部分，如图6-2-11所示。

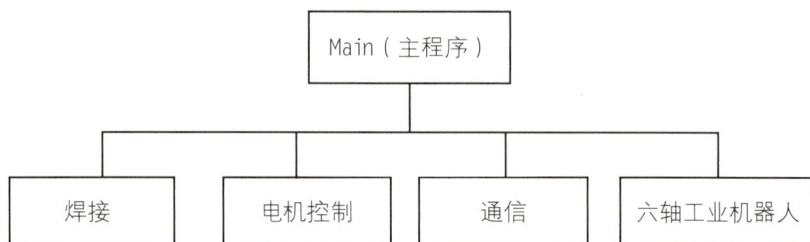

图6-2-11　PLC程序结构

3. PLC部分程序

PLC部分程序如图6-2-12所示。

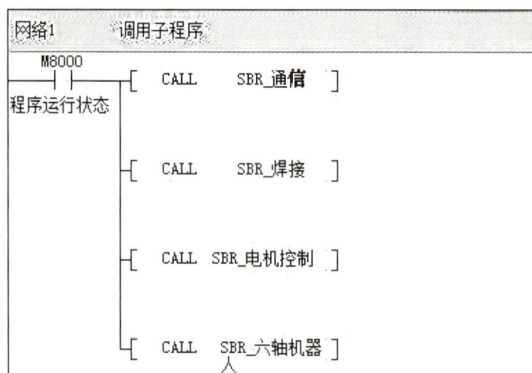

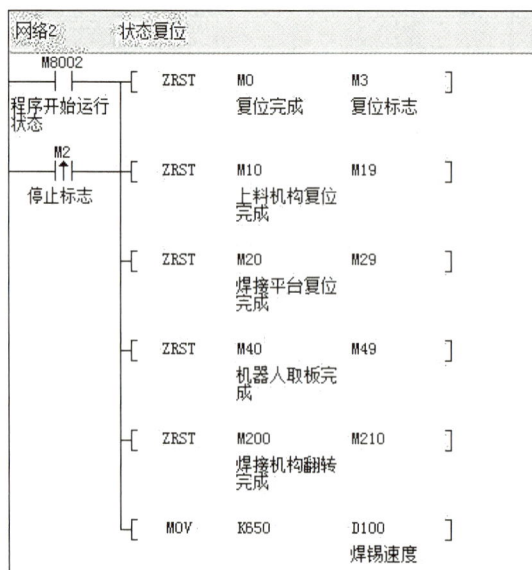

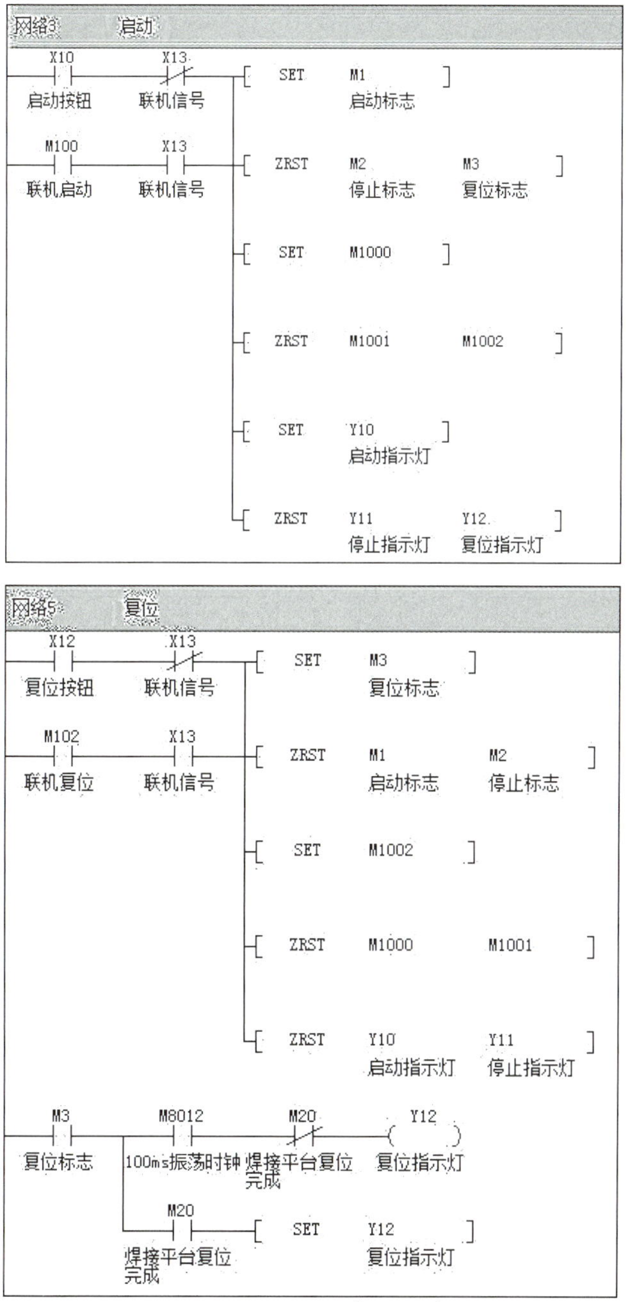

图6-2-12　PLC部分程序

4. 六轴工业机器人程序结构

六轴工业机器人程序结构如下:

MainWeld　　　　　　　主程序

Initialization　　　　　初始化子程序

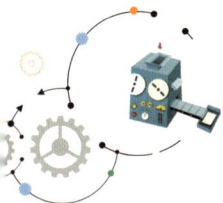

Rhome	回原点子程序
PickFT1	抓取平行夹具子程序
CBPick	输送带上线路板抓取子程序
PlaceFT1	放置平行夹具子程序
PickFT2	抓取焊接夹具子程序
CBWeld	线路板焊接子程序
chuxi1	控制继电器出锡节奏子程序
chuxi2	控制端子出锡节奏子程序
PlaceFT2	放置焊锡夹具
CBDetect	线路板检测子程序
DetectNG	线路板检测不合格子程序
DetectOK	线路板检测合格子程序
CBStorage	线路板入库子程序

5. 六轴工业机器人焊接线路板测试参考程序段

MOVL,P=1,V=20,BL=0,VBL=0,pose=0	#当机器人抓取线路板到达测试位置
DOUT,DO=0.6,VALUE=1	#触发开始检测信号
TIMER,T=1000,ms	#等待1s
IF,DI=0.6,EQ,VALUE=1,THEN	#接收检测组件反馈的信号,若接收到OK信号
DOUT,DO=0.6,VALUE=0	#复位开始检测信号
MOVL,P=2,V=20,BL=0,VBL=0,pose=0	#机器人抓取线路板离开检测位置
CALL,PROG=DetectOK	#机器人将线路板放置到合格仓位
END_IF	#结束判断
IF,DI=0.7,EQ,VALUE=1,THEN	#接收检测组件反馈的信号,若接收到NG信号
DOUT,DO=0.6,VALUE=0	#复位开始检测信号
MOVL,P=2,V=20,BL=0,VBL=0,pose=0	#机器人抓取线路板离开检测位置
CALL,PROG=DetectNG	#机器人将线路板放置到不合格仓位
END_IF	#结束判断

（二）操作步骤

程序下载与调试操作步骤见表6-2-6。

表6-2-6　程序下载与调试操作步骤

步骤	操作描述	备注
1	电路检查测试	—
2	上电	—
3	下载PLC程序	—
4	下载机器人程序	—
5	伺服驱动器、传感器参数设置	—
6	机器人IO设置	—
7	机器人点位示教	—
8	设备复位	—
9	按启动按钮，让设备运行	—
10	检查设备是否按任务运行动作	若有问题，分析原因并排查

任务考核

任务学习结束，请完成表6-2-7中的任务考核项目。

表6-2-7　任务考核表

项目	要求	配分	评分标准	扣分	得分
设备组装	1. 设备部件安装可靠，各部件位置衔接准确； 2. 电路安装正确，接线规范	30分	1. 部件安装位置错误，每处扣2分； 2. 部件衔接不到位、零件松动，每处扣2分； 3. 电路连接错误，每处扣2分； 4. 导线反圈、压皮、松动，每处扣2分； 5. 错、漏编号，每处扣1分； 6. 导线未入线槽、布线零乱，每处扣2分； 7. 漏接接地线，每处扣5分		

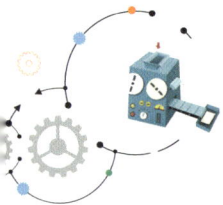

（续表）

项目	要求	配分	评分标准	扣分	得分
设备功能	1. 设备启停正常； 2. 警示灯动作及报警正常； 3. 焊接检测入库单元功能正常	60分	1. 设备未按要求启动或停止，每处扣10分； 2. 警示灯未按要求动作，每处扣10分； 3. 驱动转盘的电动机未按要求旋转，扣20分； 4. 送料不准确或未按要求送料，扣10分		
设备附件	资料齐全，归类有序	5分	1. 设备组装图缺少，每份扣2分； 2. 电路图、梯形图缺少，每份扣2分； 3. 技术说明书、工具明细表、元件明细表缺少，每份扣2分		
安全生产	1. 自觉遵守安全文明生产规程； 2. 保持现场干净整洁，工具摆放有序	5分	1. 每违反一项规定，扣3分； 2. 发生安全事故，0分处理； 3. 现场凌乱、乱放工具、乱丢杂物、完成任务后不清理现场，扣5分		
时间	3h	—	1. 提前正确完成，每提前5min加5分； 2. 超过定额时间，每超过5min扣2分		

任务三　线路板装配焊接制造生产线的联机调试

学习目标

① 能够陈述遥控器涂胶装配制造生产线整机的动作流程。

② 能够下载整机的PLC和机器人运行程序。

③ 能够明确整个工作流程中各动作之间的信号联系。

④ 能够根据工件、运行轨迹变化，正确调整程序以及相关元器件的位置和参数。

任务描述

通过任务一和任务二的学习训练，线路板装配焊接制造生产线整机的机械安装和电气安装已全部完成，模块单元已经调试完成。现在小组成员要下载整机的PLC和机器人程序，通过调整相关器件的位置和参数，确保线路板装配焊接制造生产线装配、焊接、检测、入库等过程能协调、稳定运行。

学习储备

一、器材准备

线路板装配焊接制造生产线联机调试的主要器材清单见表6-3-1。

表6-3-1　联机调试器材清单

序号	名称	规格型号	单位	数量
1	数字万用表	F15B	个	1
2	螺丝刀	小一字（3.0mm×75mm）	把	1

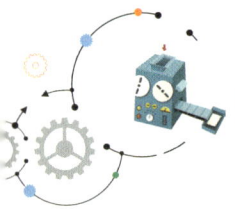

（续表）

序号	名称	规格型号	单位	数量
3	内六角扳手	M2 M2.5 M3 M4 M5 M6 六件套	套	1
4	钢直尺	500mm	把	1
5	自动剥线钳	B型0.5-3.2	把	1
6	电脑	厂家配套	台	2

二、知识技能准备

1. 线路板装配焊接制造生产线工作流程

线路板装配焊接制造生产线工作流程如图6-3-1所示。

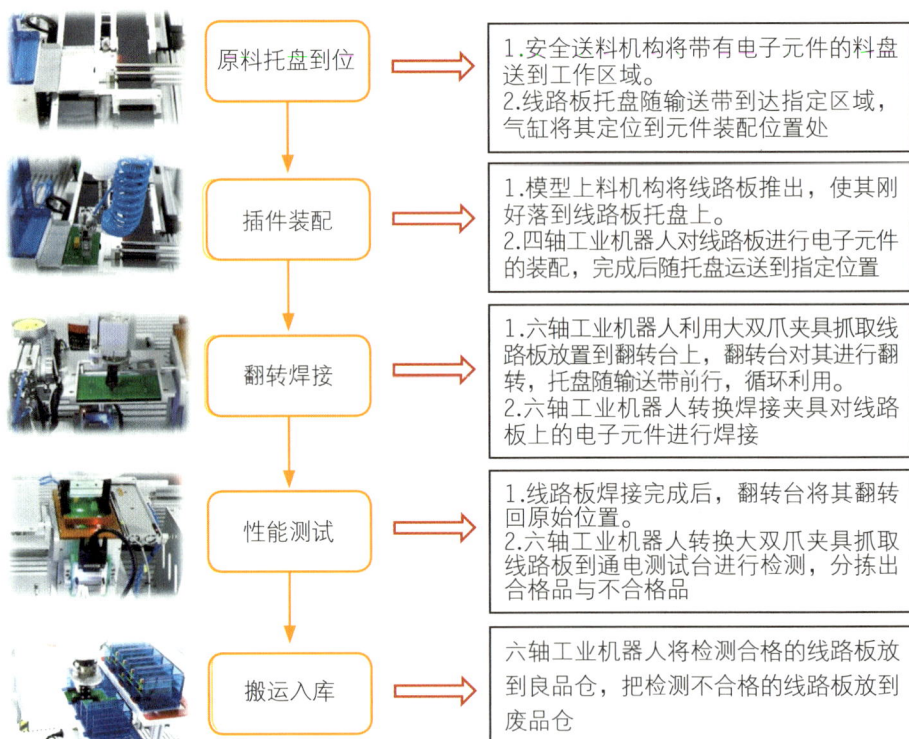

原料托盘到位 → 1.安全送料机构将带有电子元件的料盘送到工作区域。
2.线路板托盘随输送带到达指定区域，气缸将其定位到元件装配位置处

插件装配 → 1.模型上料机构将线路板推出，使其刚好落到线路板托盘上。
2.四轴工业机器人对线路板进行电子元件的装配，完成后随托盘运送到指定位置

翻转焊接 → 1.六轴工业机器人利用大双爪夹具抓取线路板放置到翻转台上，翻转台对其进行翻转，托盘随输送带前行，循环利用。
2.六轴工业机器人转换焊接夹具对线路板上的电子元件进行焊接

性能测试 → 1.线路板焊接完成后，翻转台将其翻转回原始位置。
2.六轴工业机器人转换大双爪夹具抓取线路板到通电测试台进行检测，分拣出合格品与不合格品

搬运入库 → 六轴工业机器人将检测合格的线路板放到良品仓，把检测不合格的线路板放到废品仓

图6-3-1　线路板装配焊接制造生产线工作流程图

2. 线路板装配焊接制造生产线各信号之间的联系

线路板装配焊接制造生产线PLC与机器人数据信号交互表见表6-3-2。

表6-3-2　PLC与机器人数据信号交互表

序号	名称	功能描述	备注
1	DI4	平行夹具传感器（机器人直接控制）	
2	DI5	焊接夹具传感器（机器人直接控制）	
3	DI6	产品反馈OK（机器人直接控制）	
4	DI7	产品反馈NG（机器人直接控制）	
5	Y20	伺服使能（DI8）	六轴工业机器人（Intput）
6	Y21	远程示教模式（DI9）	
7	Y22	工作站暂停（DI10）	
8	Y23	程序结束（DI11）	
9	Y24	程序继续（DI12）	
10	D200=1	I1=1 PCB板输送到位	TCP通信地址（PLC-机器人）
11	D201=1	I2=1 PCB板翻转到位	
12	D202=1	I3=1 PCB板开始检测	
13	D210=1	I33=1 机器人复位完成	TCP通信地址（机器人-PLC）
14	D211=1	I34=1 机器人PCB板抓取完成	
15	D211=2	I34=2机器人PCB板放置完成	
16	D211=3	I34=2机器人PCB板焊接完成	
17	Y20	启动（DI8）	
18	Y21	停止（DI9）	
19	Y22	打开程序（DI10）	
20	Y23	清除报警（DI11）	四轴机器人（Intput）
21	Y24	预留（DI12）	
22	Y25	预留（DI13）	
23	Y26	预留（DI14）	
24	DO4	夹取电气元件电磁阀（机器人直接控制）	四轴机器人（Output）
25	D300=1	00*9100（R3=1）电子元件装配开始	TCP通信地址（PLC-机器人）
26	D310=1	00*2100（R0=1）机器人复位完成	TCP通信地址（机器人-PLC）
27	D311=1	00*2101（R1=1）电子元件装配完成	
28	D311=2	00*2101（R1=2）料盘缺料	

三、资料准备

（1）光纤传感器技术手册（FM-31智能型数字光纤传感器）。

（2）SX-CSET-JD08-30E-00_线路板焊接智能生产线。

（3）六轴机器人操作编程手册（ER3B-C30 机器人编程手册、ER3B-C30 机器人电气手册、ER3B-C30机器人机械维护手册）。

（4）H3U PLC编程手册（汇川PLC H3U编程手册、H3U系列可编程逻辑控制器简易手册）。

（5）触摸屏手册（IT6000系列人机界面用户手册）。

任务实施

线路板装配焊接制造生产线联机调试步骤见表6-3-3。

表6-3-3　线路板装配焊接制造生产线联机调试步骤

步骤	操作描述	图示
1	调节各单元的脚杯，使5张桌体的台面位于同一水平面；然后按图拼接并用连接板和螺丝把5张桌体连接成同一整体；拼好后的两段输送带要成一直线。再根据电器接线图布线调试	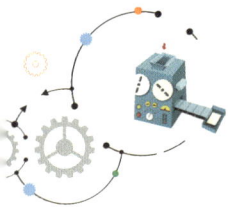
2	按图示方向在PCB板推料机构内放入PCB板，一次放约10件。在调试设备时按图中的方向放入PCB托板	

（续表）

步骤	操作描述	图示
3	接通气路，打开气源，手动控制电磁阀，确认各气缸及传感器的原始状态。适当调节气缸上的节流阀，通过控制气缸内的气体流量，确保气缸动作顺畅	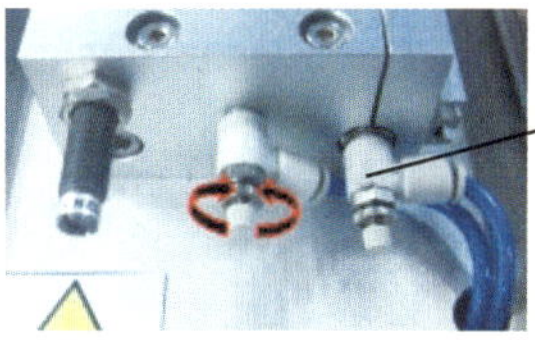
4	设置四轴工业机器人在外部控制（远程IO单元）状态	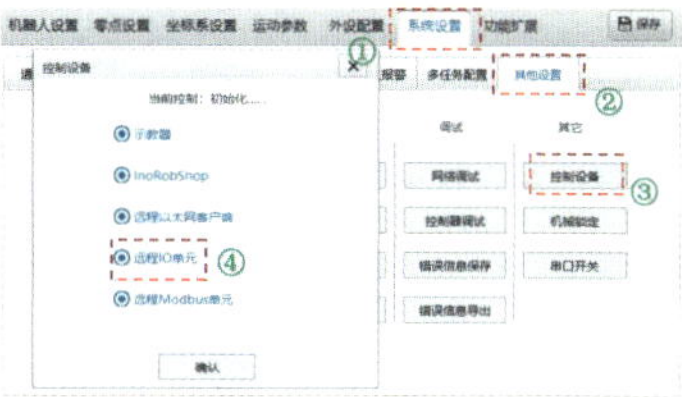
5	下载程序，试运行	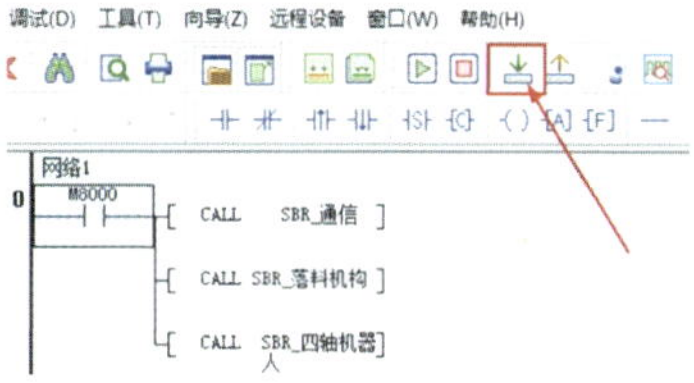

联机调试设备上电前的物料准备见表6-3-4。

表6-3-4　联机调试设备上电前的物料准备

步骤	操作描述	图示
1	将端子和电器元件摆放好放在托盘上，并将摆好的按键托盘放入安全送料机构，注意端子和电器元件的摆放方向	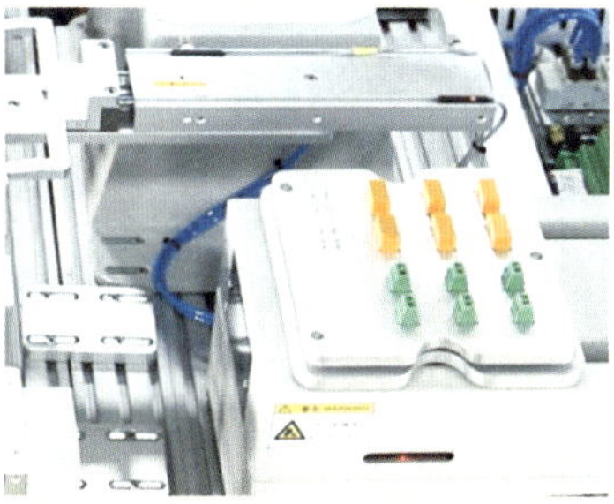
2	将线路板放入模型上料机构，注意线路板的摆放方向	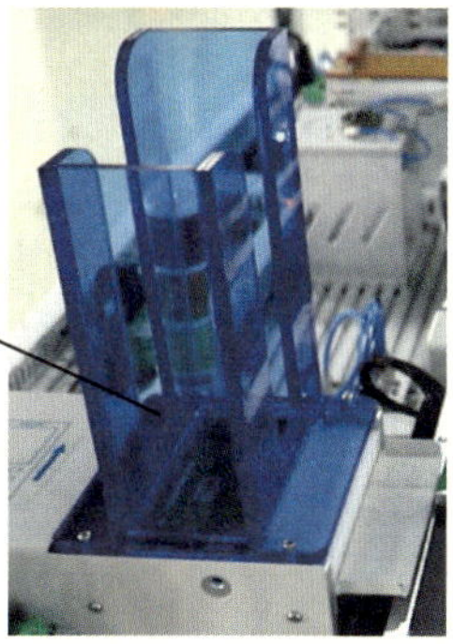

（续表）

步骤	操作描述	图示
3	将除锡海绵放置于除锡球座上（海绵事先需要蘸一点水）	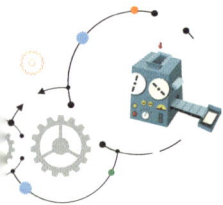
4	将PCB板托板放置于输送带上	

任务考核

任务学习结束，请完成表6-3-5中的任务考核项目。

表6-3-5　任务考核表

项目	要求	配分	评分标准	扣分	得分
联机组装	1.设备部件安装可靠，各部件位置衔接准确； 2.电路安装正确，接线规范	20分	1.部件安装位置错误，每处扣2分； 2.部件衔接不到位、零件松动，每处扣2分； 3.电路连接错误，每处扣2分； 4.导线反圈、压皮、松动，每处扣2分； 5.错、漏编号，每处扣1分； 6.导线未入线槽、布线零乱，每处扣2分		
程序下载	1.正确下载四轴工业机器人程序，并能启动运行； 2.正确下载六轴工业机器人程序，并能启动运行； 3.正确下载PLC程序	20分	1.不能正常启动机器人轨迹程序，扣10分； 2.不能正常启动PLC程序，扣10分		

（续表）

项目	要求	配分	评分标准	扣分	得分
设备简单调试	1.熟悉设备的运行流程； 2.能正确操作设备运行； 3.熟悉各传感器位置和参数调整方法； 4.设备协调、稳定运行	50分	1.不熟悉设备的运行流程，扣5分； 2.不会操作设备使之运行，扣20分； 3.不会调整传感器参数，每处扣5分； 4.整机设备运行出现卡顿，机器人点位不对，每处扣5分		
安全生产	1.自觉遵守安全文明生产规程； 2.保持现场干净整洁，工具摆放有序	10分	1.发生安全事故，0分处理； 2.现场凌乱、乱放工具、乱丢杂物、完成任务后不清理现场，扣5分		
时间	3h	—	1.提前正确完成，每提前5min加5分； 2.超过定额时间，每超过5min扣2分		

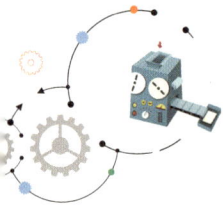

任务四 线路板装配焊接制造生产线的维护与保养

学习目标

1. 能按要求对传感器、接线板、气缸等元器件进行维护与保养。
2. 能按规范对机器人进行维护与保养。
3. 树立智能制造设备的维护与保养意识。

任务描述

设备运行一段时间后，往往会出现一些小问题，比如电机出现异响、传感器信号不稳定等，这会降低设备的生产效率。如果长时间不处理可能会导致器件损坏，需要停机并花费大量的时间去维修，甚至会缩短设备的使用寿命。所以需定期对设备的器件进行检查，并且进行简单的维护与保养处理，延长其使用寿命。

学习储备

一、器材准备

（1）标准工具一套。

（2）干燥毛巾一条。

二、知识技能准备

（一）保养要求

（1）进行维护与保养时要认真阅读维护与保养手册。

（2）若设备需要进行保养，要按照关机程序切断设备电源。

（3）设备保养完成后，按照开机程序进行设备试运行。

（二）焊锡组件的维护与保养

1. 日常维护与保养

每次用完电烙铁后，要用清洁海绵清理电烙铁的烙铁头，并检查烙铁头的状况，如果烙铁头有黑色氧化物，需要给烙铁头镀上一层锡，再用海绵擦洗烙铁头。如此重复清理，直到彻底除去氧化物为止，然后镀上一层锡。禁止用干燥或不干净的海绵或布擦洗烙铁头（应该使用清洁、湿润及含硫的海绵）。

2. 月维护与保养

每月检查烙铁头、焊料或镀层不少于一次。若焊接表面不干净，则在烙铁头冷却后从电烙铁手柄中取下烙铁头进行维护；若烙铁头已经无法使用，请及时更换，防止电烙铁的烙铁芯被烧坏。

三、资料准备

（1）设备维护与保养手册。

（2）设备安全操作手册。

（3）设备故障代码手册。

任务实施

一、设备定期检查单

设备定期检查单见表6-4-1。

表6-4-1　设备定期检查单

周期			检查内容	检修结果	工作人员签名
每天	每周	每月			
	√		断电检查确认安全送料机构紧固部分是否有松动现象		
	√		断电检查确认模型上料机构紧固部分是否有松动现象		

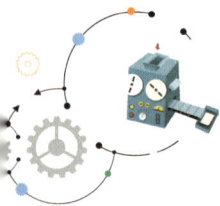

（续表）

周期			检查内容	检修结果	工作人员签名
每天	每周	每月			
	√		断电检查确认机器人固定座螺丝是否出现松动现象		
	√		断电检查确认各线路是否接触良好		
√			上电检查确认各传感器、气缸、夹具是否能够正常工作		
√			通电运行，查看设备能否正常运行		
		√	检查工业机器人伺服电机编码器电池是否有电		
√			检查烙铁头状况		

二、设备维护与保养单

设备维护与保养单见表6-4-2。

表6-4-2　设备维护与保养单

周期			维护与保养内容	保养结果	工作人员签名
每天	每周	每月			
√			用干毛巾擦拭各机构上的灰尘		
	√		用毛巾轻轻擦拭机器人吸盘夹具		
	√		定期用干布轻轻擦拭设备光电传感器		
		√	断电检查确认各线路是否接触良好		
		√	给机械部件加润滑油		
		√	清除空压机三联件过滤器中的水和油		
		√	检查烙铁头，若焊料或铁镀层不纯，或焊接表面不干净，在烙铁头冷却后从焊台手柄中取下烙铁头；若烙铁头已无法使用，请及时更换，防止电烙铁的发热芯烧坏		
√			用清洁海绵清理焊烙铁头，如果烙铁头的镀锡部分含有黑色氧化物，可镀上新锡层，再用清洁海绵擦洗焊台头		

任务考核

根据学生在维护保养过程中的表现，进行综合考核，任务考核项目见表6-4-3。

表6-4-3　维护与保养过程任务考核表

项目及要求		配分	配分校准	扣分	得分
检查单和维护与保养单	1. 持有设备定期检查单； 2. 持有设备与维护保养单	10分	1. 未持有设备定期检查单，扣3分； 2. 未持有设备维护与保养单，扣3分； 3. 没有准备相应的工具，扣4分		
设备检查过程	1. 熟悉设备定期检查单； 2. 对照着检查单对设备各器件进行定期检查； 3. 符合设备检查操作规范	50分	1. 对设备定期检查单不熟悉，扣5分； 2. 不能准确找出设备各器件，每处扣5分； 3. 不能使用正确的方法对各器件进行检查，每处扣5分； 4. 不能完成检查任务，扣50分		
设备维护与保养过程	1. 熟悉设备维护与保养单； 2. 对照维护与保养单对设备各器件进行定期维护与保养； 3. 维护与保养过程符合操作规范	30分	1. 对设备维护与保养单不熟悉，扣5分； 2. 不能准确找出设备各器件，每处扣5分； 3. 操作过程不规范，每处扣2分； 4. 不能完成维护与保养任务，扣30分		
安全生产	1. 自觉遵守安全文明生产规程； 2. 保持现场干净整洁，工具摆放有序	10分	1. 不符合文明操作规范，每次扣3分； 2. 发生安全事故，0分处理； 3. 现场凌乱、乱放工具、乱丢杂物、完成任务后不清理现场，扣5分		
时间	20min	—	1. 提前正确完成，每提前5min加5分； 2. 超过定额时间，每超过5min扣2分		

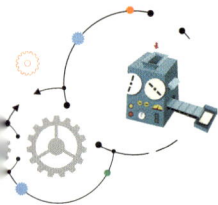

参考文献

方华，王金龙，2014. 计算机网络基础［M］. 北京：机械工业出版社.

周建清，陈东江，2013. 机电一体化设备组装与调试［M］. 北京：机械工业出版社.

后记

　　"广东技工"工程教材新技能系列在广东省人力资源和社会保障厅的指导下，由广东省职业技术教研室牵头组织编写。该系列教材在编写过程中得到广东省人力资源和社会保障厅办公室、宣传处、综合规划处、财务处、职业能力建设处、技工教育管理处、省职业技能服务指导中心和省职业训练局的高度重视和大力支持。

　　《智能制造单元安装与调试》由广东三向智能科技股份有限公司牵头，联合佛山市三水区工业中等专业学校、广东省岭南工商第一技师学院、广州市高级技工学校、西门子、埃夫特机器人等职业院校和企业，组织专业工程技术人员与院校老师共同编写完成。

　　在编写过程中，得到了广东省人力资源和社会保障厅、广东省职业技术教研室等领导的指导和帮助，同时也得到了人社部一体化课改专家张中洲、侯勇志以及原广东省维修电工专家组组长梁耀光等专家的指导和帮助。在此表示衷心感谢！

　　由于编写时间仓促且编者水平有限，书中不足之处在所难免，欢迎广大读者提出宝贵意见和建议。

《智能制造单元安装与调试》编写委员会

2021年7月